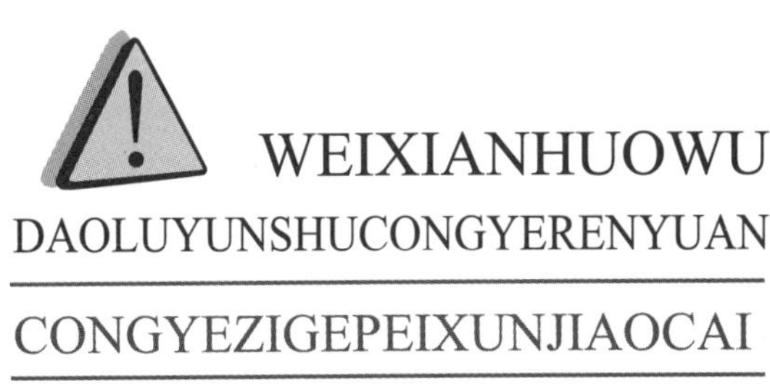

危险货物道路运输从业人员从业资格培训教材

本书编写组　编

驾驶人员
押运人员
装卸管理人员

随书附赠教学光盘 CD 含考试模拟题及答案

人民交通出版社股份有限公司
China Communications Press Co.,Ltd.

内 容 提 要

本书内容共分为三篇,包括:危险货物道路运输基础知识篇、危险货物道路运输管理知识篇,以及针对危险货物道路运输驾驶人员、押运人员和装卸管理人员的业务知识篇。

本书为危险货物道路运输从业人员培训教材,也可作为各级危险货物道路运输管理人员依法行政,科学、规范执法的实用手册。

图书在版编目(CIP)数据

危险货物道路运输从业人员从业资格培训教材 / 《危险货物道路运输从业人员从业资格培训教材》编写组编. — 北京:人民交通出版社股份有限公司,2016.5

ISBN 978-7-114-12874-5

Ⅰ.①危… Ⅱ.①危… Ⅲ.①公路运输－危险货物运输－技术培训－教材 Ⅳ.①U492.3

中国版本图书馆 CIP 数据核字(2016)第 048118 号

书　　名:危险货物道路运输从业人员从业资格培训教材
著 作 者:本书编写组
责任编辑:董　倩
出版发行:人民交通出版社股份有限公司
地　　址:(100011) 北京市朝阳区安定门外外馆斜街 3 号
网　　址:http://www.ccpress.com.cn
销售电话:(010) 59757973
总 经 销:人民交通出版社股份有限公司发行部
经　　销:各地新华书店
印　　刷:北京武英文博科技有限公司
开　　本:787 × 1092　1/16
印　　张:16.75
字　　数:375 千
版　　次:2016 年 5 月　第 1 版
印　　次:2021 年 9 月　第 5 次印刷
书　　号:ISBN 978-7-114-12874-5
定　　价:50.00 元
(有印刷、装订质量问题的图书由本公司负责调换)

审定委员会

主　　任：范　立

副 主 任：赵银燕　许学芳

委　　员：（按姓氏笔画为序）

于续鹏　于雪峰　李长均　刘立新　朱凤利
严　季　张继人　杨立勋　杨怀志　杨继林
徐　磊　高伯军　崔　杰　曹　勇

编写委员会

主　　编：时凤奎

副 主 编：田维建　刘纯涛　谢慧扬

成　　员：（按姓氏笔画为序）

王　延　王建龙　刘　伟　刘铁梁　李　博
李　喆　李世玢　赵　静　唐　娜　韩　娟

前言 QIANYAN

随着国民经济建设的快速发展，各行各业对危险货物的需求量不断增加。危险货物种类繁多、用途广泛，在提高我们生活质量的同时，也对人类的安全、健康及我们赖以生存的环境构成了严峻挑战。近年来，我国频发多发的危险货物道路运输事故暴露出危险货物道路运输管理中仍存在运营管理不规范、从业人员培训不到位等突出问题，迫切需要深入研究、解决。

由于危险货物具有爆炸、易燃、毒害、腐蚀等危险性，完成运输任务是一项技术性和专业性均很强的工作，在整个运输操作过程中稍有不慎，便可能对人民群众的生命财产安全以及环境造成严重危害。因此，必须要求从事危险货物道路运输的驾驶人员、押运人员、装卸管理人员以及从事本行业管理的相关人员了解危险货物的基本知识，掌握所从事职业的相关技能和管理知识，严格执行国家和行业管理的法规和标准等，切实做到“安全第一、预防为主”。

本书内容分为三个篇章，第一篇为基础知识篇，包括危险货物的基本知识，危险货物的分类及特性以及危险货物运输包装常识；第二篇为管理知识篇，包括危险货物道路运输法规及标准和危险货物道路运输托运与承运；第三篇为业务知识篇，包括危险货物道路运输从业人员职业道德，危险货物道路运输驾驶人员、押运人员和装卸管理人员的相关要求，以及危险货物道路运输事故应急救援等。

限于编者的经历和水平，书中难免有不妥或错误之处，敬请批评指正，提出修改意见和建议，以便再版修订时改正。

本书编写组

2016 年 5 月

名词术语与计量单位的解释说明

为了贯彻国家对语言文字规范的要求，本教材中的名词术语和计量单位都使用了国家规定的规范用语。为了方便学员使用与理解，下面列出各种常见规范术语与通俗叫法、单位名称与单位符号的对应关系。

规范术语与通俗叫法对照表

规范术语	通俗叫法
蓄电池	电瓶
制动	刹车
制动踏板	脚刹、刹车踏板
驻车制动器	手刹、手制动器

单位名称与单位符号对照表

单位名称	单位符号	单位名称	单位符号
公里、千米	km	升	L
米	m	毫升	mL
厘米	cm	转/分钟	r/min
毫米	mm	千帕	kPa
吨	t	分贝	dB（A）
公斤、千克	kg	牛	N
小时	h	摄氏度	℃
分钟	min	度	°
秒	s		

目录 MULU

第一篇　基础知识篇

第二篇　管理知识篇

第三篇　业务知识篇

附　　录

第一篇

基础知识篇

本篇是危险货物道路运输从业人员应该了解或熟悉的基本知识，主要涉及危险货物的基本知识、分类及特性、运输包装常识。

第一章 危险货物的基本知识

本章主要介绍危险货物的基本知识。要了解危险货物的基本知识,首先要了解和掌握危险货物的概念,其次还要了解危险货物的分类、品名等基本知识。

第一节 危险货物的定义、分类、品名及编号

本节以《危险货物分类和品名编号》为依据,介绍危险货物的有关概念。《危险货物分类和品名编号》(GB 6944—2012)[1],由中国国家标准化管理委员会于2012年5月11日修订发布,2012年12月1日实施,以代替原标准GB 6944—1986和GB 6944—2005。新标准修订了原标准中的术语和定义,不同危险货物类、项的判断依据;增加了爆炸品配装组分类和组合;增加了危险货物危险性的先后顺序;增加了危险货物包装类别。新标准规定了危险货物分类、危险货物危险性的先后顺序和危险货物编号。

一、危险货物的定义

1.危险货物定性表述

危险货物(也称危险物品或危险品)是指"具有爆炸、易燃、毒害、感染、腐蚀、放射性等危险特性,在运输、储存、生产、经营、使用和处置中,容易造成人身伤亡、财产损毁或环境污染而需要特别防护的物质和物品"[2]。这个定义,是对危险货物的定性表述,强调了对危险货物的性质、危险后果及特别防护三方面的要求:

(1)具有爆炸、易燃、毒害、感染、腐蚀、放射性等危险特性。非常具体地指明了危险货物本身所具有的特殊的性质,是造成火灾、灼伤、中毒等事故的先决条件。

鉴于《危险化学品安全管理条例》(国务院令第591号)及《道路危险货物运输管理规定》(交通运输部令2013年第2号)有"法律、行政法规对民用爆炸物品、烟花爆竹、放射性物质等特定种类危险货物的道路运输另有规定的,从其规定"的要求,且考虑到交通运输部已经根据《放射性物质运输安全管理条例》(国务院令第562号)制定了《放射性物质道路运输管理规定》(交通运输部令2010年第6号),故在道路运输业提到危险货物运输时,不涉及放射性物质。

---

❶(1)GB:是"国标"汉语拼音的缩写;(2)本教材所涉及《危险货物分类和品名编号》(GB 6944)的内容,均为2012年版的内容;(3)标准以最新年号(版)为准,今后《危险货物分类和品名编号》(GB 6944)如有修订,将以新版标准为准。

❷《危险货物分类和品名编号》(GB 6944)3.1。此定义与《危险货物分类和品名编号》(GB 6944—2005)中的定义基本一样。

(2)容易造成人身伤亡、财产损毁或环境污染。指出了危险货物在一定条件下,由于受热、明火、摩擦、振动、撞击、洒漏或与性质相抵触物品接触等,发生化学变化产生危险效应。不仅使货物本身遭到损失,更严重的是危及人身安全、破坏周围环境。

(3)在运输、储存、生产、经营、使用和处置中需要特别防护。这里所说的特别防护,不仅是一般运输普通货物必须做到的轻拿轻放、谨防明火,而且是要针对各种危险货物本身的特性所必须采取的"特别"防护措施。例如,有的爆炸品需添加抑制剂;有的有机过氧化物需控制环境温度。大多数危险品的包装和配载都有特定的要求。

必须注意:以上三方面要求缺一则不属于危险货物。例如:贵重物品防丢失、精密仪器防振动、易碎器皿防破损都需要特别防护,但是这些物品不具特殊性质,一旦防护失措,不致造成人身伤亡或除货物本身以外财物毁损,所以不属于危险货物。

在新标准"危险货物"定义中,首次提出了"危险货物也称危险物品或危险品"的说法。但在《中华人民共和国安全生产法》第一百一十二条中,将"危险物品"定义为"是指易燃易爆物品、危险化学品、放射性物质等能够危及人身安全和财产安全的物品"。故按法理讲,"危险物品"的范围应该大于"危险货物"。

2. 危险货物定量表述

危险货物的定量表述,也就是如何确定货物是否属于危险货物。《道路危险货物运输管理规定》(交通运输部令 2013 年第 2 号)第三条规定"危险货物以列入国家标准《危险货物品名表》(GB 12268)[1]的为准",即凡是《危险货物品名表》列名的货物,均为危险货物。

二、危险货物的分类、分项

1. 危险货物的分类

物质理化性质的不同,是决定物质是否具有燃烧性、爆炸性或其他危害性的重要因素。例如,有些物质本身的原子比较活泼,能与空气中的氧在常温下进行反应,并放出热能;有些物质能与水进行反应,置换出氢气,在常温下反应也极为剧烈;有的物质有氧化性或还原性;有的在常温下是气态的物质,与空气混合能形成易燃易爆的混合蒸气;有的物质是液态或固态,但暴露在空气中,遇明火极易燃烧;还有的物质本身就不稳定,当受热、振动或摩擦时极易分解导致危害;有的物质具有毒性和放射性等。因此,危险货物是一个总称。尤其是危险化学物品种类繁多,性质各异,有的还相互抵触。为了保证储运安全,方便运输,有必要根据各种危险货物的主要特性对危险货物进行分类。

在《危险货物分类和品名编号》(GB 6944)4.1.1"类别和项别"中,首先明确了"按危险货物具有的危险性或最主要的危险性分为 9 个类别"。类别如下:

第 1 类:爆炸品;

---

[1] (1)本教材所涉及《危险货物品名表》(GB 12268)的内容,均为 2012 年版的内容;(2)标准以最新年号(版)为准。今后《危险货物品名表》(GB 12268)如有修订,将以新版标准为准。

第 2 类:气体(旧标准为:压缩气体和液化气体);

第 3 类:易燃液体;

第 4 类:易燃固体、易于自燃的物质、遇水放出易燃气体的物质(旧标准为:易燃固体、自燃物品和遇水放出易燃气体的物质);

第 5 类:氧化性物质和有机过氧化物;

第 6 类:毒性物质和感染性物质(旧标准为:毒性物质和感染性物品);

第 7 类:放射性物质(旧标准为:放射性物质);

第 8 类:腐蚀性物质(旧标准为:腐蚀性物质);

第 9 类:杂项危险物质和物品,包括危害环境物质(旧标准为:杂类)。

在此强调指出,交通运输部根据《放射性物质运输安全管理条例》(国务院令第 562 号),制定了《放射性物质道路运输管理规定》(交通运输部令 2010 年第 6 号,自 2011 年 1 月 1 日起施行),而《道路危险货物运输管理规定》(交通运输部令 2013 年第 2 号),是依据《危险化学品安全管理条例》(国务院令第 591 号)制定的。同时还要强调,放射性物质不适用《危险化学品安全管理条例》及《道路运输危险货物管理规定》。故在我国道路货物运输业内提及的"危险货物道路运输",不涉及放射性物质道路运输。这也是本教材不涉及放射性物质相关内容的原因。

危险货物的分类,主要是依据危险货物具有的危险性或最主要的危险性。在其具体命名时,有的是根据货物的物理性质;有的是根据货物的化学性质(如氧化性物质和腐蚀性物质);有的是结合货物的物理和化学性质(如易燃液体和易燃固体);还有的是根据货物对人身伤害的情况(如毒性物质)。总之,哪一种特性在运输的危险中居主导地位,就把该货物归为那一类危险品。上述的分类标准,并不是相互排斥的,大多数危险货物都兼有两种以上的性质。因此,在注意到某种货物的主要特性时,必须注意到该货物的其他性质。

2. 危险货物的分项

在《危险货物分类和品名编号》(GB 6944)4. 1. 1"类别和项别"中,还提出了"第 1 类、第 2 类、第 4 类、第 5 类和第 6 类再分为项别"。也就是说,第 3 类、第 7 类、第 8 类、第 9 类不再分项别。项别如下:

1. 1 项:有整体爆炸危险的物质和物品;

1. 2 项:有迸射危险,但无整体爆炸危险的物质和物品;

1. 3 项:有燃烧危险并有局部爆炸危险或局部迸射危险或这两种危险都有,但无整体爆炸危险的物质和物品;

1. 4 项:不呈现重大危险的物质和物品;

1. 5 项:有整体爆炸危险的非常不敏感物质;

1. 6 项:无整体爆炸危险的极端不敏感物品。

2. 1 项:易燃气体;

2. 2 项:非易燃无毒气体;

2.3 项：毒性气体。

4.1 项：易燃固体、自反应物质和固态退敏爆炸品；

4.2 项：易于自燃的物质；

4.3 项：遇水放出易燃气体的物质。

5.1 项：氧化性物质；

5.2 项：有机过氧化物。

6.1 项：毒性物质；

6.2 项：感染性物质。

三、危险货物的品名

2012 年 5 月 11 日新修订的《危险货物品名表》(GB 12268—2012)，规定了 3000 多种危险货物的品名，危险货物的品名编号则采用联合国编号(UN 号)[1]，取消了原有的中国编号(CN 号)。一般来讲，危险货物的每个品名都有对应的危险货物编号。但由于所谓的“品名”在《危险货物品名表》中对应的是“名称和说明”，故准确的表述是“在《危险货物品名表》的每个条目都对应一个编号[2]”。

危险货物品名表的条目包括以下四类：

(1)“单一”条目适用于意义明确的物质或物品；

示例：UN 1090　丙酮

UN 1194　亚硝酸乙酯溶液

(2)“类属”条目适用于意义明确的一组物质或物品；

示例：UN 1133　黏合剂，含易燃液体

UN 1266　香料制品，含油易燃溶剂

UN 2757　固态氨基计算值农药，毒性

UN 3101　液态 B 型有机过氧化物

(3)“未另作规定的”特定条目适用于一组具有某一特定化学性质或特定技术性质的物质或物品；

示例：UN 1477　无机硝酸盐，未另作规定的

UN 1987　醇类，未另作规定的

(4)“未另作规定的”一般条目适用于一组符合一个或多个类别或项别的标准的物质或物品。

示例：UN 1325　有机易燃固体，未另作规定的

---

[1]《危险货物分类和品名编号》(GB 6944)3.2 联合国编号(UN 号)：由联合国危险货物运输专家委员会编制的四位阿拉伯数编号，用以识别一种物质或物品或一类特定物质或物品。

[2]《危险货物品名表》(GB 12268)4.2 危险货物品名表的每个条目都对应一个编号，该编号采用联合国编号(以下简称 UN 号)。危险货物品名表的条目包括以下四类：……

UN 1993　易燃液体,未另作规定的

由于《危险货物品名表》的每个条目都对应一个编号,而其条目又有四类,尤其是"类属"条目、"未另作规定的"一般条目对应一组或多个物质,故给实际工作(危险货物的确定)带来了不便。

第二节　《危险货物品名表》的结构和作用

在本章的第一节,对危险货物进行了定义(定性表述)。为了在实际工作和操作中能明确到底哪些是危险货物,我国在有关法规中明确规定"危险货物以列入国家标准《危险货物品名表》(GB 12268)的为准[1]"。以下就其有关情况进行说明。

一、《危险货物品名表》的结构

在我国,危险货物以列入强制性国家标准《危险货物品名表》(GB 12268)的为准。《危险货物品名表》(GB 12268)采用了联合国编号、名称和说明、英文名称、类别或项别、次要危险性、包装类别和特殊规定等7项。其具体格式见表1-1-1。

《危险货物品名表》(GB 12268—2012)格式　　表1-1-1

联合国编号	名称和说明	英文名称	类别或项别	次要危险性	包装类别	特殊规定
0004	**苦味酸铵**,干的,或湿的,按质量含水低于10%	AMMONIUM PICRATE dry or wetted with less than 10% water, by mass	1.1D			
0005	**武器弹药筒**,带有爆炸装药	CARTRIDGES FOR WEAPONS with bursting charge	1.1F			
0006	**武器弹药筒**,带有爆炸装药	CARTRIDGES FOR WEAPONS with bursting charge	1.1E			
0007	**武器弹药筒**,带有爆炸装药	CARTRIDGES FOR WEAPONS with bursting charge	1.2F			
0009	**燃烧弹药**,带有或不带有起爆装置、发射剂或推进剂	AMMUNITION, INCENDIARY with or without burster, expelling charge or propelling charge	1.2G			
0010	**燃烧弹药**,带有或不带起爆装置、发射剂或推进剂	AMMUNITION, INCENDIARY with or without burster, expelling charge or propelling charge	1.3G			

[1]《道路危险货物运输管理规定》第三条。

续上表

联合国编号	名称和说明	英文名称	类别或项别	次要危险性	包装类别	特殊规定
0012	**武器弹药筒**,带惰性射弹或轻武器弹药筒	CARTRIDGES FOR WEAPONS, INERT PROJECTILE or CARTRIDGES, SMALL ARMS	1.4S			
0014	**武器弹药筒**,无弹头或轻武器弹药筒,无弹头	CARTRIDGES FOR WEAPONS, BLANK or CARTRIDGES, SMALL ARMS, BLANK	1.4S			
0015	**发烟弹药**,带有或不带起爆装置、发射剂或推进剂	AMMUNITION, SMOKE with or without burster, expelling charge or propelling charge	1.2G			204
0016	**发烟弹药**,带有或不带起爆装置、发射剂或推进剂	AMMUNITION, SMOKE with or without burster, expelling charge or propelling charge	1.3G			204
0018	**催泪弹药**,带有起爆装置、发射剂或推进剂	AMMUNITION, TEAR-PRODUCING with burster, expelling charge or propelling charge	1.2G	6.1 8		
0019	**催泪弹药**,带有起爆装置、发射剂或推进剂	AMMUNITION, TEAR-PRODUCING with burster, expelling charge or propelling charge	1.3G	6.1 8		

二、《危险货物品名表》的作用

《危险货物品名表》(GB 12268)是从事危险货物运输作业的重要依据,危险货物运输各方人员从中可以获取各种有用的信息,用以确保危险货物运输、装卸作业的安全。另外,由于国家有关法规引用了《危险货物品名表》(GB 12268),故其具有法律效力,危险货物运输各方都必须严格遵守品名表的各项规定。

1. 确定了危险货物的范围

品名表中列名的危险货物均为根据分类、试验和标准确定的危险货物,必须按该表中适用的要求进行运输。没有列名的货物有两种情况:一种是已知的排除在危险货物以外的普通货物;另一种是化工新产品,不能确定是否属于危险货物或是哪一种类的危险货物。根据《道路危险货物运输管理规定》和《汽车运输危险货物规则》(JT 617—2004),托运人应该对该货物作出鉴定,出具《危险货物性质鉴定表》(表 1-1-2),从而确定该货物的品名、分类或分项、特性、运输规定,根据其规定进行运输。

2. 规定了危险货物的正式运输名称

化学物品的命名是一个非常复杂和混乱的问题。同一个物品有工业名称、商业名称、习惯名称、民俗名称、译名和学名等;同是译名,从英语、日语、俄语译过来又各不相同;同是学名又有习惯命名法和系统命名原则之别。例如：氯苯，又称为氯化苯、一氯化苯、苯基氯；硫氰酸甲醋，又称为甲基芥子油、甲基硫代碳酰胺；2－甲基吡啶，又称为α－噼哥啉、α－皮考啉；甲基叔丁基甲酮，又称为3,3－二甲基－2－丁酮、2,2－二甲基－3－丁酮、频呐酮等。

危险货物性质鉴定表

表1-1-2

品　名		别　名		
英文名		分子式		
物理化学性能①				
主要成分②				
包装方法③				
中毒急救措施				
洒漏处理和消防方法				
运输注意事项④				
鉴定单位意见	属于＿＿＿＿类＿＿＿＿项危险货物 比照＿＿＿＿＿＿＿＿品名办理 比照危规第＿＿＿＿＿＿＿＿号包装			
鉴定单位联系人：　　电话：　　传真： 地址：　　邮编： 鉴定单位及鉴定人＿＿＿＿＿＿＿＿（盖章） 年　月　日				
申请单位联系人：　　电话：　　传真： 地址：　　邮编： 申请鉴定单位＿＿＿＿＿＿＿＿（盖章） 年　月　日				

注：鉴定单位由国家安全生产监督管理总局指定。

①性能包括色、味、形态、比重、熔点、沸点、闪点、燃点、爆炸极限、急性中毒极限及危险程度；

②凡危险货物系混合物，应该详细填写所含危险货物的主要成分；

③包装方法应注明材质、形状、厚度、封口、内部衬垫物、外部加固情况及内包装单位质量等；

④对该种货物遇到何种物质可能发生的危险，提出防护措施。

危险货物名称不统一，将会给运输带来很大的隐患，可能会导致对货物性质认定上的错误，进而造成一系列如货物包装、适用运输规定、注意事项、应急措施等错误，甚至会导致灾难性事故。因此，为规范统一的危险货物正式运输名称，国家制定颁布了《危险货物命名原则》（GB 7694），该标准规定：对无国家标准确定名称的危险货物，其正式运输名称原则上应按中国化学会在1980年修订的《无机化学命名原则》和《有机化学命名原则》所确定的系统命名原则命名；对于按上述系统命名原则确定的名称过于复杂时，可采用通用的商业名称和习惯名称作为正式运输名称；当危险货物的有效成分含量、溶液的浓度、是否含水、含水量、稳定剂量、状态及运输限定条件等，对其所在类、项或级有影响时，应在品名之后的括号内注明附加条件，该附加条件作为名称的组成部分。

所以，为了避免名称不统一所造成的麻烦，以防运输过程中发生错误，必须按《危险货物品名表》上的正式运输名称来制作各种运输单据和凭证。国际运输中，遵照国际"危险货物运输"的要求，必须按危险货物品名表中列出的正确运输名称来制作各种运输单据与凭证。

3. 涉及《危险货物品名表》(GB 12268)的有关问题

《危险货物品名表》(GB 12268—2012)由中国国家标准化管理委员会2012年5月11日修订发布，2012年12月1日实施，以代替原标准GB 12268—2005。该标准是依据《危险货物分类和品名编号》(GB 6944)的分类定义和编号规定，把所能收集到的国际、国内危险货物品名，逐一分类、分项、编号，形成单独一册的品名表，便于查找。新标准采用《危险货物分类和品名编号》(GB 6944)对危险货物进行分类；对原标准的结构进行了调整和补充，删除了"备注"栏(即取消了危险货物的中国编号)，增加了"特殊规定"栏。

《危险货物品名表》(GB 12268)由中华人民共和国交通运输部提出，全国危险化学品管理标准化技术委员会(SAC/TC 251)归口。

1)危险货物编号在国际上统一

鉴于《危险货物品名表》与联合国危险货物运输专家委员会[1]《关于危险货物运输建议书　规章范本》(第16修订版)第3部分"危险货物一览表、特殊规定和例外"的技术内容一致，故可以说我国《危险货物品名表》的有关内容是与国际接轨、一致的。当然，这也是世界各国进出口、国际贸易的基本要求。

2)《危险货物品名表》(GB 12268)中的"未列名"项

目前，世界上存在的化学品超过1000余万种，日常使用的约有700余万种，每年还会有千余种新化学品问世，随着化工生产的发展，新品种不断涌现，危险货物品名表上的列举不可能无遗漏。因此，《危险货物品名表》(GB 12268)中设有"未列名"项，主要用于危险性质属于本类、而品名表中未列名的危险货物。

3)在执行标准时要注意的问题

(1)国家标准、行业标准要以最新颁布的为准。

(2)标准由中国国家标准化管理委员会以公告形式发布，而不是政府部门以文件形式下发。

(3)标准由标准的归口单位负责解释。在《危险货物品名表》(GB 12268)前言中表述"本标准由全国危险化学品管理标准化技术委员会(SAC/TC 251)归口"。故全国危险化学品管理标准化技术委员会负责对《危险货物品名表》的解释。各级交通运输管理部门和道路运输企业，都是《危险货物品名表》的执行单位，不能对其进行解释。

---

[1] 为了保障危险货物运输安全，保证人民财产和环境安全，为了研究各种运输方式载运危险货物的国际问题，联合国经济社会理事会任命了一个危险货物运输专家委员会(UN Committee of Experts)。

第三节 危险货物道路运输豁免

一、危险货物的运输限制

从危险货物自身来说，某些危险货物自身具有不稳定性，会产生各种不同的危险性，如爆炸性，聚合性，遇热分解出易燃、有毒、腐蚀或窒息性气体等。对于大多数危险性物质，自身的不稳定性可以通过适合的包装、稀释、添加稳定剂、添加抑制剂、控制温度或采取其他特殊措施来控制，使用这些技术处理后达到运输要求。例如，未加抑制剂的正丁基乙烯(基)醚、未经稀释或含量大于27%的过氧化(二)丙酰都是禁运物品。

从运输管理方面来说，主要从承运人资质、车辆、设备、从业人员、运输、装卸等方面对运输危险货物进行限制。

(1)资质限制。《危险化学品安全管理条例》、《中华人民共和国道路运输条例》要求危险货物承运人必须经过资质认定，达到交通运输部颁布的《道路危险货物运输管理规定》的资质条件，方可从事运输，未达到资质条件的，禁止运输。

(2)车辆、设备限制。车辆安全技术状况应符合《机动车运行安全技术条件》(GB 7258)的要求；车辆技术状况应达到一级车况标准；车辆应配置符合《道路运输危险货物车辆标志》(GB 13392)的标志；车辆应配置运行状态记录装置；运输易燃易爆危险货物车辆的排气管应安装隔热和熄灭火星装置，并配备导静电橡胶拖地带装置；车辆应有切断总电源和隔离电火花装置，切断总电源装置应安装在驾驶室内；装卸易燃易爆危险货物的机械和工属具应有消除产生火花的措施等。运输车辆和设备必须满足上述条件，方可从事运输、装卸危险货物作业。

《道路危险货物运输管理规定》明确作出规定：除铰接列车、具有特殊装置的大型物件运输专用车辆外，严禁使用货车列车装运危险货物；倾卸式车辆只准装运散装硫黄、萘饼、粗蒽、煤焦沥青等危险货物。

(3)从业人员限制。从业人员的素质、技术水平，是决定运输安全的重要因素，所以国家对道路运输危险货物从业人员实行资格认定。从业人员必须通过交通运输部门的考核，领取从业资格证书方可上岗作业。

(4)运输、装卸限制。从安全角度出发，《汽车运输、装卸危险货物作业规程》(JT 618)对危险货物的运输、装卸分类、分包装进行限制。例如，运输途中不得进入危险货物运输车辆禁止通行的区域；驾驶员连续行车时间不得超过4h，一天驾驶总时间不得超过8h；装卸操作时，轻拿轻放，谨慎操作，严防跌落、摔碰、溢漏，禁止撞击、拖拉翻滚、投掷等。危险货物承运人、装卸人必须严格按照该标准的规定进行作业。

二、危险货物的运输豁免

1.根据工作实践提出的豁免

交通运输部门根据危险货物道路运输安全管理的工作实践经验，提出了“分类管理”原则。即突出重点、区别对待不同危险程度危险货物的道路运输,强化对危险性较高的危险货物的道路运输安全管理,弱化对道路运输安全影响不大的危险货物道路运输的安全管理,不但加强了对危险性较高危险货物的重点监管力度,降低了行业监管成本,还有利于减少企业运输成本,提高运输效率,降低全社会的物流成本。

考虑到现行使用的《危险货物品名表》是适用于海运、航空、铁路等各种运输方式的,故在实际工作中也存在一些不切实际的问题。如《危险货物品名表》中潮湿棉花,在海运时装满船舱,由于长时间运输,万一潮湿棉花自燃,整船的自燃棉花就难以施救;而潮湿棉花在道路上用载货汽车运输,由于运输时间短、运量小,发生自燃的概率极小,如万一成为自燃事故,也不会成为重大事故,故其在道路运输时不应算危险货物,但针对棉花的道路运输,不要采用箱式货车运输,以预防万一棉花自燃后,无法施救。

根据上述理念和工作实践,交通运输部制定《道路危险货物运输管理规定》时,一方面加强了对剧毒化学品、爆炸品道路运输的管理。如:提出了对从事剧毒化学品、爆炸品道路运输的驾驶人员、装卸管理人员、押运人员,应当增加专项考试,取得注明为“剧毒化学品运输”或者“爆炸品运输”类别的从业资格;提出了对运输剧毒化学品、爆炸品的企业,其自有专用车辆应在10辆以上等要求。另一方面针对道路运输影响不大的危险货物,提出建立道路运输危险货物豁免按普通货物道路运输的制度。放宽了对危险货物中危害极小物品的运输,提出“交通运输部可以根据相关行业协会的申请,经组织专家论证后,统一公布可以按照普通货物实施道路运输管理的危险货物”的豁免办法。这是首次提出了道路运输危险货物的豁免和申请豁免的办法。

在此强调,根据《道路危险货物运输管理规定》豁免的危险货物仅适用道路货物运输环节,生产、包装、经营、储存、使用及其他方式运输等仍应严格遵守《危险化学品安全管理条例》有关规定。同时还要注意,豁免分为全部豁免和限量豁免。

2. 根据“特殊规定”的豁免

有的货物其品名虽然列在《危险货物品名表》中,但在一定的条件下,会使其危险性降低到相当低的程度或控制在很小的范围内,而在运输过程中不致造成人身伤亡和财产损毁,从方便运输、方便托运人出发,可以作普通货物运输,称为危险货物运输的免除,又称危险货物豁免运输。

《危险货物品名表》(GB 12268)的表1中,第7栏是“特殊规定”。在“特殊规定”中,有在道路运输环节中危险货物豁免按普通货物进行运输的“特殊规定”。其主要涉及的是“全部豁免”。如:“特殊规定”37号规定“硅铝粉,如有涂料,即不作为危险货物运输”;106号规定,“仅在空运时作为危险货物”,117号规定“仅海空运时作为危险货物”。这样,上述危险货物在道路运输时不作为危险货物,按普通货物进行道路运输。

第二章 危险货物的分类及特性

本章依据《危险货物分类和品名编号》(GB 6944)中“4 危险货物分类”的有关内容和相关资料,介绍各类危险货物的定义及特性。

第一节 第 1 类 爆炸品

一、爆炸品的定义

在《道路运输爆炸品和剧毒化学品车辆安全技术条件》(GB 20300—2006)中,爆炸品被定义为:在外界作用下(如受热、撞击等),能发生剧烈的化学反应,瞬时产生大量的气体和热量,使周围压力急剧上升,发生爆炸,对环境造成破坏的物品。该定义表述简单,在实际工作中常用这个定义。

在《危险货物分类和品名编号》(GB 6944)中,进一步介绍了爆炸品。首先将“爆炸性物质”定义为:固体或液体物质(或物质混合物),自身能够通过化学反应产生气体,其温度、压力和速度高到能对周围造成破坏。烟火物质即使不放出气体,也包括在内。又将“爆炸性物品”定义为:含有一种或几种爆炸性物质的物品。即爆炸品就是各种爆炸性物质、爆炸性物品和为产生爆炸或烟火实际效果而制造的爆炸性物质和爆炸性物品中未提及的物质或物品的总称。该定义表明:一是爆炸品是一个总称,涵盖较大范畴;二是爆炸品的爆炸现象属于化学爆炸,即指物质因得到起爆的能量而迅速分解,释放出大量的气体和热量的过程。

需要注意的是,对于那些太危险以致不能运输或其主要危险特性符合其他类别的物质,即使具有爆炸性物质的某些特性,不能将这些物质界定为“爆炸性物质”。对于某些装置,如果其所含爆炸性物质数量或特性,不会使其在运输过程中偶然或意外被点燃或引发后,因迸射、发火、冒烟、发热或巨响而在装置外部产生任何影响的,这些装置也不属于“爆炸性物品”。

以上定性地介绍了爆炸品的概念和特性。具体运输中以列入《危险货物品名表》(GB 12268)中的第 1 类爆炸品为准。

二、爆炸品的分项

(一)按爆炸品危险特性分类

根据各种爆炸物品特性,《危险货物分类和品名编号》(GB 6944)将第 1 类爆炸品划分为 6 项。

(1)爆炸品 1.1 项:有整体爆炸危险的物质和物品。所谓整体爆炸是指瞬间能影响到几乎全部载荷的爆炸。例如表 1-2-1 所列举的爆炸品。

爆炸品 1.1 项示例 表 1-2-1

联合国编号	名称和说明	类别或项别
0004	苦味酸铵,干的,或湿的,按质量含水低于 10%	1.1D
0005	武器弹药筒,带有爆炸装药	1.1F
0006	武器弹药筒,带有爆炸装药	1.1E
0027	黑火药(火药),颗粒状或粉状	1.1D
0028	压缩黑火药(火药)或丸状黑火药(火药)	1.1D
0029	非电引爆雷管,爆破用	1.1B

(2)爆炸品 1.2 项:有迸射危险,但无整体爆炸危险的物质和物品。例如表 1-2-2 所列举的爆炸品。

爆炸品 1.2 项示例 表 1-2-2

联合国编号	名称和说明	类别或项别
0007	武器弹药筒,带有爆炸装药	1.2F
0009	燃烧弹药,带有或不带起爆装置、发射剂或推进剂	1.2G
0015	发烟弹药,带有或不带起爆装置、发射剂或推进剂	1.2G
0018	催泪弹药,带有或不带起爆装置、发射剂或推进剂	1.2G
0035	炸弹,带有爆炸装药	1.2D
0039	摄影闪光弹	1.2G

(3)爆炸品 1.3 项:有燃烧危险并有局部爆炸危险或局部迸射危险或这两种危险都有,但无整体爆炸危险的物质和物品。1.3 项包括满足下列条件之一的物质和物品:①可产生大量辐射热的物质和物品;②相继燃烧产生局部爆炸或迸射效应或两种效应兼而有之的物质和物品。例如表 1-2-3 所列举的爆炸品。

爆炸品 1.3 项示例 表 1-2-3

联合国编号	名称和说明	类别或项别
0010	燃烧弹药,带有或不带起爆装置、发射剂或推进剂	1.3G
0016	发烟弹药,带有或不带起爆装置、发射剂或推进剂	1.3G
0019	催泪弹药,带有或不带起爆装置、发射剂或推进剂	1.3G
0050	闪光弹要筒	1.3G
0054	信号弹药筒	1.3G
0077	二硝基苯酚的碱金属盐,干的,或湿的,按质量含水低于 15%	1.3C

爆炸品 1.1 项、1.2 项、1.3 项运输车辆的标志牌图形如图 1-2-1 所示[1]。

---

[1]国内有关标准,对爆炸品标志的表述不一致。在危险货物道路运输业,要执行《道路运输危险货物车辆标志》(GB 13392)的有关要求。

(4)爆炸品1.4项:不呈现重大危险的物质和物品。本项包括运输中万一点燃或引发时仅出现较小危险的物质和物品;其影响主要限于包件本身,并预计射出的碎片不大、射程也不远,外部火烧不会引起包件内全部内装物的瞬间爆炸。例如表1-2-4所列举的爆炸品。

爆炸品1.4项示例 表1-2-4

联合国编号	名称和说明	类别或项别
0044	帽型起爆器	1.4S
0055	空弹药筒壳,带有起爆器	1.4S
0066	点燃导火索	1.4G
0131	引信点火器	1.4S
0197	发烟信号器	1.4G
0312	信号弹药筒	1.4G

爆炸品1.4项运输车辆的标志牌图形如图1-2-2所示。

(底色:橙红色,图案:黑色)

图1-2-1 爆炸品1.1项、1.2项、1.3项运输车辆的标志牌图形

(底色:橙红色,图案:黑色)

图1-2-2 爆炸品1.4项运输车辆的标志牌图形

(5)爆炸品1.5项:有整体爆炸危险的非常不敏感物质。本项包括有整体爆炸危险性、但非常不敏感以致在正常运输条件下引发或由燃烧转为爆炸的可能性很小的物质。

爆炸品1.5项运输车辆的标志牌图形如图1-2-3所示。

(6)爆炸品1.6项:无整体爆炸危险的极端不敏感物品。本项包括仅含有极端不敏感起爆物质、并且其意外引发爆炸或传播的概率可忽略不计的物品。同时本项物品的危险仅限于单个物品的爆炸。例如,UN0486极端不敏感爆炸性物品(1.6N)。

爆炸品1.6项运输车辆的标志牌图形如图1-2-4所示。

在《危险货物品名表》(GB 12268)中,1.5项仅有UN0482、1.6项仅有UN0486,由此可知第1类爆炸品中1.5项、1.6项所占的比例很小。

(底色:橙红色,图案:黑色)
图1-2-3　爆炸品1.5项运输车辆的标志牌图形

(底色:橙红色,图案:黑色)
图1-2-4　爆炸品1.6项运输车辆的标志牌图形

(二)按爆炸性物质用途分类

爆炸品中涵盖的“爆炸性物质”按用途的不同,可分为起爆药、猛炸药、火药和烟火剂四大类。

(1)起爆药。

起爆药又称为初级炸药,它是四类爆炸性物质中最敏感的一种,受外界较小能量作用就能发生爆炸变化,而且在很短的时间内其变化速度可增至最大,但是它的威力较小,在许多情况下不能单独使用,只能用来作为火帽[1]、雷管[2]装药的一个组分,以引燃火药或引爆猛炸药。

起爆药受较小的激发冲能,如火焰、针刺、撞击、电能等激发就能引爆,而且只需少量药量就可以达到稳定的爆轰[3]。它主要用于火工品,用以起爆猛炸药。常用的起爆药有雷汞(UN0135、CN11025)、叠氮化铅(UN0129、CN11019)等。

(2)猛炸药。

猛炸药又称为次级炸药,习惯上称为炸药。它需要较大的外界能量作用才能激起爆炸变化,一般用起爆药来起爆。猛炸药典型的爆炸变化形式是爆轰,常用作各种弹药的主装药和火工品中的装药。常用的猛炸药有,梯恩梯(UN0388、CN11040)、特屈儿(UN0208、CN11037)、太安(UN0411、CN11049)、黑索金(UN0391、CN11044)等。

(3)火药。

---

[1]火帽(UN0377、UN0378、UN0044),由金属或塑料帽内装有少量易于点燃的起爆药制成的火工品。这种起爆药很容易由冲击点燃,通常用作轻武器弹药筒的点燃部件,或发射药的撞击起爆器。

[2]雷管包括:弹药用雷管(UN0073、UN0364、UN0365、UN0366),专门用于起爆炸药的起爆元件;电雷管(UN0030、UN0255、UN0456),各种用电流引发的、用于引爆起爆药的起爆元件,装有瞬发装置或延时装置;非电雷管(UN0029、UN0267、UN0455),各种非电流引发的、用于引爆起爆药的起爆元件,装有瞬发装置或延时装置。雷管对明火、电火花、振动、撞击、摩擦敏感。

[3]爆轰又称爆震。它是一个伴有大量能量释放的化学反应传输过程。反应区前沿为一以超声速运动的激波,称为爆轰波。爆轰波扫过后,介质成为高温高压的爆轰产物。

火药典型的爆炸变化形式是燃烧，常用作枪炮弹的发射药与火箭推进剂，也广泛应用于火工品中。常用的火药有黑火药（UN0027、CN11096），无烟火药（UN0161、CN13017）、单基药（硝化棉为主体的火药）、双基药（以硝化甘油和硝化棉为主体的火药）、推进火药（以高氯酸盐及氧化铅等为主要药剂）。

(4)烟火剂。

烟火剂是一类以氧化剂和可燃物为主体的混合物。其典型爆炸变化形式也是燃烧，是利用其燃烧反应所产生的特定烟火效应，起照明、信号、光、烟幕及燃烧等作用。烟花爆竹就是民用烟火剂。

由于雷管对明火、电火花、振动、撞击、摩擦敏感，故炸药不得与雷管同时装载、运输。

三、爆炸品的主要特性

爆炸品的特性主要体现在感度、威力和猛度、安定性三个方面。同时，三个特性也决定了爆炸品爆炸性能的强弱。

1. 感度（亦称敏感度）

感度是指爆炸品在外界作用下发生爆炸反应的难易程度。爆炸品需要外界提供一定量的能量才能触发爆炸反应，否则爆炸反应就不能进行。感度高低通常以引起爆炸所需要的最小外界能量来表示。显然，引起某爆炸品爆炸所需的起爆能越小，则其感度越高，危险性也越大。

不同爆炸品所需起爆能量的大小是不同的，其敏感度也不同。如：TNT 对火焰的敏感度较小，但如用雷管引爆则立即爆炸。即使同一种爆炸品，所需起爆能大小也不是固定不变的。如同样是 TNT，在缓慢加压的情况下，它可经受几万牛顿压力也不爆炸，但在瞬间撞击情况下，即使冲击力很小，也会引起爆炸。

起爆能有多种形式，如机械能（冲击、摩擦、针刺）；热能（高温、明火、火花、火焰）；电能（电热、电火花）；光能（激光及其他光线）；爆炸能（雷管、起爆药）等。在运输装卸过程中，温度变化及机械作用的影响是不可避免的，所以在各种形式的感度中，主要是确定爆炸品的热感度和撞击感度。

1)热感度

热感度是指爆炸品在外界热能作用下发生爆炸变化的难易程度。一般用“爆发点”来表示。爆发点是指物质在一定延滞期内发生爆炸的最低温度。延滞期则指从开始对炸药加热到其发生爆炸所需要的时间。表 1-2-5 给出了在不同延滞期下 TNT 的爆发点。可见，同一爆炸品，延滞期越短，爆发点越高；延滞期越长，爆发点越低。虽未受高热，但受低热时间足够长的话，也会诱发爆炸。因此，在运输中一定要使爆炸品远离热源或采取严格隔离措施。

TNT 炸药在不同延滞期下的爆发点 表 1-2-5

延滞期	5s	1min	5min	10min
爆发点(℃)	475	320	285	270

2)撞击感度

撞击感度是指爆炸品在机械冲击的外力作用下,对冲击能量的敏感程度,用发生爆炸次数的百分比表示。撞击感度高(百分比的数值大),说明其对外界冲击能量的敏感度高,易于引起爆炸。反之,撞击感度低,说明其对冲击能量的感度低,不易引起爆炸。如装卸时不慎,炸药由高空落下;车辆在行驶中发生剧烈的冲击、振动等均属这一类。目前,各国大都采用立式落锤感度试验机测定❶爆炸品的撞击感度。几种常用炸药的撞击感度见表1-2-6。

几种常用炸药的撞击感度 表1-2-6

(锤重10kg,落高25cm,试样量0.05,标准装置)

炸药品名	爆炸百分数	炸药品名	爆炸百分数
TNT UN0388、CN11040	4~8	黑索金 UN0391、CN11044	70~80
苦味酸铵,干的,或湿的,铵,重量含水低于10% UN0004、CN11059	24~32	季戊四醇四硝酸酯(季戊炸药),按重量含蜡不低于7%(泰安、太安) UN0411、CN11049	100
三硝基苯基甲硝胺 UN0208、CN11037	50~60	无烟火药 UN0160、CN11099	70~80

值得注意的是,炸药的纯净度对其撞击感度有很大的影响。当炸药内混入坚硬物质如玻璃、铁屑、砂石等时,则其撞击感度增加,危险性增大。当炸药中混入惰性物质如石蜡、硬脂酸、机油等时,则其撞击感度降低。

因此,在运输装卸过程中,严禁混入坚硬杂物,车厢货舱应保持干净,炸药撒漏物绝不能再装入原包装内。有些较敏感的炸药(如黑索金、太安等),在运输过程中为确保安全,可加入适量石蜡(这些附加物称为钝感剂)使其钝化,以增加安全系数。

2. 威力和猛度

威力是指炸药爆炸时的做功能力,即炸药爆炸时对周围介质的破坏能力。威力的大小主要取决于爆热的大小、爆炸后气体生成量的多少以及爆温的高低。猛度,又称猛性作用,是指炸药爆炸后爆轰产物对周围物体(如弹壳、混凝土、建筑物或矿石层等)破坏的猛烈程度。其大小可用爆轰压和爆速来衡量。

爆炸品的威力和猛度越大则炸药的破坏作用越强。衡量威力和猛度的参数很多,运输中采用爆速,即爆炸品本身在进行爆炸反应时的传播速度(m/s),它是决定爆炸威力的重要因素。当炸药量相当时,爆速的大小能在一定程度上反映出炸药的爆炸功率及破坏能力。不同爆炸品具有不同的爆速。爆速越大,单位时间内进行爆炸反应的爆炸品越多,其爆炸威力也越大。通常将爆速是否大于3000m/s作为衡量爆炸品威力强弱的一个参考指标。

❶立式落锤感度试验试验是指,使用10kg的重锤,重锤从25cm高度撞击0.05g的试样,其能发生爆炸次数的百分数。

3. 安定性(稳定性)

爆炸品的安定性是指爆炸品在一定的储存期间内,不改变自身的物理性质和化学性质的能力。爆炸品本身不稳定,即使在正常的保管条件下,也会产生某种程度的物理或化学变化,所以,长期储存不安定的爆炸品或在一定外界条件(如环境温湿度等)影响下,不仅会改变爆炸品的爆炸性能,影响正常使用,而且还可能发生燃烧和爆炸事故。

根据我国汽车运输的特点,以保持在环境温度不超过45℃(可允许短期略超过45℃)的条件下,运输期间货物不发生分解,不改变其使用效能,即可认为该货物安定性符合安全运输要求。同时,为增加运输过程中的化学安定性,对某些炸药,在运输途中必须加入一定量的水、酒精,或其他钝感剂(如萘、二苯胺、柴油等)。

综上所述,感度和安定性是用来衡量货物起爆的难易程度,而威力和猛度则关系到一旦发生爆炸所产生的破坏效果。一般来讲,可选用爆发点低于350℃、爆速大于3000m/s、撞击感度在2%以上为爆炸性的3个主要参考数据。三者居其一,即可认为该物质或物品具有爆炸性。

第二节 第2类 气体

一、气体的基本概念

危险货物第2类气体,是指满足下列条件之一的物质:

(1)在50℃时,蒸气压力大于300kPa的物质;

(2)20℃时在101.3kPa标准压力下完全是气态的物质。

以上定义是以物质(货物)的物理特性为依据的。即常温常压条件下的气态物质一般临界温度[1]低于50℃,或在50℃时的蒸气压力大于300kPa,经压缩或降温加压后,储存于耐压容器或特制的高绝热耐压容器(俗称钢瓶)内或装有特殊溶剂的耐压容器中,均属压缩、液化或溶解气体货物。

为便于理解,引入以下概念:

(1)压力的单位。国际标准单位制(SI)中压力单位为Pa,也称为标准压力,$1Pa = 1N/m^2$,$1MPa(兆帕) = 10^3kPa(千帕) = 10^6Pa(帕)$。在实际工作中,人们常使用标准大气压(atm),也简称大气压。

(2)危险货物第2类气体,包括:压缩气体、液化气体、溶解气体、冷冻液化气体、一种或多种气体与一种或多种其他类别物质的蒸气混合物、充有气体的物品和气雾剂。

①压缩气体是指在-50℃下加压包装供运输时完全是气态的气体,包括临界温度小于或等于-50℃的所有气体。如压缩天然气(Compressed Natural Gas,CNG)。

②液化气体是指在温度大于-50℃时加压包装供运输时部分是液态的气体,可分为:

[1]温度不超过某一数值,对气体进行加压,可以使气体液化,而在该温度以上,无论加多大压力都不能使气体液化,这个温度称为该气体的临界温度。在临界温度下,使气体液化所必需的压力称为临界压力。

高压液化气体：临界温度在 -50 ~ 60℃之间的气体；

低压液化气体：临界温度大于 60℃的气体。

如液化天然气（Liquefied Natural Gas，LNG）。

③溶解气体是指加压包装供运输时溶解于液相溶剂中的气体。

④冷冻液化气体是指包装供运输时由于其温度低而部分为液态的气体。

（3）常温常压是指货物储存和运输的自然条件。常压即是正常的 1 个自然大气压，一般情况下约等于 1atm、0.1MPa；常温是指自然环境温度，它有一个比较宽的温度区间，如我国冬天北方室外的气温可达零下 40℃，夏天在阳光直射下可达 50℃以上。

常压下，环境温度高于沸点时，物质为气体；环境温度低于沸点时，物质则为液体。在常温常压下，临界温度低于 50℃的物质毫无疑问是气态的，如乙醛的沸点 20.8℃，乙醚的沸点 34.6℃等。

通常，增大压力、降低温度（在此不予讨论）可以使气体液化。要使临界温度低于 50℃的气体液化，至少需要 5MPa 的压力。

（4）液体汽化时，它的分子不断从体内逸出，形成蒸气，但同时也有分子从蒸气中进入液体内，即液化和汽化是同时进行的。在一个封闭的空间里，如果同一时间内液化和汽化的分子数目相同时，称这液体同其蒸气处于平衡状态，这时的蒸气称之为饱和蒸气，而此时的压力则称为饱和蒸气压，简称蒸气压（以 Pa 或 kPa 为单位）。

某种液体，在一定的温度下其蒸气压是一定的，但蒸气压随着温度的升高而增加。例如水在 20℃时，饱和蒸气压是 2.3kPa，而在 100℃时为 0.1MPa。在同一温度下，各种物质的饱和蒸气压是不同的。液态物质的温度升高到其沸点时，其饱和蒸气压与外界压力相等，此时的气化可以在液体的表面和内部同时剧烈进行，这就是沸腾。如果对某种达到饱和状态的蒸气施加压力，外部压力大于蒸气压时，蒸气就会液化。所以临界压力实质上是临界温度时的某物质的饱和蒸气压。

由此可知，虽然 50℃比某些液体的沸点要高，但如果此时外部压力大于这些液体在 50℃时的蒸气压时，那么这些物质还能保持液体的状态。用于灌装液体货物的铁桶和玻璃瓶一般可以承受 0.3MPa 的内压。因此，如果某物质 50℃时的蒸气压大于 0.3MPa，则这种物质必须灌装在区别于液体货物包装的耐压容器中。

二、气体的分项

危险货物第 2 类气体按其化学性质分为易燃气体、非易燃无毒气体、毒性气体等 3 项。以下介绍气体的分项情况。

（一）2.1 项　易燃气体

“易燃气体”包括在 20℃和 101.3kPa 条件下满足下列条件之一的气体：

（1）爆炸下限[1]小于或等于 13% 的气体；

[1] 爆炸下限是指可燃蒸气、气体或粉尘与空气组成的混合物遇火源即能发生爆炸的最低浓度（可燃蒸气、气体的浓度，按体积比计算）。

(2)不论其爆燃性下限如何,其爆炸极限(燃烧范围)大于或等于12%的气体。

"易燃气体"泄漏时,遇明火、高温或光照,即会发生燃烧或爆炸。燃烧或爆炸后的生成物对人体具有一定的刺激或毒害作用。

可以燃烧是"易燃气体"的根本化学特性。气体"容易"或"不容易"燃烧一般是以爆炸极限或燃烧范围来衡量的。

燃烧需要氧气,空气中含有1/5的氧气,即可助燃。某种可燃气体散发在空间与空气混合后,如果可燃气体浓度太低,则可供燃烧的物质太少,燃烧不能进行;反之,如果可燃气体浓度太高,则供氧不足,也不能使燃烧进行。可燃气体或可燃液体的蒸气与空气混合后遇火花引起燃烧爆炸的浓度范围,称为该物质的爆炸极限,也称燃烧极限,用可燃物占全部混合物的百分比浓度来表示。混合气体能发生燃烧爆炸的最低浓度称为爆炸下限,最高浓度称为爆炸上限。在上、下限之间的混合气体称为爆炸性混合气体。爆炸上限与爆炸下限之差,为爆炸范围。气体的爆炸下限越低或爆炸范围越大,则其燃烧的可能性越大,也就越易燃、越危险。

易燃的气体中,爆炸下限小于10%的占92%,其余的燃烧范围大于12%。因此,可以用爆炸下限小于10%或爆炸范围大于12%作为衡量易燃气体的标准。只要参数满足上述两者之一,即可被认为是易燃气体。常见可燃气体、蒸气的参数见表1-2-7。

在表1-2-7中介绍的"危险度"是指可燃气体爆炸危险度。其计算公式为:

$$H = \frac{X_2 - X_1}{X_1} \tag{1-2-1}$$

所以只需要查出一种物质的爆炸上下限即可算出其爆炸危险度。如表1-2-7中,乙炔H值为31.4,危险度最高;氨H值为0.9,危险度最低。

常见可燃气体、蒸气的参数表 表1-2-7

可燃气体	自燃点(℃)	爆炸极限(体积分数)(%)		危险度 $H=\frac{X_2-X_1}{X_1}$
		下限 X_1	上限 X_2	
氢气	585	4.0	75	17.7
硫化氢	260	4.3	45	9.5
氰化氢	538	6.0	41	5.8
氨	651	15.0	28	0.9
一氧化碳	651	12.5	74	4.9
硫氧化碳	—	12.0	29	1.4
乙炔	335	2.5	81	31.4
甲烷	537	5.3	14	1.7
乙烷	510	3.0	12.5	3.2
丙烷	467	2.2	9.5	3.3
丁烷	430	1.9	8.5	3.5
戊烷	309	1.5	7.8	4.2
己烷	260	1.2	7.5	5.2

续上表

可燃气体	自燃点(℃)	爆炸极限(体积分数)(%)		危险度 $H=\frac{X_2-X_1}{X_1}$
		下限 X_1	上限 X_2	
苯	538	1.4	7.1	4.1
甲苯	552	1.4	6.7	3.8
环己烷	268	1.3	8.0	5.1
环氧乙烷	429	3.0	80.0	25.6
乙醚	180	1.9	48.0	24.2
乙醛	185	4.1	55.0	12.5
丙酮	538	3.0	11.0	2.7
甲醇	464	7.3	36.0	3.9
乙醇	423	4.3	19.0	2.7

(二)2.2 项　非易燃无毒气体

“非易燃无毒气体”包括窒息性气体、氧化性气体以及不属于其他项别的气体,不包括在温度 20℃时的压力低于 200kPa 并且未经液化或冷冻液化的气体。

“非易燃无毒气体”泄漏时,遇明火不燃。直接吸入体内无毒、无刺激、无腐蚀性,但高浓度时有窒息作用。

燃与不燃是相对的,有些气体在高温条件下遇明火会燃烧。不燃气体主要是惰性气体和氟氯烷类的制冷剂和灭火剂。必须给予十分重视的是,有些气体如氧气、压缩空气、一氧化二氮等本身不可燃,但它们有强烈的氧化作用,可以帮助燃烧,称之为助燃气体。助燃气体实质上是气体状的氧化剂,它比液态或固态的氧化剂具有更强烈的氧化作用。所以不能忽视助燃气体的危险性,在储存运输危险货物的实际中,必须把助燃气体与不燃气体区别开来。储运助燃气体要遵守储运危险货物第 5 类(氧化性物质和有机过氧化物)的各项要求和规定。

(三)2.3 项　毒性气体

“毒性气体”包括满足下列条件之一的气体:

(1)其毒性或腐蚀性对人类健康造成危害的气体;

(2)急性半数致死浓度 LC_{50} 值小于或等于 5000mL/m^3 的毒性或腐蚀性气体。

“毒性气体”泄漏时,对人畜有强烈的毒害、窒息、灼伤、刺激等作用。其中有些还具有易燃性或氧化性。

本项气体的毒性指标与危险货物第 6 类(毒性物质)的毒性指标相同。其储运的注意事项也必须遵守毒性物质的有关规定。

在此强调,具有两个项别以上危险性的气体和气体混合物,其危险性先后顺序为:2.3 项优先于所有其他项;2.1 项优先于 2.2 项。

三、气体的特性

此处仅讨论与危险货物有关的气体的几个物理性质。气体是物质的一种聚集状态,又称气态。气体分子可以自由移动,因而气体总要充满整个容器。气体的体积就是指气体所充满的容器的容积。气体对容器壁有压力作用,这是气体分子频繁地碰撞容器壁而产生的。体积、压力和温度是描述气体状态的重要的物理量,统称为气体的状态参量。其中气体温度用热力学温度(或绝对温度)表示,单位是 K。热力学温度与摄氏温度每一度的大小是相同的,热力学温度与摄氏温度的关系为:热力学温度 T = 摄氏温度 t + 273.15。例如,在 1 个标准大气压下,冰的熔点为 0℃(即 273.15K),水的沸点为 100℃(即 373.15K)。

1. 气体的液化

物质的三种状态是可以相互转变的。物质所处的状态与温度、压力有关。分子在聚集成物体时,由于分子与分子之间的距离和作用力大小不同,而形成气体、液体和固体。气体中分子之间的距离最大而作用力最小,分子可以在任意范围内运动,所以气体有流动性、可压缩性,没有一定的形态和体积。任何气体都可以压缩,处于压缩状态的气体称为压缩气体。如果在对气体进行压缩的同时进行降温,压缩气体就会转化为液体。气体转化为液体的过程称为液化。

经加压降温后成为液态而在常温常压下是气态的物质,叫作液化气体。为了区别一种气体货物的两种不同状态,被液化的气体在气体名称之前应冠以“液化”或“液态”。如液化氢气、液态氧(又可简称液氢、液氧)和液化石油气等。

气体只有将温度降低到一定程度时施加压力才能被液化。若温度超过此值,则无论怎样增大压力都不能使之液化。这个加压使气体液化所允许的最高温度称为临界温度。不同气体的临界温度不同。

气体在临界温度时,还需施加压力才能被液化。在临界温度时,使气体液化所需要的最小压力称为临界压力。不同气体的临界压力也各不相同。几种气体的临界温度和临界压力见表 1-2-8。

几种气体的临界温度和临界压力 表 1-2-8

气体名称	临界温度(℃)	临界压力(MPa)	气体名称	临界温度(℃)	临界压力(MPa)
氦气	-267.9	0.23	乙烯	9.7	5.07
氢气	-239.9	1.28	二氧化碳	31.0	7.29
氖气	-228.7	2.59	乙烷	32.1	4.88
氮气	-147.1	3.35	氨气	132.4	11.13
氧气	-118.8	4.97	氯气	143.9	7.61
甲烷	-82.1	4.63	二氧化硫	157.2	7.77
一氧化碳	-138.7	3.46	三氧化硫	218.3	8.38

通常使用和储运的气体都在常温下进行,而且灌装气体的容器不绝热,即容器内外的温度是一样的。因而临界温度低于常温的气体是压缩气体,临界温度高于常温的气体是液化

气体。无论是处于压缩状态,还是处于液化状态,气体的临界温度越低,危险性越大。

2. 气体的物理爆炸

物质因状态或压力发生突变而形成的爆炸现象称为物理爆炸。例如锅炉的爆炸、气体钢瓶的爆炸等。

气体要储存和运输,必须灌装在耐压容器中,根据不同气体的临界温度和临界压力,气体耐压容器所承受的内压也不同。按规定压力灌装在合乎质量要求和安全标准容器内的气体,在正常情况下不会发生危险。但当受到剧烈撞击、振动、高温、受热时,会使容器内压力骤增,该压力超过容器的耐受力时就会发生钢瓶爆炸。

因此,防止钢瓶的物理爆炸是保证气体储运安全的首要事项。储运钢瓶应远离火源,防止日晒,注意通风散热。

3. 气体的相对密度

当温度压力相同时,两种气体的密度之比称为气体的相对密度。一般地,气体的相对密度是以空气为标准的。例如,在标准状况下,1L 空气的质量为 1.293g,1L 氢气的质量为 0.08987g;空气的平均分子量为 29,氢气的分子量是 2.016,则氢气对空气的相对密度 D 为:0.08987/1.293 或 2.016/29,计算得到 0.0695。

一切比空气轻的气体都会蓄留在空间的封闭顶部;一切比空气重的气体都会沉积在低洼处。若任其蓄积,都有潜在的危险,会引起燃烧、爆炸、毒害、窒息等。例如,二氧化碳的相对密度是 1.5862,空气中二氧化碳含量只要达到 3%,就会使人窒息而死。所以储存危险货物的仓库必须有良好的通风排气设施。在装卸作业时,应先开仓通风而后作业。在拆卸货车车厢、集装箱和货舱时,尤其要注意这一点。

4. 气体的溶解性

某些液体对某种气体有很大的溶解能力。例如氨气、氯气可以大量溶解在水里,乙炔可以大量溶解在丙酮中。利用这个性质可以储运某些不易液化或压缩的气体。乙炔就是如此。乙炔钢瓶内填充了多孔性物质,再注入丙酮,然后把乙炔加压灌入,使之溶解在丙酮中。把这种溶解在溶剂中的气体称为溶解气体。所以气体危险货物的全称应是:压缩、液化或加压溶解气体。

溶解有气体的溶剂受热后,气体会大量逸出,从而引起容器爆炸。特别是乙炔钢瓶,如果从火灾中抢救出来,瓶内的多孔材料可能熔结,溶剂可能挥发,钢瓶的耐受力就会失效。此时如果再用来灌装乙炔,就可能造成大事故。所以乙炔钢瓶经火烤以后就不能再使用。

利用气体在水中的溶解性,一旦发现某些容易溶于水的气体泄漏时,可以用水吸收扑救。

四、气体的主要危险性

(1)容器破裂甚至爆炸。本类货物都是灌装在耐压容器中,内部承受着几兆帕压力的容器本身就是一种危险货物。由于受热、撞击等原因造成容器内压力的急剧升高，或者由于容器内壁被腐蚀，容器材料疲劳等原因使容器的耐压强度下降，都会引起容器的破裂甚至爆炸。

（2）由于气体物质本身的化学性质引起的危险。由于各种气体的化学性质差别很大，有的易爆易燃，有的有毒，有的具腐蚀性等。气体如果泄漏出来，因其本身的化学性质，则可能引起火灾、爆炸、中毒、灼伤、冻伤等事故。即使是化学性质很不活泼的惰性气体的泄漏，也会引起窒息死亡。

针对气体的不同化学性质所引起的各种危险，应采取相应有效的预防措施。

五、常见的压缩气体和液化气体

1. 氧气（压缩氧：UN1072、CN22001；冷冻液态氧：UN1073、CN22002）

氧气是空气的重要组成部分。空气中氧气占21%，其余主要为氮气（约占78%）。由于氮气的性质不活泼，空气的许多化学性质，实际上是氧气的性质的表现。当有压缩空气装在15MPa以上高压钢瓶中运输时，应与氧气同样看待。

氧气无色、无臭、微溶于水，氧的临界温度 -118.8℃，沸点 -183℃，临界压力4.97MPa，液氧为淡蓝色。氧几乎能与所有的元素化合。氧气是生命的基础条件。氧气的浓度对它的化学性质有很大的影响。空气中氧气的含量不大，棉花、酒精等在空气中只能比较平缓地燃烧，超过正常比例的氧气能使其燃烧迅猛。铁在空气中与氧的反应是生锈，而在液氧中，即使在 -120℃以下也会燃烧。油脂在纯氧中的反应要比在空气中剧烈得多，当高压氧气（即高压空气）喷射在油脂上就会引起燃烧或爆炸，实质就是油脂与纯氧的反应，所以氧气钢瓶（包括空瓶）绝对禁油。储氧钢瓶不得与油脂配装，不得用油布覆盖；储氧钢瓶的仓间、车厢、集装箱等不得有残留的油脂；氧气钢瓶及其专用搬运工具严禁与油脂接触，阀门、轴承都不得用油脂润滑；操作人员不能穿戴沾有油污的工作服和手套。

2. 氢气（压缩氢：UN1049、CN21001；冷冻液态氢：UN1966、CN21002）

氢气是最轻的气体，约为空气质量的1/14。氢气无色、无臭，极难溶于水，临界温度为 -239.9℃，临界压力为1.28MPa。氢气可燃，纯净的氢气在空气中燃烧平静，火焰为淡蓝色。燃烧温度可达2500~3000℃，可作焊接用。21001液氢可作火箭和航天飞机的燃料。

氢气的爆炸极限极宽，为4.0%~75%，所以氢气是一种极危险的气体。氢气与空气或氧气混合后，遇明火会发生强烈爆炸。美国“挑战者号”航天飞机起飞时爆炸，其原因即是燃料箱渗漏，液氢与液氧在机体外相遇混合，其时航天飞机外壳的温度足够点燃氢氧混合气，于是酿成了美国航天史上最惨重的失败。氢气钢瓶漏气后遇明火或高温会爆炸，这一点要求运输人员充分重视。

氢气有极强的还原性，能与许多非金属直接化合。如氢能在氯气中燃烧生成氯化氢；能与硫反应生成硫化氢。氢气在氯气中的爆炸极限为5.5%~89%，氢和氯的混合气体在日光照射下就会发生剧烈的爆炸。所以,氢气不能与任何氧化剂尤其是氧气、氯气混储、混运。

3. 氯气,又名液氯(氯:UN1017、CN23002)

氯气的临界温度144℃,临界压力7.61MPa。常温下加0.6MPa就会使氯气液化,故氯气总是在液化的状态下储存运输,习惯称氯气为液氯。

氯气是一种黄绿色的剧毒气体,有强烈的刺激气味。空气中的最高允许浓度为$2mg/m^3$,如氯气浓度超过$0.1 \sim 0.5mg/m^3$,人吸入后,会发生咽喉、鼻、支气管痉挛、眼睛失明,并导致肺炎、肺气肿、肺出血而死亡;如氯气浓度超过$2.5g/m^3$,则会立即使人畜窒息死亡。

氯气的蒸气密度为2.5。所以,氯气泄漏在空气中会沉在下部沿地面扩散,使地面人员受害。氯气溶于水,常温下1体积水可溶解2.5体积的氯气。氯气钢瓶漏气时,可大量浇水,或迅速将其推入水池,或用潮湿的毛巾捂住口鼻,以减轻危害。

氯气是很活泼的物质,有极强的氧化性。如:铜能在氯气中燃烧;氯气与易燃气体能直接化合,其混合气遇光照会发生爆炸;氯与非金属如磷、砷等接触也会发生剧烈的反应甚至爆炸。氯气与有机物接触也会发生强烈反应。

4. 氨,又名液氨(无水氨:UN1005、CN23003;氨溶液:UN2073、CN22025)

氨气分子式为NH_3。氨是一种无色、有刺激性的气体,蒸气密度0.59。氨的临界温度132.4℃,临界压力11.13MPa。在常温下$0.7 \sim 0.8$MPa就能使氨液化。氨极易溶于水,1体积的水可以溶解700体积的氨。所以,当液氨钢瓶漏气时,以大量水浇之或将其浸入水中,就可暂时减少进入空气中的氨气量,以免发生更大事故。

氨有强烈的刺激性气味,能使人窒息死亡,故属毒性气体。但少量的氨能刺激神经,昏迷人嗅到氨的气味可以恢复知觉。所以,有时也用很稀的氨气来急救昏迷的病人。

氨的水溶液称为氨水,显碱性,可以看作是生成了氢氧化铵NH_4OH,属腐蚀物品。氨水的含氨量一般在20%以下。含氨量大于20%,需加压才能溶解,所以含氨量大于20%的氨的水溶液是作为溶解气体储运的。

氨遇酸化合生成铵盐,所以氨气钢瓶要远离任何酸类物质。

氨不能在空气中燃烧,但能在纯净的氧气里燃烧。氨能与氯气发生剧烈的反应,生成氯化氢和氮气。

氯化氢吸湿性很强,能吸收空气中的水蒸气立即形成白雾状的盐酸。工厂中常用这个原理,用喷微量氨水的方法来检验氯气钢瓶是否有微量的漏气。即漏气量还没有被人们的嗅觉所感觉之前,喷洒上氨水却可以看出一条线状的白雾带。

但如果不是微量的氨气与微量的氯气相遇,而是大量的氯和氨相遇,反应将会继续进行下去,生成氯化铵和三氯化氮等。三氯化氮的性质很活泼,很不稳定,与有机物接触、遇热或被撞击,立即会发生爆炸性分解,所以液氯和液氨不能在同一车厢配装,也不可在同一库房内混储。

5. 溶解乙炔(电石气:UN1001、CN21024)

乙炔(C_2H_2)俗称电石气。电石受潮后放出的气体即为乙炔。

(纯净的乙炔无色、无臭,工业乙炔因含有杂质——磷化氢(PH_3)而具有特殊的刺激性气味。)

乙炔非常容易燃烧,也极易爆炸,其闪点 -17.8℃,爆炸极限 2.5% ~81%。危险度 31.4,仅次于二硫化碳。当空气中含乙炔 7% ~13% 或纯氧中含乙炔 30% 时,压力超过 0.15MPa不需明火也会爆炸。未经净化的乙炔内可能含有 0.03% ~1.8% 的磷化氢,气态磷化氢 100℃时会自燃,液态磷化氢的自燃点还低于 100℃。因而在乙炔中含有空气、磷化氢等杂质时更容易燃烧爆炸。一般规定,乙炔中乙炔含量应在 98% 以上,磷化氢的含量不得超过 0.2%,硫化氢含量不得超过 0.1%。

乙炔与铜、银、汞等重金属或其盐类接触能生成乙炔铜、乙炔银等易爆炸物质,故凡涉及乙炔用的器材都不能使用银和含铜量 70% 以上的铜合金。

乙炔能与氯气、次氯酸盐等化合成乙炔基氯,乙炔基氯极易爆炸。乙炔还能与氢气、氯化氢、硫酸等多种物质起反应。因而储运乙炔时,不能与其他化学物质放在一起。

在讨论气体的溶解性时,讲到乙炔实际上是溶解气体。因为乙炔是在高压下具有爆炸性质的物质,它所受到压力越高,越容易引起爆炸。具有这种性质的气体还有二氧化氯、偶氮化氢、氧化氮、氰化氢、氧化亚氮等。所以考察乙炔的临界温度和临界压力是没有实际意义的。

但是,乙炔在丙酮溶液中则能保持稳定。1 个体积丙酮在常压下可溶解 25 体积的乙炔,在 1.2MPa 下可溶解 300 体积乙炔。乙炔钢瓶内填充有活性炭、木炭、石棉或硅藻土等多孔材料,再将丙酮注入,然后通入乙炔使之溶解于丙酮中,直至在 15℃达到 1.55MPa。国外曾有报道,因容器密封不良而漏气,操作人员采取措施时,由于衣服摩擦产生静电,因火花放电引起爆炸事故。所以,相比于其他气体,防止乙炔的泄漏显得更为重要。

6. 天然气(压缩天然气:UN1971、CN21007;冷冻液态天然气:UN1972、CN21008)

天然气(含甲烷,液化的),别名液化天然气,是广泛用于工业、农业、家用及商业的动力燃料,化学及石油化学工业原料。天然气是无色无臭液体,主要成分为含 83% ~99% 甲烷、1% ~13% 乙烷、0.1% ~3% 丙烷、0.2% ~1.0% 丁烷,也含有一定比例的氮气、水蒸气、二氧化碳、硫化氢,有时还含有一些数量不明显的稀有气体(氦、氩)。天然气在液化装置液化,产生液化天然气,其组成与气态稍有不同,因为一部分组分在液化过程中被除去。沸点 -160 ~ -164℃。

天然气极易燃。其蒸气能与空气形成爆炸性混合物,在室温下的爆炸极限为 5% ~14%,在 -162℃左右的爆炸极限为 6% ~13%。当液化天然气由液体蒸发为冷的气体时,其密度与在常温下的天然气不同,约比空气重 1.5 倍,其气体不会立即上升,而是沿着液面或地面扩散,吸收水与地面的热量以及大气与太阳的辐射热,形成白色云团。由雾可察觉冷气的扩散情况,但在可见雾的范围以外,仍有易燃混合物存在。如果易燃混合物扩散到火源,就会闪回燃着。当冷气温热至 -112℃左右,就变得比空气轻,开始向上升。液化天然气比水轻(相对密度约 0.45),遇水生成白色冰块。冰块只能在低温下保存,温度升高即迅速蒸发，如急剧扰动能猛烈爆喷。天然气主要由甲烷组成，其性质与纯甲烷相似，属“单纯窒息性”气体，高浓度时会因缺氧而引起人窒息。液化天然气与皮肤接触会造成严重灼伤。

第三节　第3类　易燃液体

一、有关易燃液体的基本概念

首先介绍闪点。闪点是指当试验容器内液体产生的易燃蒸气在空气中达到足够浓度而短暂接触点火源时被点燃的最低温度。

危险货物第3类包括易燃液体和液态退敏爆炸品。

1. 易燃液体

易燃液体是指易燃的液体或液体混合物，或是在溶液或悬浮液中有固体的液体，其闭杯实验闪点[1]不高于60℃，或开杯实验闪点[2]不高于65.6℃。易燃液体还包括满足下列条件之一的液体：

(1)在温度等于或高于其闪点的条件下提交运输的液体；

(2)以液态在高温条件下运输或提交运输，并在温度等于或低于最高运输温度下放出易燃蒸气的物质。

对运输来说，易燃液体最主要的危险是其蒸气挥发导致燃烧和爆炸。衡量液体易燃性和易爆性的重要特性参数是闪点、沸点、燃点、爆炸极限和蒸气压等。其中最主要的是闪点和沸点。

闪点是衡量液体易燃性的最重要的指标。如果可燃液体温度高于其闪点时，随时都有接触火源而被点燃的危险。可燃液体的闪点分为闭杯闪点 T_{cc} 和开杯闪点 T_{oc}。闪点较高的液体，为方便起见，一般用开杯式容器测定。闪点在5～150℃范围内的，开杯式测定的闪点比闭杯式测定的闪点高几度。一般地，$T_{cc} \approx T_{oc} + 5$。世界各国的各种“危规”涉及闪点时，除有特别说明的外，都是指闭杯闪点。

闪点实质上与爆炸极限有密切的关系。当液体受热而迅速挥发时，如果液面附近的蒸气浓度正好达到其爆炸下限浓度，则此时的温度就是闪点。因此，闭杯试验得到的闪点更精确些。同时也说明，只要能给出液体的蒸气压曲线和爆炸下限，则可以通过理论计算求得该液体的闪点。闪点越低，液体的危险性越大。

---

[1] 闭杯闪点的测定原理是把试样装入油杯中到环状标记处，把试样在连续搅拌下用很慢的、恒定的速度加热，在规定的温度间隔，同时中断搅拌的情况下，将一小个小的试验火焰引入杯中，试验火焰引起试样上的蒸气闪火时的最低温度作为闭杯闪点的测定结果。

[2] 开杯闪点测定原理是把试样装入试验杯中到规定的刻线。首先升高试样的温度，然后缓慢升温，当接近闪点时，恒速升温。在规定的温度间隔，以一个小的试验火焰横着通过试杯，用试验火焰使液体表面上的蒸气发生点火的最低温度作为开杯闪点的测定结果。

沸点时液体的蒸气压等于大气压力，若此时液体继续受热，越来越多的液体转为气相，其蒸气压随之上升。液体的沸点越低，越容易汽化，越容易与空气形成爆炸性混合物。

2. 液态退敏爆炸品

液态退敏爆炸品是指为抑制爆炸性物质的爆炸性能，将爆炸性物质溶解或悬浮在水中或其他液态物质后，而形成的均匀液态混合物。

二、易燃液体的包装类别

易燃液体的包装类别是根据闪点（闭杯）和初沸点确定的。具体划分见表1-2-9。

按易燃液体包装类别的划分　　表1-2-9

包装类别	闪点（闭杯）	初沸点	包装类别	闪点（闭杯）	初沸点
Ⅰ	—	≤35℃	Ⅲ	≥23℃和≤60℃	>35℃
Ⅱ	<23℃	>35℃			

在旧国家标准《危险货物分类和品名编号》（GB 6944—1986）中，将危险货物第3类（易燃液体）按其易燃危险性分为3项：3.1项　低闪点易燃液体——闪点低于－18℃的液体；3.2项　中闪点易燃液体——闪点在－18～23℃的液体；3.3项　高闪点易燃液体——闪点在23～61℃的液体。而国家标准《危险货物分类和品名编号》（GB 6944—2012），没再将危险货物第3类（易燃液体）分项。

三、易燃液体的特性

1. 易燃液体的物理特性

1）高度挥发性

液体物质在任何温度下都会蒸发，并在加热到沸点时，迅速变为气体。静置的液体，表面看似静止不动，但实际上其分子是在不停地运动之中。一些能量较高的液体分子在运动中会克服液体分子间的吸引力成为气体，这个过程一般称为“汽化”。如果汽化只发生在液体的表面，又称为“蒸发”。蒸发是液体分子从液体表面不断进入气相变为气体的过程。蒸发可以在低于沸点的温度下进行。液体在低于沸点温度下的蒸发现象又称“挥发”。不同液体的蒸发速度是不同的。同一液体，蒸发的速度受外界温度、液体的表面积大小和与液体表面接触的空气的流动速度三个因素的影响。

一般来讲，沸点低的液体，挥发性也大。易燃液体大多是低沸点液体，在常温下就能不断地挥发，如乙醚、乙醇、丙酮和二硫化碳等的挥发性都较大，这类物质也称为挥发性液体。不少易燃液体的蒸气又较空气重，易积聚不散，特别在低洼处所、通风不良的仓库内及封闭式货厢内易积聚产生易燃易爆的混合蒸气，造成危险隐患。

2）高度流动扩散性

易燃液体的黏度一般都较小，而且大多数易燃液体的相对密度比较小，且不溶于水，会随水的流动而扩散。易燃液体还具有渗透、毛细管引力、浸润等作用，即使容器只有细微裂纹，易燃液体也会渗出容器壁外，扩大其表面积，源源不断地挥发，使空气中的蒸气浓度增高，增加了燃烧爆炸的潜在危险。

3）蒸气压及受热膨胀性

敞开的液体物质总是或快或慢地蒸发着，直至全部变为蒸气为止，但装在密闭容器内的液体则不然。如果将某种液体在一定温度条件下，盛装在一个留有空间的容器中，即有少量液体蒸气进入液体表面的空间，直到液体与其蒸气达到平衡为止（达到蒸气压），温度越高，液体蒸气压力越大，且由于其沸点低、易挥发的特性必然使其蒸气压也较高，危险性也越大。蒸气压高的易燃液体，易于产生能引起燃烧所需要的最低限度的蒸气量，因此蒸气压越高，危险性也相对增加。运输途中很可能因为受到环境温度变化的影响，蒸气压高的易燃液体引起包装容器出现“鼓桶”现象，甚至爆炸。为此，盛装易燃液体的容器应有足够的安全系数，甚至在容器内还需加入某些性质相容的稳定剂以抑制其挥发。

热胀冷缩是物质的固有特性。液体物质的受热膨胀系数较大，加上易燃液体的易挥发性，受热后蒸气压也会增大，装满易燃液体的容器往往会造成容器胀裂而引起液体外溢。因此，易燃液体灌装时应充分注意，容器内应留有足够的膨胀余位。膨胀余位一般以体积的百分比计算。

液体物质的膨胀体积可以用下列公式计算：

$$V_2 = V_1(1 + \alpha\Delta T) \tag{1-2-2}$$

式中：V_2——物质膨胀后的体积；

V_1——物质膨胀前的体积；

α——体积膨胀系数；

ΔT——温度差，$\Delta T = T_2 - T_1$（T_1 为物质膨胀前的温度；T_2 为物质膨胀后的温度）。

常见液体的体积膨胀系数见表1-2-10。

常见液体的体积膨胀系数表 表1-2-10

液体名称	α(1/℃)	液体名称	α(1/℃)
乙醚	0.001656	乙醇	0.001120
戊烷	0.001608	汽油	0.001080
丙酮	0.001487	醋酸	0.001071
苯	0.001237	松节油	0.000973
四氯化碳	0.001237	甘油	0.000505
甲醇	0.001199	水	0.000107

如有一罐车，罐中装载了30m^3的汽油体，由于在运输过程由于室外温度的变化，使得油温由25℃升至30℃，这时根据式（1-2-2）和表1-2-10，测算一下汽油的体积变化：

$$30m^3 \times [1 + 0.00108(1/℃) \times 5℃] = 30m^3 \times 1.0054 = 30.0162m^3$$

由此可知,30m^3 的汽油,如温度升高5℃,可增加体积约0.02m^3(20L[1])。如计算体积膨胀系数较大的乙醚,其在30m^3、升高5℃时,体积会增大0.3m^3(300L)。这也是体积膨胀系数是常压罐体充装系数考虑因素之一的原因。

4)电阻率大,容易积聚静电

当两种不同性质的物体相互摩擦或接触时,由于它们对电子的吸力大小各不相同,会发生电子转移,使甲物失去一部分电子而带上正电荷,乙物获得一部分电子而带负电荷。如果该物体对大地绝缘,则电荷无法泄漏,停留在物体的内部或表面呈相对静止状态,这种电荷就称为"静电"。

静电的产生与物质的导电性能有很大关系,它以电阻率来表示,电阻率越小,导电性能越好,容易泄漏静电,电阻率大的则容易积聚静电。静电放电会引起火灾。

静电放电必须具备四个条件:

①必须有产生静电的条件,如摩擦起电、附着带电、感应起电、极化起电;

②必须具备静电积聚的条件;

③积聚的静电必须产生火花放电;

④火花间隙中必须有一定量的可燃气体。

易燃液体的着火能量较小,往往容易被静电火花点燃。如果静电放电的火花能量已达到或大于周围可燃物的最小着火能量,而且空气中的可燃物浓度或含量已达到燃烧、爆炸的范围,就能引起燃烧、爆炸。易燃液体积聚静电如再遇雷电,后果不堪设想。

经常运输的部分易燃液体中的烃、芳香烃或氯化烃,如苯、汽油等的电阻率很大,在运输、装卸过程中,由于振动、摩擦的作用,极易积聚静电,特别是汽车罐车运输在灌装时若灌装速度过快也极易积聚静电,一旦发生静电放电,就可能引起可燃性蒸气的燃烧爆炸,后果严重。因此装运易燃液体的罐车必须配备导除静电的装置(即使易燃液体灌装时不具备静电放电的四个条件)。

2. 易燃液体的化学特性

1)高度易燃性

易燃液体的易燃性,取决于它们的化学构成。易燃液体几乎都是有机化合物,都含有碳原子和氢原子。在一定条件下(如加热、遇火等)与空气中的氧化合而引起燃烧。同时,由于这些液体的挥发性较大,因而在液面附近的蒸气浓度也较大,如遇火花即能与氧剧烈化合而燃烧。

易燃液体的燃烧,实质上是其蒸气与氧化合的剧烈反应,液体本身是不燃烧的。例如,点燃乙醇,则在乙醇表面产生火焰,火焰的热量加快乙醇蒸发,源源不断地提供蒸气与氧化合使燃烧持续。

闪点即表示易燃液体的易燃程度,闪点越低,易燃性越大。易燃液体闪点大都是比较低的,大多数都在常温以下,有的甚至是零下数十度。

---

[1] 1m^3 = 1000L。

当液体温度升高,超过闪点温度之后,继续受热至放出蒸气量足以维持燃烧的温度,这个温度称为燃点,也称着火点。一般燃点比闪点高出10℃。

2)易爆性

易燃液体挥发成蒸气,与空气形成可燃的混合物,当气体混合物的浓度达到一定范围(即爆炸极限)时,遇明火就会燃烧和爆炸。易燃液体爆炸极限范围越宽,燃烧、爆炸的可能性越大;温度升高,易燃液体挥发量增大,易燃易爆性增大;相同温度下,易燃液体闪点越低,越易挥发,易燃易爆性越高。

3)能与强酸、氧化剂剧烈反应

易燃液体遇氧化剂或具氧化性的强酸如高锰酸钾、硫酸、硝酸会剧烈反应而自行燃烧。因此装运时,应注意易燃液体不得与强酸、氧化剂混装,或者采取有效措施隔离方可。

4)易燃液体的有毒性

大多数易燃液体除具有易燃易爆的危险特性外,还具有大小不一、程度不等的毒性。易燃液体可以通过皮肤、消化道或呼吸道被人体吸收而致人中毒。例如,长时间的吸入醚蒸气会使人麻醉,深度麻醉可致人死亡。所以应该把易燃液体看成和一般化学药品一样是有毒有害的。特别是挥发性较大的易燃液体,其蒸气带来的毒性更不可忽视,即使是挥发性很小的易燃液体,直接与之接触也是有害的。易燃液体蒸气浓度越大,毒性也越大。

四、常见的易燃液体

1. 苯(C_6H_6:UN1114、CN32050)

苯是无色透明液体,易挥发,具有芳香气味;相对密度0.879,易溶于有机溶剂,不溶于水,故不能用水扑救由苯引起的火灾;沸点80.1℃,闪点-11℃,爆炸极限1.3%~7.10%;有毒,能对造血器官与神经系统造成损害,空气中最高允许浓度10ppm。

苯是从炼焦以及石油加工的副产品中提取的。苯是重要的工业原料,广泛用于乙烯、酚的制成,以及合成橡胶、乳酸漆、塑料、黏合剂、农药、树脂、香料等工业。苯与氧化剂反应剧烈,易于产生和积聚静电。

2. 二硫化碳(CS_2:UN1131、CN31050)

二硫化碳纯品为无色液体。沸点46℃,相对密度1.26(比水重),不溶于水,闪点-30℃,爆炸极限1%~50%,蒸气密度2.63。纯净的CS_2有令人愉快的气味,易于挥发,蒸气沉积在底部,有毒,空气中含量达到15g/m^{3}半小时即可致人死亡;不纯的CS_2则为具恶臭气味的淡黄色的液体。

CS_2对热量高度敏感,最小着火热量仅为0.009MJ,是最易燃烧的液体,暖气管、排气管、刚开亮的灯泡都可引燃CS_2。燃烧时生成大量有剧毒的二氧化硫和一氧化碳气体。

3. 汽油(车用汽油或汽油:UN1203、CN31001、CN32001)

汽油系轻质石油产品中的一大类。主要成分是碳原子数为7~12的烃类混合物。是一种无色至淡黄色的易流动的油状液体。沸点40~200℃,相对密度0.67~0.71,闪点-50~

-45℃,自燃点 415 ~530℃,爆炸极限 1.3% ~6.0%,挥发性极强(会使局部空间氧气浓度降低,使人窒息死亡),不溶于水。其蒸气与空气能形成爆炸性混合物,遇火种、高温氧化剂等有火灾危险。用作溶剂的汽油没有添加其他物质,故毒性较小。而用作燃料的汽油因加入四乙基铅等作抗爆剂使用,而大大增加了毒性(致癌)。

4. 油漆类

油漆(即涂料)在易燃液体中占很大比重。油漆一般是胶黏状的液体,在物体表面上能结成一层薄膜,起到装饰和保护作用。

油漆不都是危险品,但人造漆中含有大量的丙酮(UN1090、CN31025)、甲苯(UN1294、CN32052)等都是易燃液体。

第四节　第 4 类　易燃固体、易于自燃的物质、遇水放出易燃气体的物质

一、易燃固体、易于自燃的物质、遇水放出易燃气体的物质的分项和定义

根据国家标准和本类货物燃烧条件不同的特点,危险货物第 4 类(易燃固体、易于自燃的物质、遇水放出易燃气体的物质)分为三项,其定义如下。

(一)4.1 项　易燃固体、自反应物质和固态退敏爆炸品

(1)易燃固体:易于燃烧的固体和可能摩擦起火的固体。

(2)自反应物质:即使没有氧气(空气)存在,也容易发生激烈放热分解的热不稳定物质。

(3)固态退敏爆炸品:为了抑制爆炸性物质的爆炸性能,用水或酒精润湿爆炸性物质,或用其他物质稀释爆炸性物质后,而形成的均匀固态混合物。

本项物质系指燃点低,对热、撞击、摩擦敏感,易被外部火源点燃,燃烧迅速,并可能散发出有毒烟雾或毒性气体的固体物质,但不包括已列入爆炸品的物质。可见,易燃固体同时具备三个条件:燃点低;燃烧迅速;放出有毒烟雾或毒性气体。这三个条件缺一不为危险货物。

易燃固体燃点越低,其发生燃烧的可能性和危险性越大。对固体燃点的测定一般采用专门的测试设备,将适量的固体试样破碎研细,并将其投入预热的玻璃容器中,以一定速度加热,便可测出物质的最低点火温度(即燃点)。通过对 100 种易燃固体进行分析研究,发现大多数易燃固体的燃点都低于 400℃。因此,可以用燃点低于 400℃作为衡量易燃固体的参考依据之一。

此外,熔点在一定程度上影响着固体的易燃性。一般来说,熔点低的固体具有较强的挥发性,它们在较低的温度下即能转变为液态或直接升华,其挥发出的蒸气与空气能形成爆炸性混合物并易于点燃,具有较低的闪点。因此,对低熔点的固体可以用闪点高低评价其易燃性的大小。

燃烧速度快慢是相对的,它与可燃物的质量、燃烧面积等有直接关系。国内有关方面对

此提出了具体实验方法:将能加工成条形的物品制成直径 3 ~4mm、长 10cm 的长条;对不能加工成条形的物品以棉或纸包裹其粉末,做成上述长条形纸捻,在无风室内水平放置点燃,以每秒燃烧的长度作为物质燃烧的速度数据。通常纤维质的物质如稻草、纸张、木材等的燃烧速度为0.2 ~0.3cm/s,其他易燃物质一般要比它们快一些,因此以0.5cm/s 作为燃烧速度的参考指标。

(二)4.2 项　易于自燃的物质

本项包括发火物质和自热物质。

(1)发火物质:即使只有少量与空气接触,不到 5min 时间便能燃烧的物质,包括混合物和溶液(液体或固体)。

(2)自热物质:发火物质以外的与空气接触便能自己发热的物质。

可见,易于自燃的物质的主要特点是不需外界火源作用,自身在空气中能缓慢氧化放热并积热不散,达到其自燃点而自行燃烧。因此,此项物质在运输时最主要的危险是自行发热、燃烧,有些物质甚至在无氧条件下也会自燃。

自燃是指不经明火点燃就自动着火燃烧的现象。自燃可分为两种情况:一种是物质虽不与明火接触,但受外界热源加热而自燃;另一种是物质不需明火不需加热,在一定的条件下会自身氧化放热而自燃。前者称为受热自燃,一般易燃物质,包括固态、液态和气态的,都具有受热自燃的特性。后者称为自热自燃,只有一小部分的易燃物质具有这种特性。

物质在发生自燃时所需要的最低温度,叫作自燃点。自燃点的高低是此项物质危险性大小的主要标志。参照美国“材料与实验协会”对自燃物质的标准,易于自燃的物质可以自燃点在 200℃以下为依据。例如,黄磷的自燃点仅 30℃,即使是在冰天雪地的环境温度下,只要露在空气中黄磷也很容易自身发热积温到 30℃而燃烧,故黄磷是自热自燃的易燃物质。

(三)4.3 项　遇水放出易燃气体的物质

本项物质是指遇水放出易燃气体,且该气体与空气混合能够形成爆炸性混合物的物质。

可见,本项物质必须具备三个条件:在常温或高温下受潮或与水剧烈反应,且反应速度快;反应产物为可燃气体;反应过程中放出大量热,可引起燃烧或爆炸。此项物质遇酸和氧化剂也能发生反应,而且比与水的反应更为剧烈,因此危险性也更大。

本项物质是以其化学反应的现象与产物作为依据的,无法确定一个鉴别参数。而用实验的方法则较易鉴别。如将少量物质投入水中(常温或高温)能观察到有气泡产生,收集的气体能燃烧或爆鸣,测量水温有显著升高,则该物质为遇水放出易燃气体的物质。

二、易燃固体、易于自燃的物质和遇水放出易燃气体的物质的主要特性

1.易燃固体的主要特性

(1)需明火点燃。虽然本项物质燃点较低,但自燃点很高,在常温条件下不易达到,故不会自燃,需要明火点着以后,才能持续燃烧。

(2)高温条件下遇火星即燃。环境温度越高,物质越容易着火。当外界的温度达到物质

的自燃点时，不需明火，就会自燃。

(3)粉尘有爆炸性。这些物质的粉尘因与空气接触表面积大，燃烧的速度极快，遇火星即会爆炸。

(4)与氧化剂混合能形成爆炸品。不少混合炸药就是把易燃固体与氧化剂按一定的比例混合而成。有些易燃固体如萘、樟脑会从固态直接转化为气态，这种现象称为升华。升华后的易燃固体的蒸气与空气混合后，具有发生爆炸的危险。

(5)遇水分解。易燃固体中有不少物质遇水会发生化学反应而被分解。如硫磷化物遇水或潮湿空气分解，会放出有毒易燃的硫化氢；氨基化钠遇水放出有毒及腐蚀性的氨气等。有这种特性的易燃固体总数并不多，危险货物品名表中对具有遇水分解特性的易燃固体都有特别的说明。几种易燃固体的主要危险性见表1-2-11。

几种易燃固体的主要危险性　　表1-2-11

品　名	燃烧点(℃)	自燃点(℃)	分解温度(℃)
硝化棉	180(爆发点)		40(开始分解)
赛璐珞	100	150～180	
赤磷	160左右	200～250	
发孔剂H			198～200，遇酸分解
三硫化四磷		100	遇水分解
五硫化磷	300		遇水分解
氨基化钠			遇水分解
重氮氨基苯	150(爆发点)		
1－重氮－2－萘酚－4对亚硝			14
基苯酚			
硫黄	207～255		
三聚甲醛	45(闪点)		
偶氮二异丁腈			103～104(放氮)
苯磺酰肼(发孔剂BCH)			70～100(放氮)
萘	80(闪点)		

易燃固体虽然很容易发生燃烧，但是如果没有火种、热源等外因的作用，没有助燃物质(空气中的氧或氧化剂)的存在，也不易发生燃烧。在储运过程中，易燃固体发生燃烧事故，都是由于接触明火、火花、强氧化剂，受热或受摩擦、撞击等引起。只要在储运中能严格防止上述外因产生作用，就可以保证安全。

2. 易于自燃的物质的主要特性

(1)不需受热和接触明火，会自行燃烧。此项物质暴露在空气中，与空气中的氧气接触，就会发生氧化反应，同时放出热量。当热量积聚起来，使物质升到一定的温度时，就会引起燃烧。隔绝这类物质与空气接触是储运安全的关键。

(2)受潮后，会增加自燃的危险性。易于自燃的物质中的油纸、油布等含油脂的纤维制品,在干燥时,由于物品的间隙大,易于散热,只要注意通风,自行缓慢氧化产生的热量不会聚积,一般不会自燃。但是,一旦受潮,产生的热量就会积聚不散,很容易发生自燃。

(3)大部分易于自燃的物质与水反应剧烈。易于自燃的物质会自动发热,其原因是与空气中的氧发生反应。对易于自燃的物质的储运保管中关键的防护措施是阻隔其与空气的接触。例如黄磷就存放在水中。但是,不少易于自燃的物质如三异丁基铝、三氯化三甲基铝等,与水会发生剧烈的反应,同时放出易燃气体和热量,引起燃烧。所以采取何种措施阻隔易于自燃的物质与空气的接触要根据具体品种而定。

(4)接触氧化剂会立即发生爆炸。易于自燃的物质的还原性很强,在常温下即能与空气中的氧发生反应。如果接触到氧化剂会立即发生强烈的氧化还原反应,发生爆炸。

3. 遇水放出易燃气体的物质的主要特性

(1)遇水(受潮)燃烧性。此项物质化学特性极其活泼,遇水(包括受湿、酸类和氧化剂)会引起剧烈化学反应,放出可燃性气体和热量。当这些可燃性气体和热量达到一定浓度或温度时,能立即引起自燃或在明火作用下引起燃烧。

遇水放出易燃气体的物质除遇水时会发生剧烈的化学反应外,当遇到酸类或氧化剂时,也能发生剧烈的化学反应,而且比遇水所发生的化学反应更剧烈,危险性也更大。因为酸类物质和氧化剂都具有较强的氧化性(得到电子的能力),而遇水放出易燃气体的物质大都具有很强的还原性(失去电子的能力),所以当它们接触后,反应就更加剧烈。另外,多数的酸都是水的溶液,因此与本项物质接触能置换出酸中的氢。若把金属钠撒入硫酸中,立即就会有大量气泡和热量溢出,反应非常剧烈。

(2)爆炸性。遇水放出易燃气体的物质的碳化钙(电石)等物品,会与空气中的水分发生反应,生成可燃性气体。放出的可燃性气体与空气混合达到一定量时,遇明火即有引起爆炸的危险。

(3)毒害性。遇水放出易燃气体的物质均有较强的吸水性,与水反应后生成强碱和毒性气体,接触人体后,能使人皮肤干裂、腐蚀并致人中毒。

(4)自燃性。主要是硼氢类物质和化学性质极活泼的金属及其氢化物(在空气中暴露时)能发生自燃。

综上所述,虽然按燃烧的不同条件把危险货物第4类分为三项,每项货物都有其具体的特征,但它们的共同危险特征是具有易燃性、腐蚀性、毒害性和爆炸性。

三、常见的易燃固体、易于自燃的物质和遇水放出易燃气体的物质

1. 常见的易燃固体

1)赤磷(又名红磷)及磷的硫化物(非晶形磷:UN1114、CN41001)

赤磷与黄磷是磷的同素异形体,但两者性质相差极大。赤磷为紫红色无定型正方板状结晶或粉末,无毒、无臭;相对密度2.2,熔点590℃(4.3MPa时),416℃升华;不溶于水、二硫化碳和有机溶剂,略溶于无水酒精;着火点比黄磷高得多,易燃但不易自燃,燃点为200℃,自

燃点 240℃。赤磷与氧化剂接触会爆炸。

磷与硫能生成多种化合物(如 P_4S_3,P_2S_5),都是易燃固体。所有这些磷化物都不太稳定,在遇水或受热时易分解,甚至发生燃烧。

2)硫黄(硫:UN1350、CN41501;熔融硫黄:UN2448、CN41501)

硫黄也作硫磺,是硫元素构成的单质,黄色晶体,性脆,很容易研成粉末。相对密度 2.06,熔点 114.5℃,自燃点约 250℃,在 113~114.5℃时熔化为明亮的液体,继续加热到 160~170℃时变稠变黑,形成新的无定型变体,继续加热到 250℃时,又变成液体。444.5℃时,硫开始沸腾,而产生橙黄色蒸气。硫在空气中燃烧生成 SO_2。硫黄往往是散装运输,由于性脆、颗粒小,易粉碎成粉末散在空气中,有发生粉尘爆炸的危险。每升空气中含硫的粉尘达 7mg 以上遇到火源就会爆炸,这里硫作为还原剂被氧化,所以硫是易燃物品。

但是,硫对金属(如铁、锌、铜等)又有较强的氧化性。几乎所有金属都能与硫起氧化反应。反应开始需要加热,但一旦开始反应便产生氧化热,此时不需要外部热源,也能使反应加速进行,有起火和爆炸的危险。

硫与氧化剂(如硝酸钾、氯酸钠)混合,就形成爆炸性物质,敏感度很强。我国民间生产的爆竹、烟花等以硫黄、氯酸钾以及炭粉等为主要原料。

值得注意的是,《关于 GB 12268—2005〈危险货物品名表〉国家标准第 1 号修改单的公告》第 2 条规定:“GB 12268—2005《危险货物品名表》的表 1 中编号 1350,‘硫’,附加如下说明:硫黄如做成某种形状(如小球、颗粒、丸状、锭状或薄片),可按照普通货物运输。”

2. 常见的易于自燃的物质

1)黄磷,又称白磷(白磷或黄磷:UN1381、CN42001)

黄磷是白色或淡黄色的半透明的蜡状固体。相对密度 1.828,自燃点 30℃,熔点 44.1℃,沸点 280℃,蒸气相对密度 4.42,蒸气压 133.3kPa(76.6℃)。黄磷性质极活泼,暴露在空气中即被氧化,加之自燃点低,因此只需 1~2min 即自燃。所以,黄磷必须浸没在水中,若包装破损使水渗漏,导致黄磷露出水面,就会自燃。

黄磷有剧毒。大鼠皮肤 LD_{50} 为 100mg/kg 可致死。黄磷自燃的生成物氧化磷也有毒,在救火过程中应防止中毒。黄磷对皮肤有刺激性,可引起烧伤。

2)油浸的麻、棉、纸等及其制品

纸、布、油脂都是可燃物,但在通常情况下不作为易于自燃的物质,更不会自燃。它们在空气中也会氧化,如纸发黄,油结成一层硬膜等,但过程慢,不聚热,不会自燃。然而,当把纸、布等经浸油处理后,油脂与空气的接触面积增加了无数倍,氧化放出的热量就增大,纸、布又有很好的保温作用,使生成的热量难于逸散。时间一长,热量积聚,温度不断升高,达到自燃点就会自燃。特别是在空气潮湿的情况下,温度逐渐升高而发生自燃。

所以这些物质要充分干燥,才能装箱储运,且要用花格透笼箱包装,并保持良好的通风散热条件。在装运储存过程中,要慎防这些物质淋雨受潮,只要注意通风,一般不会自燃。

3. 常见的遇水放出易燃气体的物质

1)钠(UN1428、CN43002)、钾(UN2257、CN43003)等碱金属

钠、钾都是银白色柔软轻金属。钠相对密度0.971,常温时为蜡状,熔点97.5℃。钾相对密度0.862,熔点63℃。碱金属是化学性质最活泼的金属元素,暴露在空气中会与氧作用生成氧化二钠;也会吸收空气中的水分,发生反应,置换出氢气。若放在水中,反应进行得迅速而剧烈,反应热会使放出的氢气爆炸,引起金属飞溅;二氧化碳不能作为碱金属火灾的灭火剂。因为二氧化碳能与金属钠、金属钾起反应,干砂(SiO_2)也不能用于扑救由碱金属引起的火灾。

由于这些金属不与煤油、石蜡反应,所以把钠、钾等浸没在这些矿物油中储存,使它们与空气中的氧和水蒸气隔离。应当注意,用于存放活泼金属的矿物油必须经过除水处理,这些物品的包装如损漏则非常危险。

2)电石(CaC_2),学名碳化钙(UN1402、CN43025)

电石为灰色的不规则的块状物,相对密度2.22。电石有强烈的吸湿性,能从空气中吸收水分而发生反应,放出乙炔(电石气),与水相遇反应更剧烈,反应放出的大量热量能很快达到乙炔的自燃点而起火燃烧,甚至爆炸。

第五节　第5类　氧化性物质和有机过氧化物

一、氧化性物质和有机过氧化物的分项和定义

危险货物第5类(氧化性物质和有机过氧化物)分为两项:

5.1项　氧化性物质是指本身未必燃烧,但通常因放出氧气可能引起或促使其他物质燃烧的物质。本项货物系指处于高氧化态,具有强氧化性,易分解并放出氧和热量的物质。包括含过氧基的无机物,其本身不一定可燃,但能导致可燃物的燃烧。与松软的粉末状可燃物能组成爆炸性混合物,对热、振动或摩擦较敏感。

5.2项　有机过氧化物是指分子组成中含有过氧基(—O—O—)结构的有机物。其本身易燃易爆,极易分解,对热、振动或摩擦极为敏感。

有机过氧化物按其危险程度分为7种类型,从A型到G型。具体是:A型有机过氧化物、B型有机过氧化物、C型有机过氧化物、D型有机过氧化物、E型有机过氧化物、F型有机过氧化物、G型有机过氧化物[1]。有机过氧化物是"类属"条目,其适用于意义明确的一组物质或物品。

如:UN3109是"液态F型有机过氧化物",其适用于意义明确的一组物质或物品。

二、氧化性物质和有机过氧化物的特性

氧化性物质很多,它们的氧化能力有强也有弱,有的性质很活泼,有不同的危险性;有的性质比较稳定,不属于危险货物。因此,不能笼统地认为氧化剂都是危险货物。被列入危险

[1] A~G型有机过氧化物的含义,见《危险货物分类和品名编号》(GB 6944)4.6.2.2.3款。

货物的氧化剂是一种化学性质比较活泼的物质,既可以用作化学试剂及化工原料,也可用作化肥。有机过氧化物更是新型化学工业的重要原料,具有更大危险性。

氧化性物质本身不一定可燃,但可以放出氧而引起其他物质的燃烧。有机过氧化物都是含有过氧基(—O—O—)的有机物,很不稳定,容易分解,有很强的氧化性,而且其本身就是可燃物,易于着火燃烧,分解时的生成物为易燃气体,容易引起爆炸。

1. 氧化性物质的特性

本项货物在遇酸,受热,受潮或接触有机物、还原剂后即有分解放出原子氧和热量,引起燃烧或形成爆炸性混合物的危险,氧化性物质此时也成为氧化剂。

(1)氧化性。在其分子组成中含有高价态的原子或过氧基。高价态原子有极强的夺取电子能力,过氧基能直接释放出游离态的氧原子,两者都具有极强的氧化性。

(2)不稳定性,受热易分解。不少氧化性物质的分解温度小于500℃,这些物质经摩擦、撞击或接触明火,局部温度升高就会分解放出氧,促使可燃物燃烧。几种无机氧化剂的分解温度见表1-2-12。

几种无机氧化性物质的分解温度 表1-2-12

品　名	分解反应分子式	分解温度(℃)
硝酸铵	$2NH_4NO_3 = 2N_2\uparrow + 4H_2O + O_2\uparrow$	210
高锰酸钾	$2KMnO_4 = MnO_2\uparrow + O_2\uparrow + K_2MnO_4$	<240
硝酸钾	$2KNO_3 = 2KNO_2 + O_2\uparrow$	400
氯酸钾	$2KClO_3 = 2KCl + 3O_2\uparrow$	400
过氧化钠	$Na_2O_2 = Na_2O + [O]$	460

(3)化学敏感性。氧化剂与还原剂、有机物、易燃物品或酸等接触时,有的能立即发生不同程度的化学反应。如氯酸钾或氯酸钠与蔗糖或淀粉接触,高锰酸钾与甘油或松节油接触,三氧化铬与乙醇等混合,都能引起燃烧或爆炸。用扫帚清扫洒在地上的硝酸银即能引起局部燃烧爆炸。同属氧化剂类的物品,由于氧化性的强弱不同,相互混合后也能引起燃烧爆炸,如硝酸铵和亚硝酸钠,硝酸铵和氯酸盐等。有机过氧化物中的过氧化苯甲酰电子分解时温度只有130℃,甚至在拧瓶盖时如操作不当也可能引起爆炸。

(4)吸水性。大多数盐类都具有不同程度的吸水性。如硝酸盐中的钠、钙、镁、铵、锌、铁、铜和亚硝酸钠等,在潮湿环境里很容易从空气中吸收水分,甚至溶化、流失。有的还容易吸水变质,如:过氧化钠、过氧化钾遇水则猛烈分解放氧,若遇有机物、易燃物即引起燃烧;三氧化铬迅速吸水变成铬酸;高锰酸锌吸水后的液体接触有机物(如纸、棉布等),能立即燃烧;漂粉精遇水后,不仅能放出氧,同时还产生大量剧毒和腐蚀性的氯气等。

(5)氧化性物质能在某种情况下释放出氧。含氧化合物一般在受热情况下易于分解出氧,氧是助燃剂,若遇有机物、易燃物即引起燃烧。

氧化剂一般都具有不同程度的毒性,有的还具有腐蚀性,人吸入或接触可能发生中毒、灼伤现象。如硝酸盐、氯酸盐都有不同程度的毒性,三氧化铬(铬酸酐),过氧化钠都有腐蚀性等。

2. 有机过氧化物的特性

由于含有极不稳定的过氧基(—O—O—),有机过氧化物有强烈的氧化性能,对热、振动或摩擦极为敏感。当有机过氧化物受到振动、冲击、摩擦或遇热时即分解且放出热量,加之有机过氧化物本身为可燃物,就会由于高温引起自身的燃烧,而燃烧又产生更高的热量,最后导致反应体系的爆炸。有机过氧化物具有前述氧化剂的特点,而且比无机氧化剂有更大的危险性,其危险主要表现为:

(1)有机过氧化物比无机氧化剂更容易分解。其分解温度一般在150℃以下,有的甚至在常温或低温时即可分解,一些有机过氧化物的分解温度见表1-2-13,故需保持低温运输。同时有机过氧化物对杂质很敏感,少量的酸类、金属氧化物或胺类即会引起有机过氧化物剧烈分解。由于分解温度低,有机过氧化物对摩擦、撞击等因素也比无机氧化剂敏感。

一些有机过氧化物的分解温度 表1-2-13

品　　名	分　子　式	自催化分解温度(℃)
过氧化叔丁醇	$(CH_3)_3COOH$	88~93
过氧化苯甲酸叔丁酯	$C_6H_5CO\cdot O_2\cdot C(CH_3)_3$	64
过氧化醋酸叔丁酯	$(CH_3)_3CO\cdot O_2\cdot C(CH_3)_3$	93
过氧化三甲醋酸叔丁酯	$(CH_3)_3COOCOC(CH_3)_3$	29.4
过氧化二碳酸二异丙酯	$[(CH_3)_2CHO\cdot CO\cdot]_2O_2$	12
过氧化二月桂酰	$[CH_3(CH_2)_{10}CO]_2O_2$	48.9

(2)有机过氧化物绝大多数是可燃物质,有的甚至是易燃物质;有机过氧化物分解产生的氧往往能引起自燃;燃烧时放出的热量又加速分解。循环往复极难扑救。

(3)有机过氧化物分解后的产物,几乎都是气体或易挥发的物质,再加上易燃性和自身氧化性,分解时易发生爆炸。

三、常见的氧化性物质

1. 硝酸钾(KNO_3),又称钾硝石、火硝(UN1486、CN51056)

硝酸钾是无色透明晶体或粉末。相对密度2.109,溶于水。遇热分解放出氧;当KNO_3与易燃物质混合后,受热甚至轻微的摩擦冲击都会迅速地燃烧或爆炸。黑火药就是根据这个原理配制的。

硝酸钾遇硫酸会发生反应生成硝酸,所以硝酸盐类不能与硫酸配载。

2. 氯酸钾($KClO_3$:UN1485、CN51031)

氯酸钾是白色晶体或粉末。味咸、有毒,相对密度2.32。在400℃时能分解放出氧,因包装破损,氯酸钾洒漏在地后被践踏发生火灾的事故时有发生。

氯酸钾与硫、碳、磷或有机物(如糖、面粉)等混合后,经摩擦、撞击即发生爆炸。氯酸钾的热敏感度和撞击感度都比黑火药灵敏得多。

氯酸钾遇浓H_2SO_4则生成高氯酸($HClO_4$)和二氧化氯(ClO_2),而$HClO_4$是一种极强的酸，也有极强的氧化性。ClO_2 是极不稳定易引起爆炸的物质。所以氯酸盐不可与浓硫酸配载。

第六节 第6类 毒性物质和感染性物质

一、毒性物质和感染性物质的分项和定义

危险货物第6类(毒性物质和感染性物质)分为两项。

6.1项 毒性物质。毒性物质是指经吞食、吸入或与皮肤接触后可能造成死亡或严重受伤或损害人类健康的物质。

本项包括满足下列条件之一的毒性物质(固体或液体)：

(1)急性口服毒性：$LD_{50} \leq 300mg/kg$。

注：青年大白鼠口服后，最可能引起受实验动物在14天内死亡一半的物质剂量，试验结果以mg/kg体重表示。

(2)急性皮肤接触毒性：$LD_{50} \leq 1000mg/kg$。

注：使白兔的裸露皮肤持续接触24h后，最可能引起受实验动物在14天内死亡一半的物质剂量，试验结果以mg/kg体重表示。

(3)急性吸入粉尘和烟雾毒性：$LC_{50} \leq 4mg/L$。

(4)急性吸入蒸气毒性：$LC_{50} \leq 5000mL/m^3$，且在20℃和标准大气压力下的饱和蒸气浓度大于或等于$1/5LC_{50}$。

6.2项 感染性物质。感染性物质是指已知或有理由认为有病原体的物质。

感染性物质分为A类和B类：

A类：以某种形式运输的感染性物质，在与之发生接触(发生接触，是在感染件物质泄漏到保护性包装之外，造成与人或动物的实际接触)时，可造成健康的人或动物永久性伤残、生命危险或致命疾病。

B类：A类以外的感染性物质。

危险货物第6类，根据其危害程度确定包装类别。如毒性物质(包括农药)，按其毒性程度划入3个包装类别：

Ⅰ类包装：具有非常剧烈毒性危险的物质及制剂；

Ⅱ类包装：具有严重毒性危险的物质及制剂；

Ⅲ类包装：具有较低毒性危险的物质及制剂。

有关危险货物第6类包装类别的划分情况，见《危险货物分类和品名编号》(GB 6944)。

1. 感染性物质的危险特性

感染性物质的危险特性在于其使人或动物感染疾病或其毒素能引起病态，甚至死亡。

“生物制剂”和“医学标本”只要其不含有或有足够的理由相信其不含有感染性物质或

其他危险货物,可认为不是危险货物。生物制剂包括按照国家卫生当局的要求制成的,在卫生当局认可或特许下的,用于人或动物的各种生物制剂成品;或在国家卫生当局特许之前运输用来供研制或调查目的的用于人或动物的生物制剂;或用于动物实验符合国家卫生当局要求的生物制剂。这些制剂还包括按照国家专业机关程序制成的半成品。活的动物和人的疫苗可认为是生物制剂,但不认为是感染性物质。

医学标本是指任何人或动物的成分,包括但不局限于排泄物、分泌物、血液及其成分、组织或组织液。储运这些物质是用于医学诊断目的,但这些物质不包括活的感染性动物。

2. 感染性物质的生物安全分级

1980 年世界卫生组织按对个人和公众的危害性,将各种感染性物质的生物安全分为 4 级,见表 1-2-14。各国可以按照自己的实际情况进行分级。

感染性物品的生物安全分级 表 1-2-14

分级 类别	1 级	2 级	3 级	4 级
按对个人危害	低	中	高	高
按对公众危害	低	有限	低	高

3. 感染性物质的运输

感染性物质无法给出衡量参数,也无法用化学实验确定,而是由卫生防疫部门认定。感染性物质单纯的存在状态多为菌种或毒种,其在实验室环境下发生感染的机会较多,感染的危害性更大,感染性物质的运输过程也存在感染性。感染性分为实验室感染可能性、感染后发病的可能性、症状轻重及愈后情况、有无生命危险及有效防止实验室感染方法、用一般的微生物操作方法能否防止实验室感染、我国有无此种菌(毒)种及曾是否引起流行、人群免疫力等情况。

这类物质的运输需经当地省(自治区、直辖市)政府卫生行政部门批准。

运输中传染病菌(毒)种的容器若发生破损,应遵循以下原则:

(1)迅速查明容器被损坏的原因和菌(毒)种名称;

(2)及时划定被污染的范围,并实施严格消毒;

(3)及时登记接触者名单,必要时进行医学观察或留验、化学预防、应急免疫接种及丙种球蛋白保护;

(4)事故发生时,提请公安部门向当地安监部门、卫生行政部门(或卫生防疫站)和交通运输部门报告事故情况,必要时请求协助处理;

(5)如鼠疫杆菌、霍乱弧菌和艾滋病病毒的容器破损时,应在立即处理的同时,向当地政府卫生行政部门和国家卫生部报告。

二、毒性物质基础知识

在生产中制造或使用的毒物,称为生产性毒物。由生产性毒物所引起的中毒,称为职业中毒。生产性毒物在流通过程中人们习惯上称之为毒性物质。按毒性物质的定义,属于毒性物质的危险货物繁多复杂。按其化学组成,可划分为有机毒性物质和无机毒性物质两大部分。按照毒性物质的毒性大小又可分为剧毒品、有毒品和有害品。《化学品安全标签编写规定》(GB 15258—2009)中的定义如下:

剧毒品——急性毒性为:经口 $LD_{50} \leq 5mg/kg$;经皮接触 24h $LD_{50} \leq 40mg/kg$;吸入 1h $LC_{50} \leq 0.5mg/L$ 的化学品。

有毒品——急性毒性为:经口 $5mg/kg < LD_{50} \leq 50mg/kg$;经皮接触 24h $40mg/kg < LD_{50} \leq 200mg/kg$;吸入 1h $0.5mg/L < LC_{50} \leq 2mg/L$ 的化学品。

有害品——急性毒性为:固体经口 $50mg/kg < LD_{50} \leq 500mg/kg$;液体经口 $50mg/kg < LD_50 \leq 2000mg/kg$;经皮接触 24h $200mg/kg < LD_{50} \leq 1000mg/kg$;吸入 1h $2mg/L < LC_{50} \leq 10mg/L$ 的化学品。

1. 毒性物质的物理形态

毒性物质的形态可能是固体,也可能是液体或气体。以气体、蒸气、雾、烟、粉尘等形态活跃于生产环境的毒性物质会污染空气,且易经呼吸道进入人体,还可能污染皮肤,经皮肤吸收进入人体。

气体——指在常温、常压下呈气态的物质,如氯气、氰化氢、硫化氢、氨气等。因其在流通过程中一般是经降温、加压盛装于耐压容器中,因此将这类物质称为毒性气体并列为 2.3 项危险货物(即有毒气体)内,其毒性大小、危险程度的量度标准参照本类毒性物质的量度标准。

蒸气——指有毒固体升华,有毒液体蒸发或挥发时形成的有毒蒸气,当然也包括列入其他类别的固体或液体的蒸气。凡是沸点低、蒸气压大的物质,如有机溶剂,都容易形成蒸气,散发到空气中会造成危害。

雾——指混悬在空气中的液滴。如硝酸、盐酸、硫酸等在空气中散发出来的酸雾,也具有相当的毒性。

烟——指飘浮于空气中的固体微粒,其直径小于 0.1μm。有机物加热或燃烧时可以产生烟,例如农药熏蒸剂燃烧时所产生的烟。

粉尘——指能较长时间飘浮于空气中的固体微粒,其粒子直径为 0.1 ~ 10μm。

上述形态的物质不仅本类物质所具有,在其他几类物质中也普遍存在。毒性物质通常是指常温、常压呈液态或固态的物质。

2. 人畜中毒的途径

毒性物质对人畜发生作用的先决条件是侵入体内。人畜中毒的途径是呼吸道、皮肤和消化道。

在运输中,毒性物质主要经呼吸道和皮肤进入人体内,经消化道进入的较少。

(1)呼吸道。整个呼吸道都能吸收毒性物质,尤以肺泡的吸收能力最大。肺泡面积很大,肺泡壁很薄,有丰富的微血管,所以肺泡对毒性物质的吸收极其迅速。毒性气体和蒸气中 5μm 以下的尘埃能直接到达肺泡，进入血液循环而分布全身，可在未经肝脏转化之前就起作用。呼吸道吸收毒性物质的速度，取决于空气中毒性物质的浓度、毒性物质的物理化学性质、毒性物质在水中的溶解度和人体的肺通气量、心血输出量等因素。而肺通气量和心血输出量又与劳动强度、气温等有关。

(2)皮肤。有许多毒性物质能通过皮肤吸收，吸收后也不经过肝脏即直接进入血液循环。毒性物质经皮肤吸收的途径大致有三条：通过表皮屏障；通过毛囊；极少数可通过汗腺。由于表皮角质层下的表皮细胞膜富有固醇磷脂，故对非脂溶性物质具有屏障作用。表皮与真皮连接处的基膜也有类似作用。脂溶性物质虽能透过此屏障，但除非该物质同时又有一定的水溶性，否则也不易被血液吸收。但当皮肤损伤或患有皮肤病时，其屏障作用被破坏，此时原来不会经过皮肤被吸收的毒性物质也能大量被吸收了。毒性物质经皮肤吸收的数量和速度，除与毒性物质本身的脂溶性、水溶性和浓度等有关外，还与皮肤的温度升高、出汗增多、创伤部位增大等有关。

(3)消化道。毒性物质经消化道进入体内，一般都是在运输装卸作业后，被毒性物质污染的手未彻底清洗就进食、吸烟或将食物、饮料带到作业场所被污染而误食。另外，一些进入呼吸道的粉尘状毒性物质也可随唾液咽下而进入消化道。毒性物质经消化道吸收主要是在小肠进行。但某些无机盐(如氰化物)及脂溶性毒性物质，可经口腔黏膜吸收。经消化道吸收的毒性物质一般先经过肝脏，在肝脏转化后，才进入血液循环，故其毒性较小。

3. 毒性大小的影响因素

就毒性物质本身而言，其化学组成和结构是毒性大小的决定因素，但毒性物质的物理特性也可影响毒性作用的大小。

1)毒性物质的化学特性是毒性大小的决定因素

无机毒物中，含有汞(Hg)、铅(Pb)、钡(Ba)、氰根(CN)等的物质一般均属于毒性物质。

凡带有氰根(CN)的化合物，能在人体内释放出游离氰根，即可抑制细胞色素氧化酶，毒性较大。如氰化钠溶于水后即释出游离氰根，属剧毒品。而氰化银不溶于水，在水中几乎不释出游离氰根，因此其毒性比氰化钠小。硫氰酸钠在水中不释出游离氰根，而以硫氰酸根存在，毒性又小得多。

有机毒物中，含有磷(P)、氯(Cl)、汞(Hg)、氰基(—CN)、铅(Pb)、硝基($—NO_2$)、氨基($—NH_2$)的多数属于毒性物质。如苯胺、硝基苯等进入人体后，形成高铁血红蛋白，使血液失去运输氧气的功能，最后造成人体组织缺氧。卤代烃随着卤原子增多，其毒性增大。如一氯甲烷、二氯甲烷、三氯甲烷、四氯甲烷，随着氯元素的增加，毒性依次增强。绝大多数有机磷农药和磷酸酯类及硫化磷酸酯类进入人体后对人体有害，如磷酸三甲苯脂和二硫化焦磷酸四乙酯等。

2)毒性物质的物理特性对毒性大小的影响

(1)毒性物质在水中的溶解度越大，其毒性也越大。如：氯化钡能溶于水，毒性较大。硫酸钡不溶于水，人吞服基本无毒。三氧化二砷的溶解度比三硫化二砷大 3 万倍，故前者的毒性大。

(2)毒性物质的颗粒越小,越易引起中毒。因为颗粒越小,越易进入呼吸道而被吸收。将氰化钠制成颗粒状进行运输或储存,就是为降低其毒性。

(3)脂溶性毒性物质易透过皮肤溶于脂肪进入血液引起中毒。如苯胺、硝基苯一类毒性物质很容易通过皮肤引起中毒。

(4)毒性物质沸点越低,越易引起中毒。毒性物质沸点越低,就越易挥发成蒸气,增加毒性物质在空气中的浓度,而引起吸入中毒。同理,气温越高,毒性物质的挥发性越大,同时还会增加毒性物质的溶解度和加剧人体呼吸的次数,从而增加毒性物质进入人体的可能性。

4.毒性的量度

毒性物质虽对人有毒害作用,但如果进入体内的毒性物质剂量不足,则不会中毒。表示毒性物质的摄入量与效应的关系称为毒性。通常认为动物致死所需某毒性物质的摄入量(或浓度)愈小,则表示该毒性物质的毒性越大。对某毒性物质的毒性测定,是用动物进行的。毒性的计量单位是 mg/kg,即把某毒性物质使某动物死亡的最小量与该动物的体重相比,得到每千克的动物摄入某毒性物质的毫克数。

常用的毒性指标有以下 7 个:

(1)致死中量,又称半数致死量,用符号 LD_{50} 表示。LD_{50} 是指能使一群实验动物(小白鼠、家兔等)的死亡率达到 50% 时的每千克体重的毒性物质用量。如某物质对人的致死情况与白鼠相同,则体重为 W 千克的某人的半数致死的毒性物质摄入量为 $LD_{50} \times W$。

毒性物质摄入的途径有口服、皮肤接触和呼吸三种。对口服和皮肤接触都用致死中量来表示。所以致死中量又分为口服 LD_{50} 和皮试 LD_{50}。必须说明的是同一种毒性物质的这两个指标值是不同的,须经实验而定。

(2)半数致死浓度,用符号 LC_{50} 表示。经呼吸途径中毒,就不能用致死中量来量度,而用半数致死浓度来表示。LC_{50} 是指一群实验动物与气体毒性物质呼吸接触一定时间后有 50% 动物死亡的该毒性物质在空气中的浓度。对气体毒性物质通常用 ppm 表示,1ppm 表示该毒物在空气中浓度为百万分之一(10^{-6});粉尘毒性物质用每立方米空间含有某毒性物质的毫克数表示(mg/m^3)。

(3)最高容许浓度,又称极限阈值,用符号 TLV 表示。TLV 是指在该浓度下健康成人长期经受也不致引起急性或慢性危害。所谓最高,是指生产场所空气中含有该毒性物质的浓度的极限,在多处多次的采样测定时,每次测定都不得超过此上限,而不是平均值不超过此限值。最高容许浓度度量单位同 LC_{50}。

(4)绝对致死量,用符号 LD_{100} 表示。即是使实验动物全部死亡的毒性物质的最小用量。

(5)最低致死量,用符号 LDL_0 表示。即在已发生的中毒死亡的病历报告中的最小摄入量。在 LD_{50} 时,死亡率已达 50%,那么死亡率是 1%、0.1%、0.01% 的毒性物质用量,即可能致死的用量是多少呢?这是根据有死亡纪录的最小量而定的,而不是根据实验。单位不用毫克/千克(mg/kg),而直接用质量单位(mg)。

(6)最小中毒量,用符号 TDL_0 表示。指能引起染毒动物出现中毒症状的最小用量。

(7)最小中毒浓度,用符号 TCL_0 表示。指能引起染毒动物出现中毒症状的最小浓度。

三、毒性物质的其他危险性

毒性是毒性物质的主要性质。若用闪点、燃点、燃速、腐蚀性等指标衡量,毒性物质中又有不少是易燃品和腐蚀性物质。也就是说,各种毒性物质还有很多其他化学特性。与运输装卸作业有关的如下:

1. 有机毒性物质具可燃性

有机毒性物质遇明火、高热或与氧化剂接触会燃烧爆炸,燃烧时会放出毒性气体,加剧毒性物质的危险性。

毒性物质中的有机物都是可燃的,其中还有不少液体的闪点低于61℃,达到易燃液体的标准。如:正辛硫醇,开杯闪点46℃;戊腈,闪点40℃;异戊腈,闪点25℃;N-甲基苯胺,闪点29.4℃;邻硝基苯甲醚,闪点9.6~39℃;氯甲苯,闪点52℃;氯甲酸丁酯,闪点36~38℃;溴丙酮,闪点45℃。

2. 遇酸或水反应放出毒性气体

例如:

氰化氢(HCN)与氰化钾(KCN)相比毒性更强,而且又是气体,比氰化钾更容易通过呼吸道致人中毒。因此,氰化物不得与酸性腐蚀性物质配装。

氰化钾与水也会发生反应,放出氨气。氨气(NH_3)虽然也是一种毒气,但其毒性要比氰化钾弱得多。两害取其微,故氰化钾泄漏污染时,可用水来分解,不过要小心不得使氰化钾的水溶液溅至人身上,否则会加速中毒。

必须指出,并不是所有的遇水反应放出毒性气体的毒性物质,都像氰化钾(氰化物)一样,反应后生成毒气的毒性比反应前的毒性物质的毒性弱。

3. 腐蚀性

有不少毒性物质对人体和金属有较强的腐蚀性,会强烈刺激皮肤和黏膜,甚至发生溃疡加速毒物经皮肤的入侵。

四、常见的毒性物质

1. 氢氰酸[氢氰酸水溶液(氰化氢水溶液,含氰化氢不大于20%):UN1613、CN61004]

氢氰酸即氰化氢(HCN),它具有苦杏仁味,极易扩散,易溶于水(即称为氢氰酸)。

2. 砷(UN1558、CN61006)、砷粉(UN1562、CN61006)及其化合物

砷(UN1558、CN61006)的俗称砒,为元素砷(As)的单质,通常为灰色的金属状的晶体,还有黄、黑色的两种同素异形体,灰色的金属特性较突出,但性脆。砷的相对密度5.7,不溶于水,在空气中表面会很快被氧化,而失去光泽。纯的未被氧化的砷是无毒的,口服后几乎不被吸收就可排出体外。

3. 生漆

生漆又称大漆、国漆，是一种天然漆树的分泌物，是从割开生长着的漆树皮层内流出来的白色黏稠液体。我国西南、西北、华中沿海及台湾均有出产，在我国久享盛名，是经久耐用的天然漆料，也是我国出口的主要土特产之一。

生漆的化学成分复杂，主要成分也是以碳氢元素为主的有机化合物。生漆的本色为乳白色或略带微黄色，当接触空气后色泽逐渐变深。在室温 20～35℃、相对湿度 80% 以上时干燥速度最快，漆膜的光泽及耐腐蚀、绝缘等性能均好。生漆有毒，其主要毒性表现在对皮肤有刺激，容易引起漆疮，特别是皮肤过敏者更易产生，其主要症状为搔痒、红肿，严重时会出现脓包，通常及时医治，一般在 1～2 周内即可痊愈，也不会产生其他后遗症，但中毒时奇痒难忍。因此，有皮肤过敏症状者应避免接触生漆。生漆的包装到目前为止仍用木桶，尚无其他更好包装取而代之（因生漆接触铁器或塑料等容器会起化学反应，从而影响生漆质量），因此，在运输过程中渗漏也是难免的，装卸操作人员在操作时人应尽量站在上风处，尽可能地避免生漆的蒸气侵蚀，更应注意皮肤不要接触生漆。

生漆因其化学成分是有机化合物，因此还具有可燃性，遇火种、高温有引起燃烧的危险。

生漆应储于避风阴凉的仓库内，防止受潮后包装腐烂；避免日光直晒，最高室温不宜超过 30℃，以防止表面漆膜干燥变硬。闷热梅雨季节宜将漆桶敞开，利用夜露透气，防止发霉变质。冬季室温不宜低于 0℃。储存期不宜过久，免使质量降低。应与酸、碱、氧化剂等危险货物隔离存放。

操作时皮肤误触生漆，可用溶剂（如乙醇等）擦去，再用肥皂水洗净。注意切不可用热水洗浴，防止皮肤过敏。

第七节 第 8 类 腐蚀性物质

一、腐蚀性物质的定义

腐蚀性物质是指通过化学作用使生物组织在接触时造成严重损伤或在渗漏时会严重损害甚至毁坏其他货物或运载工具的物质。其包括满足下列条件之一的物质：

（1）使完好皮肤组织在暴露超过 60min，但不超过 4h 之后开始的最多 14 天观察期内全厚度毁损的物质；

（2）被判定不引起完好皮肤组织全厚度毁损，但在 55℃ 室验温度下，对钢或铝的表面腐蚀率超过 6.25mm/a（读作每年毫米）的物质。

上述表述，一方面是针对人体的伤害，如灼伤人体组织、使完好皮肤坏死等；另一方面从运输角度考虑，腐蚀对材料（金属等物品）造成的损坏、破坏，如长期、缓慢地腐蚀车辆、罐体，对其造成影响等。

腐蚀性物质对其他物质即刻的腐蚀作用，主要是化学作用。有时会引起一系列复杂的化学变化。而各种腐蚀性物质接触不同物品发生腐蚀反应的效应及速度是不同的，说明各种腐蚀性物质腐蚀性强弱不一。各物品的耐腐蚀性也参差不齐。

二、腐蚀性物质的包装类别

腐蚀性物质的包装类别分为以下3类：

Ⅰ类包装：非常危险的物质和制剂；

Ⅱ类包装：显示中等危险性的物质和制剂；

Ⅲ类包装：显示轻度危险性的物质和制剂。

其具体的危险程度，见《危险货物分类和品名编号》（GB 6944—2012）的“4.9.2.1 Ⅰ类包装、4.9.2.2 Ⅱ类包装、4.9.2.3 Ⅲ类包装”的表述。

腐蚀反应构成复杂多样，其中不乏相互抵触的物品，如可燃物品与氧化剂，酸性与碱性物品等。分项时，以酸碱性作为主要的分类标志，再考虑其可燃性。这样，在实际工作中，根据化学性质将危险货物第8类（腐蚀性物质）分为酸性腐蚀性物质、碱性腐蚀性物质和其他腐蚀性物质。

1. 酸性腐蚀性物质

酸性腐蚀性物质按其化学组成可分成无机酸性腐蚀性物质和有机酸性腐蚀性物质两个子项：

（1）无机酸性腐蚀性物质。这类物质都是具有酸性的无机物，酸性的大小，决定了腐蚀性的强弱。其中不少酸具有很强的氧化性，如硝酸、硫酸、氯磺酸等。很明显，具有强氧化性的无机酸不能接触有机物。无机酸性腐蚀性物质中还包括遇水或遇湿能生成酸的物质，如三氧化二硫、五氯化磷等。

（2）有机酸性腐蚀性物质。酸性的有机物品，如甲酸、溴乙酰、三氯乙醛、冰醋酸等，绝大多数是可燃物，有很多是易燃的。如乙酸（闪点40℃）、丙烯酸（闪点54℃）、丁基三氯硅烷（闪点52℃）、丙酸（闪点54.4℃）等。所以，同样是酸性腐蚀性物质，无机酸具有强氧化性，有机酸大多数可燃，绝不能认为同具酸性就可把它们配载混储，它们之间必须分类管理，储存运输时不能一起存放。

2. 碱性腐蚀性物质

碱性腐蚀性物质包括碱性的无机物和碱性的有机物，其碱性决定了其腐蚀性。一般地说，碱性的大小决定了腐蚀性的强弱；碱性腐蚀性物质的腐蚀性要比酸性腐蚀性物质的腐蚀性弱一些；无机碱性腐蚀物比无机酸性腐蚀物的腐蚀性弱；有机碱性腐蚀物比有机酸性腐蚀物的腐蚀性弱；同是碱性物质，无机碱性腐蚀物要比有机碱性腐蚀物的腐蚀性强。无机碱性腐蚀性物质中没有具有氧化性的物质，所以没有必要再把碱性腐蚀性物质分为有机碱性和无机碱性两个子项。碱性腐蚀性物质中的有机物如水合肼等，是强还原剂，易燃，其蒸气会爆炸。

3. 其他腐蚀性物质

其他腐蚀性物质指既不显酸性也不显碱性的腐蚀性物质，如次氯酸钠、三氯化锑、苯酚、甲醛等，分为无机物和有机物两类。无机物中的次氯酸钠、漂白粉有氧化性。有机物可燃，如甲醛的闪点50℃，爆炸极限7%～73%，具有极强的还原性。因为无机其他腐蚀性物质中的氧化剂和有机其他腐蚀性物质中的还原剂都不多，所以没有必要把本项物品再分为无机和有机两个子项。

腐蚀性物质的上述分类是由各种腐蚀性物质的本身化学性质决定的。看不到各种腐蚀性物质具有各种不同的性质，认为凡是腐蚀性物质就可以混储配载，酸与碱混装，氧化剂与还原剂配载，势必会酿成恶性事故。

三、腐蚀性物质的特性

腐蚀性物质是化学性质非常活泼的物质，能与很多金属、非金属及动、植物有机体等发生化学反应。腐蚀性物质不仅具有腐蚀性，很多腐蚀性物质同时还具有毒性、易燃性或氧化性等性质中的一种或数种。

1. 腐蚀性

腐蚀性物质与人体、其他物品接触后，都能形成程度不同的腐蚀。其中对人体的伤害通常又称为化学烧伤（或化学灼伤）。

（1）对人体的烧伤。具有腐蚀性的固体、液体和气体物品都会对皮肤表面或器官的表面（如眼睛、食道等）产生化学烧伤。

固体腐蚀性物质如氢氧化钠等，能烧伤与之直接接触的表皮。液体腐蚀性物质能很快侵害人体的大部分表面积，并能透过衣物发生作用。气体腐蚀性物质虽然不多，但许多液体腐蚀性物质的蒸气和粉末状固体腐蚀性物质的粉尘，同样具有严重的腐蚀性，它们不仅能伤害人体的外部皮肤，尤其会侵害呼吸道和眼睛。

腐蚀性物质接触人的皮肤、眼睛或进入呼吸道、消化道，就立即与表皮细胞组织发生反应，使细胞组织受到破坏，从而造成烧伤。呼吸道消化道的表面黏膜比人体表皮更娇嫩更容易受腐蚀。内部器官被烧伤时，会引起炎症（如肺炎等），严重的会导致死亡。

有些腐蚀性物质对皮肤的伤害能力很小，但对某些器官却有强烈的刺激。如稀氨水对皮肤的腐蚀作用很轻微，但如溅入眼睛，则可能引起失明。

浓硫酸使皮肤组织脱水，脱水后的皮肤组织从成分到外观都与木炭无异。氢氧化钠的浓溶液能使不溶于水的活体组织成为能溶于水的酸酯钠和醇。所以，氢氧化钠能溶解丝、毛和动物组织。皮肤接触液碱会被溶解，甚至极短的时间也会造成严重的伤害，摄入液碱，如不立即用1%的醋酸溶液中和就可致命。氢氧化钠浓溶液是带微红色（45%氢氧化钠水溶液）或微蓝色（30%氢氧化钠水溶液）的透明液体，将之误认为红白葡萄酒、烧酒或饮料而误食丧命的事故时有发生。

必须注意的是化学烧伤（灼伤）与物理烧伤（烫伤）有很大的不同。物理烧伤会使人立即感到强烈的刺痛，人的肌体会本能地立即避开。而化学烧伤有一个化学反应的过程，开始并不太感到疼痛，要经过数分钟、数小时，甚至数日后才表现出它的严重伤害来，所以常常被人们忽视，其危害性也就更大。例如皮肤接触氢氟酸后，表皮腐蚀似乎不严重，但氢氟酸会侵蚀骨骼中的钙而造成严重的后果。另外，物理烧伤脱离接触后，伤害可以不继续加深；而腐蚀性物质与皮肤接触后，灼伤逐步加剧，要清除掉沾在皮肤上的腐蚀性物质并不容易，同时腐蚀性物质对皮肤等组织细胞的吸附作用很强，还会通过皮肤被吸收，引起全身中毒，加之化学烧伤的周围组织因坏死及中毒等原因，较难痊愈。故化学烧伤比物理烧伤更应引起重视。

(2)对物品的腐蚀。腐蚀性物质中的酸、碱甚至盐都能不同程度地对金属进行腐蚀。它们会腐蚀金属的容器、车厢、货舱、机舱及设备等。即使这些金属物品不直接与腐蚀性物质接触，也会因腐蚀性物质蒸气的作用而锈蚀。如化工物品运输车辆的损耗程度要比普通运输车辆的损耗程度大得多。

有机物质如木材、布匹、纸张和皮革等也会被碱、酸腐蚀。腐蚀性物质甚至能腐蚀水泥建筑物，洒漏于水泥地上的盐酸，能把光滑的地面腐蚀成为麻面，洒漏的硫酸不加水稀释流入下水道，会使水泥制的下水道毁坏，氢氟酸甚至能腐蚀玻璃。

2. 毒性

腐蚀性物质中有很多物品还具有不同程度的毒性，如五溴化磷、偏磷酸、氢氟硼酸等。特别是具有挥发性的腐蚀性物质，如发烟硫酸、发烟硝酸、浓盐酸、氢氟酸等，能挥发出有毒的气体和蒸气，在腐蚀肌体的同时，还能引起中毒。

3. 易燃性和可燃性

有机腐蚀性物质具有可燃性，这是所有有机物的通性，是它们本身的化学构成所决定的。挥发性强的有机腐蚀性物质如冰醋酸、水合肼的闪点比较低，接触明火会引起燃烧。

有些强酸强碱，在腐蚀金属的过程中放出可燃的氢气。当氢气在空气中占一定的比例时，遇高热、明火即燃烧，甚至引起爆炸。

4. 氧化性

腐蚀性物质中的含氧酸大多是强氧化剂。它们本身会分解释放出氧，或在与其他物质作用时，夺得其电子将其氧化，如硝酸暴露在空气中就会分解产生氧气。

强氧化剂与可燃物接触时，即可引起燃烧，如硝酸、硫酸、高氯酸等，与松节油、食糖、纸张、炭粉、有机酸等接触后，即可引起燃烧甚至爆炸。

浓硫酸、浓硝酸可以氧化铜，同时放出有毒的二氧化硫或二氧化氮气体。

硝酸还能氧化毛发和皮肤的组成部分——蛋白质，使蛋白质转化为一种称为黄朊酸的黄色复杂物质。所以硝酸溅到皮肤上，愈合很慢，并会留下很难看的疤痕。

另一方面，氧化性有时也可以被利用，浓硫酸和浓硝酸的强氧化性，使铁、铝金属在冷的浓酸中被氧化，在金属表面生成一层致密的氧化物薄膜，保护了金属，这种现象称为“钝化”。根据这一特点，可用铁制容器盛放浓硫酸，用铝制容器盛放浓硝酸。

5. 遇水反应性

腐蚀性物质中很多物质与水会发生反应，并放出大量的热量。这些反应大致分为以下两种。

(1)遇水分解。这类反应以氯化物为典型。

氯磺酸能被水分解,发生强烈反应,生成盐酸和硫酸;

三氯化磷被水分解为盐酸和亚磷酸;

四氯化硅被水分解后生成硅酸和盐酸;亚硫酰氯和硫酰氯遇水反应后分别生成氯化氢和二氧化硫或亚硫酸等。

(2)遇水化合。这类反应以各种酸酐为典型,例如三氧化硫遇水生成硫酸,五氧化二磷遇水生成磷酸等。会发生这类反应的物品受潮后腐蚀性增强。

遇水反应的腐蚀性物质都能与空气中的水汽发生反应而冒烟(实质是雾,习惯上称烟),它对眼睛、咽喉和肺有强烈的刺激作用,而且有毒。由于反应剧烈,并同时放出大量的热量,当满载这些物品的容器遇水后,则可能因漏进水滴,猛烈反应,使容器炸裂。所以尽管没有给这些物品贴上“遇潮时危险”的副标志,其防水的要求应和4.3项危险货物(遇水放出易燃气体的物质)相同。

四、常见的腐蚀性物质

1. 硫酸[H_2SO_4(含酸高于51%):UN1830、CN81007]

一般认为,硫酸的消费量可以从某个角度衡量一个国家的经济状况和发展水平。硫酸是重要的工业原料,硫酸铝、盐酸、氢氟酸、磷酸钠和硫酸钙等,在制造时都要用到硫酸。因此,硫酸市场是比钢铁工业更好反映实业状况的指标。硫酸的运输量和储存量在整个酸性腐蚀性物质中占首位。

纯硫酸是无色的油状液体,常见的不纯的硫酸为淡棕色。硫酸在水中可以无限溶混。98%的硫酸水溶液的相对密度1.84,沸点338℃,凝固点10℃。SO_3溶于硫酸中所得产物俗称发烟硫酸,其化学式为$H_2S_2O_7$,称为焦硫酸,焦硫酸比硫酸还要危险。

稀硫酸具有酸的一切通性,能腐蚀金属,能中和碱,并能与金属氧化物和碳酸盐作用。

浓硫酸有以下特性:

(1)浓硫酸溶于水时,能释放出约20kcal/mol(千卡/摩尔)(1kcal=4186.8J)的高热量。因此,稀释浓硫酸时必须十分小心,应该把浓硫酸缓缓加入水中。否则,把水倒入浓硫酸中,开始时因为水较轻仍旧浮在酸层的上部,当水扩散至酸中时,即放出溶解热,可发生局部沸腾,会剧烈溅洒而伤人。

(2)浓硫酸对水有极强的亲和性。当其暴露在空气中时,能吸收空气中的水蒸气。浓硫酸的脱水能力前面已作了介绍。浓硫酸甚至能使高氯酸脱水,生成七氧化二氯,七氧化二氯很不稳定,几乎在生成的同时就爆炸性地分解成氯和氧,所以浓硫酸与高氯酸不能配载混储。

(3)浓硫酸能与许多物质反应,生成一种或多种危险产物。含氯和氧的氧化剂能与浓硫酸反应生成氯的氧化物,氯的氧化物不稳定,化学性质异常活泼。氯酸钾混以浓硫酸会立即发生爆炸性反应,生成二氧化氯,二氧化氯能自动分解成单质氯和氧,氧化能力极强。

浓硫酸也能由沸点较低的酸分解生成盐。把盐与硫酸混合加热,即可分馏出更易挥发的产物。浓硫酸与硝酸盐、盐酸盐也会发生类似的反应,故浓硫酸不宜与盐类混储配载。事实上是浓硫酸不宜与任何其他物质配载。

(4)浓硫酸还可起氧化剂的作用。

2. 硝酸[HNO_3(硝化酸混合物):UN17966、CN81003]

硝酸盐与硫酸之间的复分解反应可以生成硝酸,纯硝酸为无色液体,但通常由于溶有二氧化氮(NO_2)而呈红棕色。二氧化氮是由于硝酸暴露在光线下而生成的产物。

工业上,硝酸是仅次于硫酸的重要的酸。68% ~70% 的硝酸水溶液相对密度 1.5,沸点 86℃,凝固点 -42℃。硝酸可以与水无限混溶。

硝酸与碳酸盐、金属氧化物及碱能以一般酸的典型方式进行反应。但硝酸与金属接触发生氧化反应。。硝酸作为氧化剂,几乎与一切金属和非金属起反应。银能溶于硝酸,金则不溶。粉末状金属能与硝酸起爆炸性反应。硝酸的氧化能力随酸中溶有的二氧化氮量的增加而增强。纯硝酸中溶有过量的二氧化氮称为发烟硝酸,这是一种非常强的氧化剂。

浓硝酸还能因氧化反应而溶解非金属,不管具体的反应如何,硝酸在发生腐蚀反应的同时一般总会生成毒性气体 NO 和 NO_2 中的一种。

硝酸的氧化能力能引起木材和其他纤维制品的燃烧。松节油、醋酸、丙酮、乙醇、硝基苯等常见的有机物与浓硝酸相混能发生爆炸。硝酸还能氧化蛋白质。

3. 盐酸[HCl(氢氯酸):UN1789、CN81013]

在工业中,盐酸的重要性仅次于硫酸和硝酸。工业上俗称三酸二碱是最重要的化工原料,三酸即硫酸、硝酸和盐酸。就产量和运输量来说,盐酸超过硝酸占第二位。

氯化氢是无色的气体,有强烈气味,在空气中能冒烟,蒸气相对密度 1.2,有毒。空气中浓度超过 1500×10^{-6},在数分钟内可致人死亡。

氯化氢极易溶解于水,溶解度为 85g/100g 水,所得水溶液称为盐酸。氯化氢和盐酸的化学式均为 HCl。工业等级的盐酸氯化氢的水浓度一般为 31%,通常因含铁离子而呈黄色,相对密度 1.2。

浓盐酸和稀盐酸均为强酸,它们的主要危险在于能迅速腐蚀金属及大多数与其接触的物质,其酸蒸气的毒性具有严重危险性。吸入达危险数量的氯化氢,可使呼吸管道中的细胞完全变态,并能破坏气管内层。对于成人来说,氯化氢在空气中的浓度为 5×10^{-6}时开始有气味;$5\times10^{-6}\sim10\times10^{-6}$时对黏膜有轻度刺激;$35\times10^{-6}$时短暂接触会强烈刺激咽喉;$50\times10^{-6}\sim100\times10^{-6}$时达忍耐的限度;$1000\times10^{-6}$时短暂接触都有导致肺水肿的危险。

盐酸的第三个危险性与溶解气体相同。盐酸受热时,氯化氢会从水中逸出,此时盐酸容器内会产生相当大的压力,而导致耐压能力不大的耐盐酸腐蚀的容器破裂。

4. 氯磺酸($ClSO_3H$;UN1754、CN81023)

氯磺酸是无机酸性腐蚀性物质,是由硫酸衍生出来的强酸。硫酸中去掉一个羟基

(—OH)后的基团(—SO_3H)称为磺(酸)基。磺基与烃基(R—)或卤素原子(F—、Cl—、Br—等)结合而成的化合物统称为磺酸,命名为某磺酸。与甲基(CH_3—)相连叫甲磺酸(CH_3SO_3H);与苯基相连称苯磺酸($C_6H_5SO_3H$);与氯原子相连即称氯磺酸。大多数磺酸是易溶于水的晶体,具有强酸性,并有相似的性质。

氯磺酸是无色的油状液体。在空气中能发烟,具有很强的腐蚀性,甚至比浓硫酸的危险性还大。遇水会发生强烈的反应,同时放出大量的热。

氯磺酸是一种能与许多化合物反应的强氧化剂,其与粉状金属、硝酸盐均能起爆炸性反应。

在180℃以上高温时,氯磺酸能分解成硫酰氯(SO_2Cl_2)和硫酸,硫酰氯会继续分解成有毒的二氧化硫和氯气。除了对人体健康的影响外,这些气体的产生还能导致容器内部压力增高而引起爆炸,所以氯磺酸卷入火场是很危险的。试图用淋水的常规方法来救护卷入火场的氯磺酸容器必定适得其反,因为氯磺酸遇水反应更强烈。

第八节　第9类　杂项危险物质和物品,包括危害环境物质

一、杂项的定义

本类是指存在危险但不能满足其他类别定义的物质和物品,包括:

(1)以微细粉尘吸入可危害健康的物质,如UN2212、UN2590;

(2)会放出易燃气体的物质,如UN2211、UN3314;

(3)锂电池组,如UN3090、UN3091、UN3480,UN3481;

(4)救生设备,如UN2990、UN3072、UN3268;

(5)一旦发生火灾可形成二噁英的物质和物品,如UN2315、UN3432、UN3151、UN3152;

(6)在高温下运输或提交运输的物质,是指在液态温度达到或超过100℃,或固态温度达到或超过240℃条件下运输的物质,如UN3257、UN3258;

(7)危害环境物质,包括污染水生环境的液体或固体物质,以及这类物质的混合物(如制剂和废物),如UN3077、UN3082;

(8)不符合6.1项毒性物质或6.2项感染性物质定义的经基因修改的微生物和生物体,如UN3245;

(9)其他,如UN1841、UN1845、UN1931、UN1941、UN1900、UN2071、UN2216、UN2807、UN2969、UN3166、UN3171、UN3316、UN3334、UN3335、UN3359、UN3363。

二、杂项物品示例

(1)磁性物品。永久磁铁以及含有磁性零部件的设备仪表、光学仪器、移动电话、家电产品等货物,距包装件表面任何一点2.1m处的磁场强度$H \geqslant 0.159$A/m的,在航空运输时

要作为“磁性物品”运输。

此项物品在其磁场强度范围内,对飞机的导航、通信设备有一定的影响,干扰飞行罗盘的准确性,从而影响飞机安全。

(2)二氧化碳(固体),即干冰。干冰用于食品工业作制冷剂,也可用作人工催雨的化学药剂以及消防灭火剂。

该物品为白色升华性结晶,无臭,临界温度 31.0℃,临界压力 7.4×10^{6}Pa,相对密度 1.5862。在常压下升华可得到 -78.5℃左右的低温,并吸收大量的热量。干冰气化时吸收的热量是同质量的冰溶解气化吸收热量的两倍,而且这个过程比冰快得多,故人体接触的瞬间即能严重冻伤。因其外形与普通的冰雪很相像,常被误认而用手去抓,但因其温度在 -78.5℃,故造成冻伤。在封闭的空间内气化,高浓度时有窒息性,空气中二氧化碳含量只要达到3%,就会使人窒息死亡。因此,不得使干冰直接接触裸露的皮肤肌体。

三、说明

当某种物品对某种运输方式有一定的危险性,但又不具备前列的 8 类危险货物的任何一种特性而可以归入其中某一类时,国际相关组织就设立了第 9 类。我国《危险货物分类和品名编号》(GB 6944—2012)和《危险货物品名表》(GB 12268—2012)中也列出了杂类危险货物的品名。

众所周知,汽车是能真正实现门到门服务的一种运输工具。过去,汽车运输危险货物不设第 9 类危险货物。随着科学技术的不断发展,在运输过程中呈现的危险性质不包括在前 8 类危险性中的新物品即第 9 类危险货物不断涌现,新物品的数目也越来越多,此类危险货物的某些特性也会对汽车运输的安全性产生影响;加之新技术在汽车上的应用,如 GPS 等先进装置,加大了汽车受磁场干扰的倾向。这样,现代汽车运输安全也应考虑杂类危险货物,按其货物特性采取相应措施。

第九节　其　　他

一、关于“危险货物的分类与相关特性”的几点说明

1. 一种危险货物具有多种危险特性

通过前面各类危险货物的特性介绍可以发现,某类危险品除具有本类危险货物的主要特性外,还具有一些次要特性,也称为副特性,即次要危险性。例如:列入易爆易燃类的不少物品具有毒害性和腐蚀性;列入毒性物质类的不少物品具有易燃性和腐蚀性;列入腐蚀性物质类的不少物品具有易燃性、毒害性和氧化性;列入氧化剂类的不少物品具有毒害性和腐蚀性,有机过氧化物还具有易爆易燃性等。

一种危险货物的多种危险特性,除了由危险货物本身的物理、化学、生物等特性所决定

以外，还与确定各类危险货物的性能标志的非互斥性有关。即根据已确定各类危险货物的性能指标如爆速、闪点、爆炸极限、燃点、自燃点、遇水反应、获得电子的能力、半数致死量、半数致死浓度、放射性比活度、腐蚀性等不是相互排斥或对立的。用不同的指标可以衡量不同的危险特性，如果某种货物用不同的指标去测定，有两个以上的测定值在危险货物的定义参数范围内，则该货物就具有两种以上的危险特性。例如：闪点低于61℃的液体可以列入易燃液体，毒性物质和腐蚀性物质中有不少有机物，而有机物都是可燃物，其中有不少液体的闪点低于61℃，也称得上具有易燃性。若用毒性物质的衡量标准来衡量列入各类危险货物的毒害性，有很多物品都能达到毒性物质的标准，如列入易燃气体中的一甲胺、二甲胺、三甲胺、煤气、石油气、环氧乙烷等，列入易燃液体的甲醇、乙硫醇、乙腈、乙酸烯丙酯、乙硫醚、二甲基肼、苯、二硫化碳、二氟苯、二氯乙烷等，列入易燃固体的二硝基苯肼、二硝基苯酚、对二氯苯、四聚乙醛、金属粉末等，列入氧化剂的五氟化碘、亚硝酸钠、硝酸钡、氯酸钡等，列入腐蚀性物质的二氯化硫、五氧化二磷、五氯化磷等。所有的腐蚀性物质接触人体都会对人体造成伤害，口服一口硫酸或液碱足以致死，此时就不必研究硫酸或液碱等腐蚀性物质的半数致死量了。

2. 危险货物的副特性也会酿成大事故

不少货物表现出错综复杂的危险特性。确定一种危险货物的主要危险特性时，同时指出此种危险货物具有的其他(或称副)危险特性，并规定分别用危险货物包装主标志和副标志表示，以引起运输装卸储存人员的注意。

亚硝酸钠是氧化剂，副特性是“有毒”。因亚硝酸钠的氧化性而发生事故的很少，而把亚硝酸钠误作食盐食用造成中毒死亡的事件却常见之于报端。

由此可知，危险货物的副特性也会酿成大事故，在危险货物的运输中，在注意到一种货物的主要危险特性时，必须对其可能具有的其他危险特性也给予足够的重视。

因此，在危险货物的运输储存过程中，对副特性的防范应与其主要危险特性分别而又同样严格地进行。

二、关于放射性物质道路运输

根据“专项法规优于一般法规”的法理，危险货物第7类“放射性物质”道路运输，应执行《放射性物质运输安全管理条例》(国务院令第562号，自2010年1月1日起施行)、《放射性物质道路运输管理规定》(交通运输部令2010年第6号，自2011年1月1日起实施)的有关规定。

值得注意的是，《危险化学品安全管理条例》(国务院令第591号，自2011年12月1日起施行)、《道路危险货物运输管理规定》(交通运输部令2013年第2号，自2013年7月1日起实施)不涉及放射性物质道路运输管理，故在道路运输业内所称的“危险货物”不包括“放射性物质”。由此可知，《放射性物质道路运输管理规定》、《道路危险货物运输管理规定》是2个同一级别的法规，不存在相互包含关系。

三、关于剧毒化学品道路运输

根据原《危险化学品安全管理条例》(国务院令第344号)第三条“危险化学品列入以国家标准公布的《危险货物品名表》(GB 12268);剧毒化学品目录和未列入《危险货物品名表》的其他危险化学品,由国务院经济贸易综合管理部门会同国务院公安、环境保护、卫生、质检、交通部门确定并公布”的有关规定,首先明确了危险化学品以《危险货物品名表》(GB 12268)中的第1、2、3、4、5、6、8、9类为准;同时强调了剧毒化学品以国家安全生产监督管理局等8部委公告2003年第2号《剧毒化学品目录(2002年版)》及《剧毒化学品目录(2002年版)补充和修正表》为准。这就表明了剧毒化学品在管理过程中与各类危险货物(危险化学品)是并列、平行、同等级的。也就是说,由于有关法律的规定危险货物不应该包括剧毒化学品,剧毒化学品要专门、单独表明并标注。

而新《危险化学品安全管理条例》(国务院令第591号,2011年12月1日实施)第三条规定,危险化学品以《危险化学品目录》为准,且国家安全监管总局会同国务院工业和信息化、公安、环境保护、卫生、质量监督检验检疫、交通运输、铁路、民用航空、农业主管部门制定了《危险化学品目录(2015年版)》,于2015年5月1起实施,《危险化学品目录(2002年版)》和《剧毒化学品目录(2002年版)》同时予以废止。同时在新条例总则的第六条第二款中规定了“公安机关负责核发剧毒化学品购买许可证、剧毒化学品道路运输通行证”,在第五十条规定“通过道路运输剧毒化学品的,托运人应当向运输始发地或者目的地县级人民政府公安机关申请剧毒化学品道路运输通行证”。同时,在《道路危险货物运输管理规定》(交通运输部令2013年第2号)除一般通用要求外,对剧毒化学品运输也有以下特殊要求:

(1)运输剧毒化学品的,自有专用车辆(挂车除外)10辆以上;

(2)运输剧毒化学品的,应当配备罐式、厢式专用车辆或者压力容器等专用容器;

(3)运输剧毒化学品的罐式专用车辆的罐体容积不得超过$10m^3$,但符合国家有关标准的罐式集装箱除外;

(4)运输剧毒化学品的非罐式专用车辆,核定载质量不得超过10t,但符合国家有关标准的集装箱运输专用车辆除外;

(5)运输剧毒化学品专用车辆以及罐式专用车辆,数量为20辆(含)以下的,停车场地面积不低于车辆正投影面积的1.5倍,数量为20辆以上的,超过部分,每辆车的停车场地面积不低于车辆正投影面积;

(6)从事剧毒化学品道路运输的驾驶人员、装卸管理人员、押运人员,应当经考试合格,取得注明为“剧毒化学品运输”类别的从业资格证;

(7)在《道路危险货物运输申请表》申请运输的物品范围时,应当标注“剧毒”;

(8)运输剧毒化学品专用车辆及罐式专用车辆(含罐式挂车)应当到具备危险货物道路运输车辆维修资质的企业进行维修;

(9)运输剧毒化学品的企业和单位,应当配备专用停车区域,并设立明显的警示标牌;

(10)遵守有关部门关于运输剧毒化学品道路运输车辆在重大节假日通行高速公路的相关规定。

四、关于危险废物道路运输

2004年12月29日,《中华人民共和国固体废物污染环境防治法》公布,自2005年4月1日起施行,规定“危险废物,是指列入国家危险废物名录或者根据国家规定的危险废物鉴别标准和鉴别方法认定的具有危险特性的固体废物[1]”。

2008年6月6日,《国家危险废物名录》(环境保护部、国家发展和改革委员会令1号)公布,自2008年8月1日起施行,规定“具有下列情形之一的固体废物和液态废物,列入本名录:(一)具有腐蚀性、毒性、易燃性、反应性或者感染性等一种或者几种危险特性的;(二)不排除具有危险特性,可能对环境或者人体健康造成有害影响,需要按照危险废物进行管理的”。

(1)涉及有关道路运输的要求有:

①运输危险废物,必须采取防止污染环境的措施,并遵守国家有关危险货物运输管理的规定。禁止将危险废物与旅客在同一运输工具上载运。

②对危险废物的容器和包装物以及收集、储存、运输、处置危险废物的设施、场所,必须设置危险废物识别标志。

③收集、储存危险废物,必须按照危险废物特性分类进行。禁止混合收集、储存、运输、处置性质不相容而未经安全性处置的危险废物。禁止将危险废物混入非危险废物中储存。

④直接从事收集、储存、运输、利用、处置危险废物的人员,应当接受专业培训,经考核合格,方可从事该项工作。

危 险 废 物

图1-2-5 危险废物标志

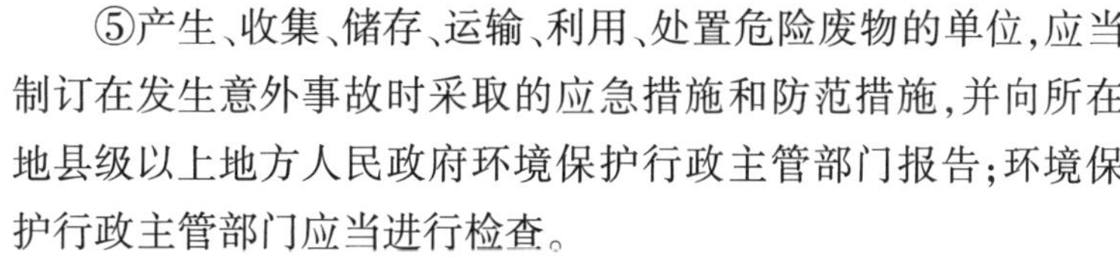

⑤产生、收集、储存、运输、利用、处置危险废物的单位,应当制订在发生意外事故时采取的应急措施和防范措施,并向所在地县级以上地方人民政府环境保护行政主管部门报告;环境保护行政主管部门应当进行检查。

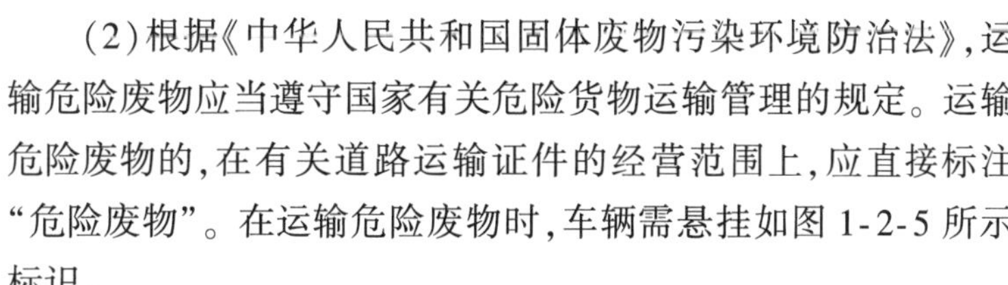

(2)根据《中华人民共和国固体废物污染环境防治法》,运输危险废物应当遵守国家有关危险货物运输管理的规定。运输危险废物的,在有关道路运输证件的经营范围上,应直接标注“危险废物”。在运输危险废物时,车辆需悬挂如图1-2-5所示标识。

五、关于医疗废物道路运输

2003年6月16日,国务院颁布、实施了《医疗废物管理条例》(国务院令第380号),该条例规定,“医疗废物,是指医疗卫生机构在医疗、预防、保健以及其他相关活动中产生的具

[1]《中华人民共和国固体废物污染环境防治法》第八十八条。

有直接或者间接感染性、毒性以及其他危害性的废物[1]”。需要注意的是,《国家危险废物名录》(环境保护部、国家发展和改革委员会令1号)中规定,医疗废物属于危险废物。目前,执行的《医疗废物分类目录》是2003年10月10日卫生部、国家环境保护总局联合下发的《关于印发〈医疗废物分类目录〉的通知》(卫医发〔2003〕287号)中所公布的。

(1)涉及有关道路运输的要求有:

①医疗废物集中处置单位运送医疗废物,应当遵守国家有关危险货物运输管理的规定,使用有明显医疗废物标识的专用车辆。医疗废物专用车辆应当达到防渗漏、防遗撒以及其他环境保护和卫生要求。运送医疗废物的专用车辆不得运送其他物品。

②第十条规定医疗卫生机构和医疗废物集中处置单位,应当采取有效的职业卫生防护措施,为从事医疗废物收集、运送、储存、处置等工作的人员和管理人员,配备必要的防护用品,定期进行健康检查;必要时,对有关人员进行免疫接种,防止其受到健康损害。

③禁止任何单位和个人转让、买卖医疗废物。禁止在运送过程中丢弃医疗废物;禁止在非储存地点倾倒、堆放医疗废物或者将医疗废物混入其他废物和生活垃圾。禁止将医疗废物与旅客在同一运输工具上载运。禁止在饮用水源保护区的水体上运输医疗废物。

④转让、买卖医疗废物,邮寄或者通过铁路、航空运输医疗废物,或者违反本条例规定通过水路运输医疗废物的,由县级以上地方人民政府环境保护行政主管部门责令转让、买卖双方,邮寄人,托运人立即停止违法行为,给予警告,没收违法所得;违法所得5000元以上的,并处违法所得2倍以上5倍以下的罚款;没有违法所得或者违法所得不足5000元的,并处5000元以上2万元以下的罚款。

(2)根据《医疗废物管理条例》,运输医疗废物应当遵守国家有关危险货物运输管理的规定。鉴于《道路危险货物运输管理规定》是依据国家有关危险货物道路运输法律、法规、标准和规范制定的,既全面、权威,又具有很强的可操作性。所以,运输医疗废物应当遵守《道路危险货物运输管理规定》,在其有关道路运输证件的经营范围上,直接标注“医疗废物”。在运输医疗废物时,车辆需悬挂如图1-2-6所示标识。

图1-2-6　医疗废物标志

有关危险废物、医疗废物道路运输的相关事宜,交通运输部也下发过《关于危险废物是否纳入道路危险货物运输管理有关问题的复函》(交函运〔2012〕309号),作出了答复。

[1]《医疗废物管理条例》第二条。

第三章 危险货物运输包装常识

货物的包装具有保护产品、防止产品遗失、方便储运装卸、加速交接和点验等作用,也是美化、宣传和促销的主要手段之一。但是危险货物的包装更具有特殊性,它必须保证与所装货物的危险性相容(即能承受所装货物的侵蚀、化学反应等),同时还要确保货物在运输、装卸、储存、销售等过程中的安全。危险货物的包装不但影响所装货物的质量,还可能在运输、装卸等过程造成对运输工具、设施的损害和污染以及人员伤亡和财产损毁。因此,危险货物的包装是保护产品、保障运输安全的重要手段。为此,我国在《一般货物运输包装通用技术条件》(GB/T 9174)等标准的基础上,针对危险货物包装制定了《危险货物运输包装通用技术条件》(GB 12643)、《危险货物包装标志》(GB/T 190)、《危险货物运输包装类别划分原则》(GB/T 15098)。同时,根据各种运输方式,还制定了以下标准:

(1)《空运危险货物包装检验安全规范》(GB 19433—2009),代替《空运危险货物包装检验安全规范　通则》(GB 19433.1—2004)、《空运危险货物包装检验安全规范　性能检验》(GB 19433.2—2004)、《空运危险货物包装检验安全规范　使用鉴定》(GB 19433.3—2004)。

(2)《水路运输危险货物包装检验安全规范》(GB 19270—2009),代替《水路运输危险货物包装检验安全规范　通则》(GB 19270.1—2003)、《水路运输危险货物包装检验安全规范　性能检验》(GB 19270.2—2003)、《水路运输危险货物包装检验安全规范　使用鉴定》(GB 19270.3—2003)。

(3)《铁路运输危险货物包装检验安全规范》(GB 19359—2009),代替《铁路运输危险货物包装检验安全规范　通则》(GB 19359.1—2003)、《铁路运输危险货物包装检验安全规范　性能检验》(GB 19359.2—2003)、《铁路运输危险货物包装检验安全规范　使用鉴定》(GB 19359.3—2003)。

(4)《公路运输危险货物包装检验安全规范》(GB 19269—2009),代替《公路运输危险货物包装检验安全规范　通则》(GB 19269.1—2003)、《公路运输危险货物包装检验安全规范　性能检验》(GB 19269.2—2003)、《公路运输危险货物包装检验安全规范　使用鉴定》(GB 19269.3—2003)。

在危险货物包装标准中,还有涉及出口危险货物包装检验标准、危险货物包装容器与罐体检验标准、危险货物大包装检验标准、危险货物涂料包装检验标准、危险货物电石包装检验标准等。

综上所述,符合国家标准的危险货物包装是保证危险货物储存、销售、运输安全的前提。

第一节　危险货物运输包装基本要求

根据危险货物性质和运输特点以及包装应起的作用，危险货物的运输包装必须具备以下基本要求。

一、包装的适应性

材质、形式、规格、方法和内装货物质量应与所装危险货物的性质和用途相适应，应根据所装危险货物的性质和用途选择相对应的运输包装材质。如若危险货物具有腐蚀特性，则其运输包装材质必须防腐蚀。如同属强酸的浓硫酸可用铁质容器，而其他任何酸都不能用铁器盛装，这是因为75%以上的浓硫酸会使铁的表面氧化生成一层薄而结构致密的氧化物保护膜，能阻止浓硫酸与铁质容器的连续反应。不过不能将盛装浓硫酸的铁器敞开置放，否则浓硫酸会吸收空气中的水分变稀而变成稀硫酸，稀硫酸能破坏已形成的四氧化三铁保护膜，使铁容器被腐蚀。铝可以用作硝酸、醋酸的容器，但不能盛装其他酸。氢氟酸不能使用玻璃容器等。

总而言之，运输包装与内装物直接接触部分，必要时应有内涂层或进行防护处理，运输的包装材质不应与内装物发生化学反应而形成危险产物或导致包装强度被削弱。

二、包装的合理性和质量要求

危险货物运输包装应结构合理、质量良好，并具有足够的强度，防护性能好，其构造和封闭形式应能承受正常运输条件下的各种作业风险，不应因温度、湿度或压力的变化而发生任何渗（洒）漏，表面应清洁，不允许黏附有害的危险物质。同时，运输包装还应具有足够强度，以保护包装内货物不受损失。危险货物运输包装的强度，与所装货物性质、形态密切相关，对于气体，处于较高的压力下，使用的是耐压钢瓶，强度极大；又因各种气体的临界温度和临界压力不同，要求钢瓶耐受的压力大小也不一样。我国现阶段所用的各种气瓶的设计、制造、充装、运输、储存、销售、使用和检验等，均应符合国家质量技术监督局颁发的《气瓶安全监察规定》（国家质量监督检验检疫总局令2003年第46号）的有关规定。

盛装液体货物的容器，应能经受在正常运输条件下产生的内部压力。灌装时必须留有足够的膨胀余量（预留容积），除另有规定外，应保证在温度55℃时，内装液体不致完全充满容器。同时，考虑到液体货物热胀冷缩系数比固体大，液体货物的包装强度应比固体的高。同是液体货物，沸点低的可能产生较高的蒸气压力；同是固体货物，密度大的在搬动时产生的动能也大，这些都要求包装有较大的强度。

一般来说，当危险货物危险性较高时，发生事故的危害性也较大，其运输包装强度也应相对较高一些。同一种危险货物，单件包装质量越大，包装强度也应越高。同一类包装运距越长、装卸次数越多，包装强度也应越高。

检验包装强度的方法，是根据在运输过程中可能遇到的各种情况做各种不同的模拟试验，以检验包装构造是否合理，能否经受起正常运输条件下所遇到的冲撞、挤压、摩擦等。通常运输包装试验有液压试验、气密试验、跌落试验、堆码试验等，但不是每一种包装都要做以上的各种试验，而是根据货物性质，所用包装材质和形式选做其中一项或几项。

三、包装封口的要求

包装封口应根据内装物性质采用严密封口、液密封口或气密封口。一般来说，危险货物包装的封口应严密不漏。特别是挥发性强或腐蚀性强的危险货物，封口更应严密，但对有些危险货物不要求封口严密，甚至还要求设有排气孔。如：盛装需浸湿或加有稳定剂的物质时，其容器封闭形式应能有效地保证内装液体（水、溶剂和稳定剂）的百分比，在储运期间保持在规定的范围以内；而对有降压装置的包装，其排气孔设计和安装应能防止内装物泄漏和外界杂质进入，排出的气体量不得造成危险和污染环境。

如何对待某种危险货物包装封口，要根据所装危险货物的性质决定。一般来说，大部分危险货物的包装要求严密封口。对于必须采取非严密包装的货物大致有：

（1）油浸的纸、棉、绸、麻等及其制品。该类危险货物要用透笼箱包装，以保持良好的通风。

（2）碳化钙（电石）（UN1402、CN43025）。碳化钙吸收空气中的水分后发生化学反应产生易燃的乙炔气体。如果桶内乙炔气不能及时排出而积聚起来，运输时遇到滚动、碰撞等情况时，桶内坚硬的碳化钙块就会与铁桶壁碰撞产生火星，点燃桶内的乙炔气而发生爆炸。所以，装碳化钙的铁桶应严密到不漏水、不漏气，在桶内充氮抑制乙炔的产生；或者应有排放桶内乙炔气的通气孔，同时注意通气孔应能防止桶外的水进入桶内，否则将十分危险。

（3）过氧化氢（双氧水，H_2O_2）（UN2014、UN2015、CN51001）。双氧水受热或经振动即分解释放出原子氧，有爆炸危险。所以，H_2O_2 的包装应有出气小孔，以随时排出分解出的 O_2，释放出容器内的压力。

（4）冷冻液态氮（UN1977、CN22006）。装液态氮的安瓿瓶不耐高压，也不能保持瓶内的 -147.1℃以下的低温，所以不时会有液态氮气化，如不让其排出，将会有爆炸危险。考虑到氮气无毒不燃的性质（空气中本来就有 78% 的氮），故液氮要求必须用不封口的安瓿瓶包装。

总的来说，运输包装封口应根据内装物性质采取严密封口、液密封口（即不透液体的封口）和气密封口（即不透蒸气的封口）3 种。

气密封口一般适用于装有下列物质的包装上：①产生易燃气体或蒸气的物质；②如使其干燥，会成为爆炸性物质的物质；③产生毒性气体或蒸气的物质；④产生腐蚀性气体或蒸气的物质；⑤可能与空气发生危险反应的物质。气密封口必须经过检验部门的气密试验。

四、内外包装间填充材料的要求

内外包装之间应有适当的衬垫材料或吸附材料。运输包装有很多是复合包装。直接用于商品销售的包装称销售包装,为方便销售,一般单件质量较小,故又称小包装。为了运输的方便,将若干个小包装组合起来再包装成一个大件,称运输包装。这样的运输包装就是一个组合包装,组合包装由外包装(又称大包装)和内包装两部分组成。

使用复合包装时,内容器应予固定,并与外包装紧密贴合,外包装不得有擦伤内容器的凸出物。此外,如内容器易碎且盛装易洒漏货物,应使用与内装物性质相适应的衬垫材料或吸附材料衬垫妥实。通常,危险货物的特性对衬垫材料有以下特殊要求:

(1)衬垫材料应具备一定的缓冲作用:衬垫能防止冲撞、振动、摩擦等情况发生而对内包装产生机械方面的损害。

(2)衬垫材料应具有吸附作用:当机械损害力量过强,以致突破缓冲作用仍使内包装产生损坏隐患时,如果内包装的是液体物质,衬垫材料应能将此液体物质充分吸收,确保其渗漏不会影响到外包装;如果内包装的是粉末状货物,衬垫材料应将其充分吸附,不使其洒漏。

(3)衬垫材料应具有缓解作用:正因为要求衬垫材料有吸附所装货物的作用,衬垫材料有可能直接接触危险货物,因此,应对所装货物的危险特性有一定的缓解作用。如具有氧化性的货物,不能使用有机材料作衬垫等,不给危险货物以肆虐的机会,或将其破坏作用降到最低限度以至于零。

实际中,通常使用的衬垫材料有瓦楞纸、细刨花、草套、草垫、纸屑等有机物以及气泡塑料、发泡塑料、硅藻土、蛭石、陶土、黄沙等惰性材料。

五、包装适应温度、湿度变化的要求

运输危险货物包装应能适应一定范围的温度和湿度变化。我国幅员辽阔,地区之间环境条件差异较大,同一时间各地气温、气候、湿度等相差很大,如1月份,哈尔滨平均气温为-25.8℃,而广州为9.2℃;8月份,昆明的平均最高气温为24.5℃,南京、上海为33℃。又如8月份上海的平均相对湿度为84%,乌鲁木齐为44%。国际货物运输的温差和湿差相距则更大。

温差和湿差对危险货物运输有重要影响,运输包装也必须适应这些环境和条件的变化。如氯化氢、氰化氢、四氧化氮是经过降温加压后装在钢瓶内呈液态的物质,它们的沸点极低,一般都在20℃以上即变成气体。这些气体有毒,不能允许其逸出,这样必然增加了包装内压,故这些货物需用耐压钢瓶盛装。又如无水醋酸(俗称冰醋酸),在低于16℃时即凝成固体,体积会膨胀,易将盛装的容器胀裂,或部分结冰在容器内晃动,将易碎容器敲破而发生事故,因此,温差较大地区内的运输,不能用易碎品作冰醋酸的内包装。

此外,因为各地湿度存在差异,运输包装的防潮措施应按相对湿度最大的地区考虑,以利于防止货物吸潮后变质和吸潮后引起化学反应而发生事故。通常包装用的防潮衬垫有塑料袋、沥青纸、铝箔纸、耐油纸、蜡纸以及干燥剂等，同时一些外包装如纸箱、纸袋、木箱等也有一定的防潮作用与性能。

六、单件包装满足运输要求

单件包装货物的质量、规格和形式应满足运输要求。每件运输包装的质量和体积应符合规定，不能过重或过大，否则不便于搬运。较重的货件应有便于提起的提手或抓手，应有便于使用装卸机械的吊环扣或底部槽间隙。一般来说，危险性大的货物，单件货物质量要小一些；危险性小的货物，可以允许采用较大一些的包装。单件货物质量不只是与危险货物的性质有关，还与各种运输方式的货舱大小、运输形式和装卸手段有关。以铁桶为例，海运规定单件货物的最大容积为450L，最大净质量为400kg，因为在港口装卸有庞大的船舶起重机、港口起重机可供使用，船舱是上部开门，货物进出货舱很方便，这样的体积和质量对海运不存在什么困难。单件质量为400kg对铁路运输来说是可以接受的，但是450L体积的大铁桶要进入火车的车厢就很困难，所以铁路运输规定，铁桶的件容积不得超过220L。而航空运输则规定桶的最大容积220L，最大净质量200kg。

同样，包装的外形尺寸也应与运输工具相适应，包括集装箱的容积、装载量应和装卸机具相配合，以便于装卸、积载、搬运和储存。

七、包装标志的要求

为了实现危险货物运输安全，使从事危险货物的运输、装卸、储存等有关人员在进行危险货物运输作业时提高警惕，以防发生危险，并在一旦发生事故时能及时采取正确的施救措施，危险货物运输包装必须具备国家规定的《危险货物包装标志》(GB 190)。标志应正确、明显、牢固、清晰。一种危险货物同时具有两种以上危险性质的，应分别具有表明该货物主次特性的主次标志。一个集合包件内具有几种不同性质的货物，所有这些货物的危险性质标志都应在集合包件的表面标示出来。

为了说明货物在装卸、保管、运输、开启时应注意的事项(如易碎、禁用手钩、怕湿、向上、吊装位置等)，危险货物运输包装上必须同时粘贴有符合《包装储运图示标志》(GB 191)规定的图示标志。包装的表面还必须有内装货物的正确品名(必须与托运书中所列品名一致)、货物的质量等运输识别标志以及表明包装本身的质量等级的标志等。

八、包装进行性能试验的要求

由于危险货物性质的特殊性，为确保运输安全，避免货物在正常运输条件下受到损害，对于危险货物的运输包装还必须按照有关规定进行性能试验。经试验合格后并在包装表面标注上持久、清晰、统一的合格标记后方可使用。

一般来说，每种包装形式或包装材质在生产前都应该对该包装的设计、尺寸、体积、选材、制造以及包装方法进行试验，如果在设计、选材、制造和使用等环节有任何变动或改动，都应进行重复试验，以确保性能标准满足运输安全的要求。对重复使用的包装除清洗整理外，应定期进行重复试验，不论实际上是否对重复使用的包装进行过试验，在其使用时都必须达到性能试验的要求和标准。

第二节 危险货物运输包装分类

一、危险货物运输包装的分类

在《危险货物运输包装通用技术条件》(GB 12463—2009)中，根据盛装内装物的危险程度不同，将运输包装分为3个类别：

(1)Ⅰ级包装：适用内装危险性较大的货物；

(2)Ⅱ级包装：适用内装危险性中等的货物；

(3)Ⅲ级包装：适用内装危险性较小的货物。

《危险货物分类和品名编号》(GB 6944)将除第1类、第2类、第7类、5.2项和6.2项物质，以及4.1项自反应物质以外的物质，根据其危险程度，划分为3个包装类别：Ⅰ类包装：具有高度危险性的物质；Ⅱ类包装：具有中等危险性的物质；Ⅲ类包装：具有轻度危险性的物质。并在《危险货物品名表》的第6列“包装类别”中列出了该危险货物应使用的包装等级。

在国际危险货物运输中，确定采用哪个等级包装的依据是货物的危险程度。除第2类气体和第7类放射性物质的包装另有规定外，《国际海上危险货物运输规则》、《国际公路运输危险货物协定》等的危险货物品名表中对各自所列危险货物都具体指明了应采用包装的等级，这既表明了该货物的危险等级，又强调了等级的重要性。基本形式与我国的《危险货物品名表》中的“包装类别”相似。

二、商品(货物)包装的种类

商品(货物)包装有多种含义。一种是指盛装商品的容器，通常称为包装用品或包装物，如箱、桶、筐、篓、袋、包、盒、瓶等；另一种是指包扎商品的操作过程和方法，如装箱、打包、灌桶、扎捆等；还有一种是把以上两者结合起来，指使用适当的材料或容器，并采用一定的技术，对货物加以保护的工具和方法。

根据商品(货物)的特点、运输方式以及消费者的习惯，不同商品(货物)有不同的包装，国际上并没有统一的分类方法。我国按照商品在流通过程中的不同作用，把商品(货物)包装分为运输包装和销售包装两种。

1. 运输包装

运输包装又称外包装、大包装，是指商品(货物)在运输装卸和储存过程中，为避免损伤、保护商品、减少运费所需要的包装。运输包装能防振、防湿、防盗、防漏等，具有保护商品品质安全和数量完整的性能，所以运输包装一般都比较坚固、结实。运输包装可分为单件运输包装和集合运输包装两类。

2. 销售包装

销售包装又称为内包装,是商品(货物)进入零售和消费环节,同消费者直接见面,消费者消费商品时的包装,所以这类包装要美观大方,应该注明厂名、商标、品名、规格、容量、用途和用法,方便消费者识别、选购、携带和使用。目前,销售包装趋向小型化、透明化、艺术化和实用化。

销售包装主要分为以下 4 类:便于陈列展销类包装、便于识别商品类包装、便于消费者携带和使用类包装以及便于运输储存类包装。

本书所说的包装是指运输危险货物包装。它是采用一定的材料和技术对危险货物施加的一种保护性措施,以保证其在运输过程中完好无损,是保证运输危险货物安全的基础。因此,必须重视危险货物的运输包装。

三、危险货物运输包装的作用

对于一般商品来说,其包装的作用主要表现为:一是保护商品,便于运输,这是包装最基本的功能;二是扩大销售,增加利润,这是商品市场竞争的必然要求;三是商品包装在一定程度上还反映出一个国家生产力和科学技术的水平,这是一个国家综合国力和科技水平的外在表现。

危险货物的危险性主要取决于其自身的物理化学性质,同时也受到外界条件的影响,如温度、雨雪水、机械作用以及不同性质货物之间的影响。对于危险货物运输包装来说,除了一般的经济学、市场营销学上的意义外,还具有如下重要的作用:

(1)能够防止被包装的危险货物因接触雨雪、阳光、潮湿空气和杂质而使货物变质,或发生剧烈化学反应而造成事故。

(2)可以减少货物在运输过程中所受到的碰撞、振动、摩擦和挤压,使危险货物在包装的保护下保持相对稳定状态,从而保证运输过程的安全。

(3)可以防止因货物洒漏、挥发以及与性质相悖的货物直接接触而发生事故或污染运输设备及其他货物的事情发生。

(4)便于储运过程中的堆垛、搬动、保管,提高车辆生产率、运送速度和工作效率。

(5)可以防止放射性物质放出的射线对人体的内照射和外照射而造成危害。

四、危险货物运输包装的基本分类

危险货物运输包装的分类主要有以下 3 种分类方法。

1. 按危险货物的物质种类分类

危险货物自身的物理化学性质客观上决定了包装的特殊要求,各类危险货物有的可采用通用的危险货物包装,有的只能或必须采用分类物品的专用包装。所以,按危险货物的物种划分,一般可分为以下 5 种。

1)通用包装

一般来说,通用包装主要适用于易燃液体、易燃固体、易于自燃的物质和遇水放出易燃气体的物质、氧化性物质和有机过氧化物、毒性物质和感染性物质等货物。

2)爆炸品专用包装

对爆炸品来说,其运输包装必须进行专用包装,甚至在爆炸品之间都不能相互替用。一般来说,为了保证爆炸品在储运过程中的安全,爆炸品的生产设计者在设计、生产爆炸品时,往往根据本爆炸品所必须满足的防火、防振、防磁等要求,同时也设计了该爆炸品的包装物,而且其包装设计需与爆炸品的设计同时被批准,否则不得进行爆炸品的生产。

3)气体(气瓶)专用包装

气体危险货物的专用包装,其最显著的特点是能承受一定程度的内压力,所以又称压力容器包装。气瓶如图1-3-1所示。

4)腐蚀性物质包装

由于腐蚀性物质对其包装的材料具有一定的腐蚀性,所以需用各种不同的材料来包装各类腐蚀性物质。腐蚀性物质的包装从整体看最庞杂,各种材料、各种形式的包装在腐蚀性物质中都被使用了。而从各腐蚀性物质的品种看又是最专一的,某种腐蚀性物质只能用某种材料包装,某件包装用于一种腐蚀性物质后,如能重复使用,也只能用于该腐蚀性物质而不能移作他用。

图1-3-1 气瓶

5)特殊物品的专用包装

在所有的易燃液体、易燃固体、易于自燃的物质和遇水放出易燃气体的物质、氧化性物质和有机过氧化物、毒性物质和感染性物质中,还有一些品种,由于某种特殊性质而需采用专门包装,如双氧水专用包装、二硫化碳专用包装、黄磷专用包装、碱金属专用包装、碳酸钙专用包装、磷化铝熏蒸剂专用包装等。

2.按危险货物的包装材料分类

按危险货物使用的包装材料分类,一般可分为木制包装、金属制包装、纸制包装、玻璃陶瓷制包装、棉麻织品制包装、塑料制包装和编织材料包装等。

1)木制包装

(1)木桶:主要有木琵琶桶、胶合板桶、纤维板桶等。用于盛装危险货物的木桶,一般规定容积不得超过250L,净质量不得超过400kg。

(2)木箱:主要有满板木箱、满底板花格木箱、半花格型木箱、花格型木箱等。一般规定盛装危险货物的木箱净质量不超过400kg。

2)金属制包装

金属制包装的主要形式有桶(罐)和箱(盒、听)包装两大类。其基本性能表现为牢固、耐压、耐破、密封、防潮，其强度是所有通用包装中最高的，是运输危险货物中使用最多、最广的包装方式之一。使用的主要金属材料是各种薄钢板、铝板和塑料复合钢板等。

(1)热轧薄钢板。其属于普通碳素钢板，亦称黑铁皮。其厚度0.25～2.0mm不等。单件包装的容积大或所装货物的净质量大，所用的板材相应的就厚一些，其强度标准以符合包装性能试验的要求为准。

(2)镀锌钢板。由于锌是保护性镀层，能保护钢板在使用过程中免受腐蚀。锌在干燥空气中不起变化，在潮湿空气中与氧或二氧化碳反应生成氧化锌或碳酸锌薄膜，可以防止锌继续氧化，镀锌层经铬酸或铬酸盐钝化后形成钝化膜，其防腐能力大为加强，但锌易溶于酸或碱且易于与硫化物反应。相对于黑铁皮而言，镀锌钢板也称白铁皮。

(3)镀锡钢板。其俗称为马口铁，具有良好的耐腐蚀性、冲压成型性、可焊性和弹性。锡遇稀无机酸不溶解，与浓硝酸不起反应，只是在遇浓硫酸、浓盐酸及苛性碱溶液在加热时溶解。

(4)塑料复合钢板。其基件是普碳钢薄板，复合塑料采用软质或半软质聚氯乙烯塑料薄膜或聚苯乙烯塑料薄膜。塑料复合钢板具有钢板的断切、弯曲、深冲、钻孔、铆接、咬合、卷边等加工性能，又有很好的耐腐蚀性，可耐浓酸、浓碱以及醇类的侵蚀，但对醇以外的有机溶剂的耐腐蚀性差。

(5)铝薄板。包装使用的铝薄板的铝的纯度应在99%以上，铝板厚2mm以上，其特点是耐硝酸和冰醋酸，可焊而咬合性差，一般不用卷边咬合而用焊接。同时铝薄板的质地较软，往往在铝桶外套上可箍钢质笼筋，以增加其强度。

3)纸制包装

纸制包装主要有纸箱、纸盒、纸桶、纸袋等。纸制包装的特点是防振性能很好，经特殊工艺加工，强度可与木材相比。如果纸塑复合，可使纸质包装的防水性和密封性大大提高。

4)玻璃、陶瓷制包装

各种玻璃瓶、陶坛、瓷瓶等包装，其特点是耐腐蚀性强，但很脆、易碎，所以又称易碎品。

5)棉麻织品及塑料编织纤维包装

用棉麻织品及塑料编织纤维做成的包装，一般统称袋。在危险货物运输包装中也具有较多的用途。

6)塑料制包装

塑料制包装的形状比较多，桶、袋、箱、瓶、盒、罐等都可用塑料制造。其所用的塑料种类也很多，主要有聚氯乙烯、聚苯乙烯、聚乙烯、钙塑、发泡塑料等。塑料还能与金属或纸制成各种复合材料。塑料包装的特点是质量轻、不易碎、耐腐蚀。与金属、玻璃容器比较，其耐热、密封、耐蠕变性能相对要差一些。

7)编织材料包装

编织材料包装主要是指由竹、柳、草三种材料编织而成的容器。常见的有竹篓、竹箱、竹笼、柳条筐、柳条篓、薄草席包、草袋等。编织包装容器的荆、柳、藤、竹、草等物必须具备不霉、不烂、无虫蛀而且编织紧密结实的基本要求。

3. 按危险货物的包装类型分类

按危险货物包装容器类型一般可分为桶(罐)类、箱类、袋类、坛类、筐篓类以及复合包装等多种。

1)桶(罐)类

(1)钢桶(图1-3-2)。按其封口盖形式可分为闭口钢桶、中开口钢桶和全开口钢桶3种。闭口钢桶适用于液体货物,灌装腐蚀性物质的钢桶内壁应涂镀防腐层;中开口钢桶适用于固体、粉末及晶体状货物或稠黏状、胶状货物;全开口钢桶则适用于固体、粉状及晶体状货物。

桶端应采用焊接或双重机械卷边,卷边内均匀填涂封缝胶。桶身接缝,除盛装固体或40L以下(含40L)的液体桶可采用焊接或机械接缝外,其余均应焊接。桶的两端凸缘应采用机械接缝或焊接,也可使用加强箍。桶身应有足够的刚度,容积大于60L的桶,桶身应有两道模压外凸环筋,或两道与桶身不相连的钢质滚箍套在桶身上,使其不得移动。滚箍采用焊接固定时,不允许点焊,滚箍焊缝与桶身焊缝不允许重叠。最大容积为250L,最大净质量为400kg。

(2)铝桶(图1-3-3)。制桶材料应选用纯度至少为99%的铝,或具有抗腐蚀和合适机械强度的铝合金。桶的全部接缝应采用焊接而不能采用卷边机械咬合,如有凸边接缝应采用与桶不相连的加强箍予以加强。容积大于60L的桶,至少有两个与桶身不相连的金属滚箍套在桶身上,使其不得移动。滚箍采用焊接固定时,不允许点焊,滚箍焊缝与桶身焊缝不允许重叠。最大容积为250L,最大净质量为400kg。一般适用于装腐蚀性液体。

图1-3-2 钢桶

图1-3-3 铝桶

(3)钢罐(图1-3-4)。钢罐两端的接缝应焊接或双重机械卷边。40L以上的罐身接缝应采用焊接;40L以下(含40L)的罐身接缝可采用焊接或双重机械卷边。最大容积为60L,最大净质量为120kg。

(4)木琵琶桶(图1-3-5)。所用木材应质量良好,无节子、裂缝、腐朽、边材或其他可能降低木桶预定用途效能的缺陷。桶身应用若干道加强箍加强。加强箍应选用质量良好的材料制造，桶端应紧密地镶在桶身端槽内。最大容积为250L，最大净质量为400kg。桶内涂涂料并衬有塑料袋或多层牛皮纸袋等。木琵琶板桶适用于装黏稠状的液体。

图1-3-4　钢罐

图1-3-5　木琵琶桶

（5）胶合板桶（图1-3-6）。胶合板所用材料应质量良好，板层之间应用抗水黏合剂按交叉文理粘接，经干燥处理，不应有降低其预定效能的缺陷。桶身至少用三合板制造，若使用胶合板以外的材料制造桶端，其质量应与胶合板等效。桶身内缘应有衬肩。桶盖的衬层应牢固地固定在桶盖上，并能有效地防止内装物洒漏。桶身两端应用钢带加强，必要时桶端应用十字型木撑予以加固。最大容积为250L，最大净质量为400kg。胶合板桶适用于装粉末状货物。货物应先装入塑料袋或多层牛皮纸袋后，再装入胶合板桶内。

（6）硬质纤维板桶。所用材料应选用具有良好抗水能力的优质硬质纤维板，桶端可使用其他等效材料。桶身接缝应加钉结合牢固，并具有与桶身相同的强度，桶身两端应用钢带加强。桶口内缘应有衬肩，桶底、桶盖应用十字型木撑予以加固，并与桶身结合紧密。最大容积为250L，最大净质量为400kg。

（7）硬纸板桶（图1-3-7）。桶身应用多层牛皮纸黏合压制成的硬纸板制成。桶身外表

图1-3-6　胶合板桶

图1-3-7　硬纸板桶

面应涂有抗水能力良好的防护层。桶端若采用与桶身相同材料制造,则桶身接缝应加钉结合牢固,并具有与桶身相同的强度,桶身两端应用钢带加强;同时,桶口内缘应有衬肩,桶底、桶盖应用十字型木撑予以加固,并与桶身结合紧密。也可用其他等效材料制造。桶端与桶身的结合处应用钢带卷边压制接合。最大容积为250L,最大净质量为400kg。

(8)塑料桶(图1-3-8)、塑料罐。按其开口形式分为闭口和全开口塑料桶两种。闭口塑料桶适用于装腐蚀性液体货物,每桶净质量不超过35kg;全开口塑料桶适用于装固体、粉状及晶体状货物,通常内衬塑料袋或多层牛皮纸袋,袋口密封。

所用材料能承受正常运输条件下的磨损、撞击、温度、光照及老化作用的影响。材料内可加入合适的紫外线防护剂,但应与桶(罐)内装物性质相容,并在使用期内保持其效能。用于其他用途的添加剂,不能对包装材料的化学和物理性质产生有害作用。桶(罐)身任何一点的厚度均应与桶(罐)的容积、用途和每一点可能受到的压力相适应。

最大容积:塑料桶为250L,塑料罐为60L。最大净质量:塑料桶为250kg,塑料罐为120kg。

图1-3-8 塑料桶

2)箱类

(1)金属箱(图1-3-9)。箱体一般应采用焊接或铆接。花格型箱如采用双重卷边接合,应防止内装物进入接缝的凹槽处。封闭装置应采用合适的类型,在正常运输条件下保持紧固。最大净质量为400kg。金属箱一般用于装块状固体或做销售包装的外包装。爆炸物品的专用包装中,有很多是金属箱,如子弹箱、炮弹箱等。

(2)木箱(图1-3-10)。箱体应有与容积和用途相适应的加强条和加强带。箱顶和箱底可由抗水的再生木板、硬质纤维板、塑料板或其他合适的材料制成。最大净质量为400kg。

图1-3-9 金属箱

图1-3-10 木箱

固体、粉末及晶体状货物应先装入塑料袋或多层牛皮袋,牢固封口后再封木箱,木箱应密封不漏。液体危险货物应先装入玻璃瓶、塑料瓶或塑料袋内,严密封口后再装入木箱,箱内需用合适材料衬垫。强酸性腐蚀货物先装入耐酸陶坛、瓷瓶中,用耐酸材料严密封口后再装入木箱中,箱内用不燃松软材料衬垫。坛装货物净质量不得超过50kg,瓶装货物净质量不超过 30kg。

(3)胶合板箱(图 1-3-11)。这种箱又统称人造板箱,具有质量轻、节约木材、便于运输等特点,但其用于包装危险货物时则受到较大限制。一般来说,人造板箱只能用于包装固体货物和以铁听、铁罐作内包装的货物,包装方法与单件质量限制同木箱。只有 5 层或 7 层胶合板制成的板箱,经试验有足够的强度,才可代替木箱成为有广泛适用性的外包装。

胶合板所用材料应质量良好,板层之间应用抗水黏合剂按交叉纹理黏接,经干燥处理,不应有降低其预定效能的缺陷。胶合板箱的角柱件和顶端应用有效的方法装配牢固。最大净质量为 400kg。

(4)硬纸板箱(图 1-3-12)、瓦楞纸箱、钙塑板箱。硬纸板箱或钙塑板箱应有一定的抗水能力。硬纸板箱、瓦楞纸箱、钙塑板箱应具有一定的弯曲性能,切割、折缝时应无裂缝,装配时无破裂或表皮断裂或过度弯曲,板层之间应黏合牢固。箱体结合处,应用胶带粘贴,搭接胶合,或者搭接并用钢钉或 U 形钉钉合,搭接处应有适当的重叠。如封口采用胶合或胶带粘贴,应使用抗水胶合剂。钙塑板箱外部表层应具有防滑性能。最大净质量为 60kg。

图 1-3-11 胶合板箱

图 1-3-12 硬纸板箱

(5)再生木板箱。箱体应用抗水的再生木板、硬质纤维板或其他合适类型的板材制成。箱体应用木质框架加强,箱体与框架应装配牢固,接缝严密。最大净质量为 400kg。

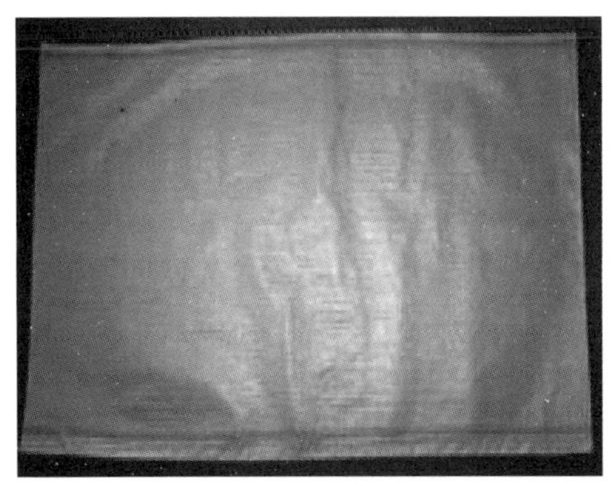

图 1-3-13 塑料编织袋

3)袋类

(1)塑料编织袋(图 1-3-13)。该袋应缝制、编织或用其他等效强度的方法制作。防洒漏型袋应用纸或塑料薄膜粘在袋的内表面上。防水型袋应用塑料薄膜或其他等效材料粘在袋的内表面上。适用于粉状、块状货物。最大净质量为 50kg。

(2)纸袋(图 1-3-14)。袋的材料应用质量良好的多层牛皮纸或与牛皮纸等效的纸制成,并具有足够强度和韧性。袋的接缝封口应牢固、密闭性能好,并在正常运输条件下保持其效能。防洒漏型袋应有一层防潮层。最大净质量为 50kg。

纸袋的层数根据货物的性质、装货质量以及运输条件的优劣和倒运的次数等因素而定。为防潮和增加强度,可在牛皮纸上涂塑。牛皮纸袋可作其他包装的内包装或里衬,也可作外包装,作外包装适用于粉状固体货物,最常见的是用于杀虫粉剂。

4)坛类

应有足够厚度,容器壁厚均匀,无气泡或砂眼。陶、瓷容器外部表面不得有明显的剥落和影响其效能的缺陷。最大容积为 32L,最大净质量为 50kg。

5)筐类、篓类(图 1-3-15)

应采用优质材料编制而成,形状周正,有防护盖,并具有一定刚度,最大净质量为 50kg。

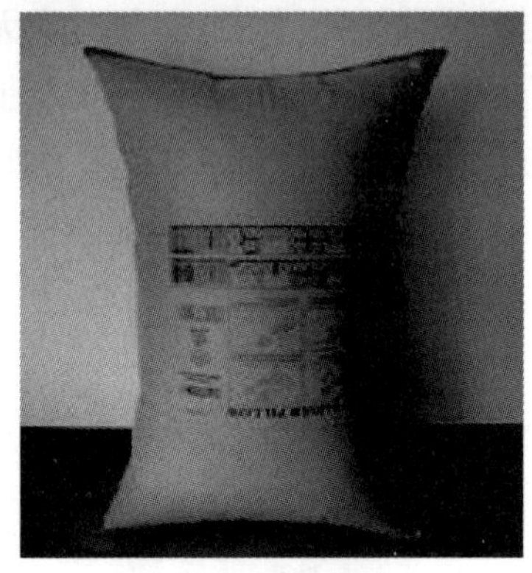

图 1-3-14 纸袋

图 1-3-15 筐

第三节 危险货物运输包装标志

一、运输包装标志的意义

货物运输包装标志的基本含义,是指用图形或文字(文字说明、字母标记或阿拉伯数字)在货物运输包装上制作的特定记号和说明事项。运输包装标志有 3 方面的内涵:

(1)运输包装标志是在收货、装卸、搬运、储存保管、送达直至交付的运输全过程中区别与辨认货物的重要基础;

(2)运输包装标志是一般贸易合同、发货单据和运输保险文件中记载有关事项的基本组成部分;

(3)运输包装标志还是包装货物正确交接、安全运输、完整交付的基本保证。

货物的品类繁杂、包装各异、到达地点不一、货主众多,要做到准确无误、安全迅速地将货物运到指定地点,与收货人完成交接任务,从而使运输任务顺利完成,货物运输包装标志对每个环节都起着决定性作用。主要表现在以下 3 个方面:

(1)正确使用运输包装标志,可以保护货物运输与各个环节的作业安全,防止发生货损、货差以及危险性事故。究其原因,是因为货物运输包装标志直接表明了货物的主要特性和发货人的要求与意图。

(2)在流通过程中,运输包装标志一般要在单证、货物上同时表现出来。它是核对单证、货物并使单货相符,以便正确、快速地辨认货物,高效率地进行装卸搬运作业,安全顺利完成流通全过程,准确无误地交付货物等环节的关键。

(3)运输包装标志还可以节省制作大量单据的手续与时间,而且易于称呼,使运输人员一见标志即对有关事项一目了然,避免造成误解,浪费人力和时间。

二、运输包装标志分类和内容

目前,运输包装标志可以分为识别标志、储运指示标志和危险货物包装标志等3类。

1. 识别标志

识别标志是识别不同运输批次之间的标志。主要包括:

(1)主要标志。在贸易合同和文件上一般简称"嘿(唛)头",是以简明的几何图形(如三角形、四边形、六边形、圆形等图形)配以代用简缩字或字母,作为发货人向收货人表示该批货物的特定记号标志。所用的特定记号,以公司或商号的代号表示。有的则直接写明托运人和收货人的单位、姓名与地址的全称。

(2)目的地标志。亦称到达地或卸货地标志。目的地标志用来表示货物运往到达地的地名。国内即为到达站站名,国外为到达国国名和地名。

(3)批数、件数号码标志。该标志表示同一批货物的总件数及本件的顺序编号,其主要用途是便于清点货物。

(4)输出地标志。亦称为生产地或发货地标志。它是用来表示货物生产地或发货地的地名。国内即为始发站站名,国外为原产国名、产地地名或发货站的国名、地名以及站名。

值得注意的是:目的地和输出地标志不能使用简称、代号或缩写文字,必须以文字直接写出全名称。如果是国际货物运输,还必须用中、外两种文字同时对照标明。

(5)货物的品名、质量和体积标志。它表明货物包装内的实际货物,每一单件包装的实际尺寸(长×宽×高)和重量(总重、净重、自重)。体积与重量标志是供承运部门计算运费,选择装卸运输方式和货物在运输工具内的堆码方法时参考。危险货物品名应包括该货物的含量以及所处的抑制条件,如含水百分比、加钝感剂×××等。

(6)运输号码标志。即货物运单号码。它是该批货物进站、核对、清点、装运及到站卸取货物的依据。

(7)附加标志。亦称为副标志。它是在主要标志上附加某种记号,用以区分同一批货物中若干小批或不同的品质等级的辅助标志。

2. 包装储运图示标志

包装储运图示标志是根据货物对易碎、易残损、易变质、怕热、怕冻等有特殊要求所提出

的搬运、储存、保管以及运输安全等的注意事项。我国国家标准《包装储运图示标志》分为以下几种(如图1-3-16所示):

(1)易碎物品。表示运输包装件内装易碎物品,搬运时应小心轻放。

(2)禁用手钩。表示搬运运输包装件时禁用手钩。

(3)向上。表明该运输包装件在运输时应竖直向上。

(4)怕晒。表明该运输包装件不能直接照晒。

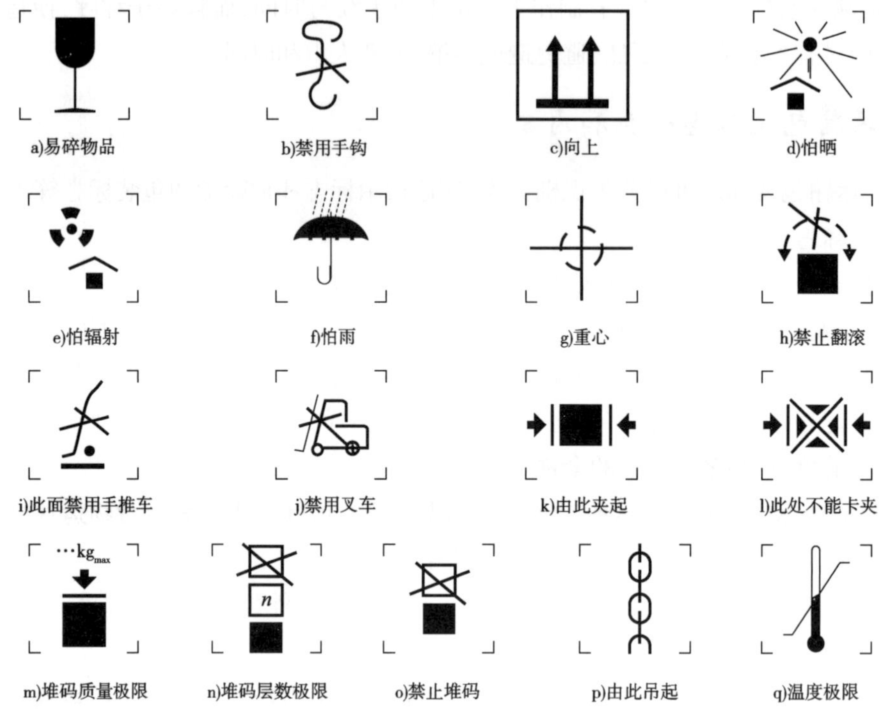

图1-3-16 包装储运图示标志

(5)怕辐射。表明该物品一旦受辐射会变质或损坏。

(6)怕雨。表明该运输包装件怕雨淋。

(7)重心。表明该包装件的重心位置,便于起吊。

(8)禁止翻滚。表明搬运时不能翻滚该运输包装件。

(9)此面禁用手推车。表明搬运货物时此面禁止放在手推车上。

(10)禁用叉车。表明不能用升降叉车搬运的包装件。

(11)由此夹起。表明搬运货物时可用夹持的面。

(12)此处不能卡夹。表明搬运货物时不能用夹持的面。

(13)堆码质量极限。表明该运输包装件所能承受的最大质量极限。

(14)堆码层数极限。表明可堆码相同运输包装件的最大层数。

(15)禁止堆码。表明该包装件只能单层放置。

(16)由此吊起。表明起吊货物时挂绳索的位置。

(17)温度极限。表明该运输包装件应该保持的温度范围。

3. 危险货物包装标志

为了明确和显著地识别危险货物的性质,保证装卸、搬运、储存、保管、送达过程的安全,应根据各种危险货物的特性,在危险货物包装表面加上特别的图示标志,必要时再加以文字说明,便于有关人员采取相应的防护措施,以防止不安全事故的发生。

危险货物包装标志的制定,是以危险货物的分类为基础,以便于根据货物或包件所贴的标志的一般形式(标志图案、颜色、形状等),识别出危险货物及其特性,并为装卸、搬运、储存提供基本指南。一般来说,标志的颜色或图案不同时,贴有这些标志的货物不能堆放在一起,在某些特殊情况下,即使是贴有同种标志的货物也应慎重复核,不能将其随意堆放在一起。

国家标准《危险货物包装标志》(GB 190)规定危险货物包装标志分为标记和标签两类,其中标记4个,标签26个,其图形分别标示了9类危险货物的主要特性。标签的图案有:炸弹开花(表示爆炸)、火焰(表示易燃)、骷髅和交叉的大腿骨(表示毒害)、三圈形(表示传染)、三叶形(表示放射性)、从两个玻璃器皿中溢出的酸碱腐蚀着一只手和一块金属(表示腐蚀)、一个圆圈上面有一团火焰(表示氧化性)和一个钢瓶等。具体可参见附录一。

危险货物可能具有一种以上的危险特性,若在《危险货物品名表》的第5栏中标示了该物质或物品所具有的次要危险性,除需按照第4栏所示的危险性类别粘贴货物的主要危险性标签外,还须加贴次要危险性标签。主要和次要危险性标签应与《危险货物包装标志》(GB 190)表2中所示的序号1~9所示式样相符。"爆炸品"次要危险性标签则应使用序号1中带有爆炸式样的标签图形。通常是彼此紧挨着贴。

三、运输包装标志的制作与使用要求

1. 运输包装标志的制作要求

(1)标志要简明清晰醒目,大小适当,易于辨认,便于制作。要求正确、明显、牢固。图案要清楚、文字要精练、字迹要清晰。

(2)制作标志的颜料,应具有耐温、耐晒、耐摩擦和不溶于水的性能,不致发生脱落、褪色或模糊不清的现象。用于制作酸性、碱性、氧化物等危险货物包装使用的各种标志的颜料,应有相应的抗腐蚀性,以免因受内装物的侵蚀而模糊不清。

(3)识别标志如采用货签时,应选用坚韧的纸质材料,对于不宜用纸质货签的运输包装,也可采用金属、木质、塑料或布制货签。

(4)标志的大小要与包装的大小相适应。显示标志的部位要得当、显著,以便于装卸和交付时辨认。

(5)危险货物包装标志及包装储运图示标志的制作尺寸、材料应符合国家标准的规定。

(6)不能加上任何广告性的宣传文字或图案。结汇用的提单、发票等单据上的运输标志应与货物外包装上的运输标志完全相同。

2. 运输包装标志的使用要求

(1)每件货物包装的表面都必须有识别标志和相应的储运图示标志和包装标志。

(2)标志的文字书写应与底边平行。带棱角的包装,其棱角不得将标志图形或文字说明分开。书写、粘贴标志都应标在显著的位置,以利识别。如箱形包装,箱的相对两侧都必须有各种标志;袋形包装袋的两大面,桶形包装的桶盖和桶身的对应侧面都必须有必备的标志。总之,每一包装必须有两组以上相同的标志,其位置应在相对的两侧。“由此吊起”和“重心点”两种标志,使用时应根据要求粘贴、喷涂或钉附在货物外包装的实际准确位置。

(3)如一个集合货物包件内有两种以上不同性质的危险货物,如从包件外不能一目了然地看清包件内各包装标志的话,集合包件外除识别标志外,还必须具有包装件内各种货物的包装标签。包件内的各包装必须有齐备的各种标志或标识。

(4)如一种危险货物除主要危险性外,还具有比较重要的次要危险性,应分别粘贴有相应的主要危险性和次要危险性标签。

(5)货物的运输包装上,禁止有广告性、宣传性的文字或图案,以免与包装标志混杂,影响标志的正常使用。包装在重复使用时,应把原有的(废弃的)包装标志痕迹清除干净,以免与新标志混淆不清而造成事故。同时,不准在包装外表乱写乱涂任何与标志无关的文字或图案。

本篇思考题

一、判断题(20 题)

1. 一般地,气体的相对密度是以空气为标准的。相对密度大于 1 的气体会沉在下部地表面。 ( )

2. 一般地,液体的相对密度是以水为标准的。相对密度小于 1 的液体会浮在水面上,如汽油。 ( )

3. 列入危险货物的氧化物(如三氧化硫)除气体外,大部分都会与水发生反应生成碱或酸或释放出氧。所以,在其运输过程中必须注意防水。 ( )

4. 大多数有机物不溶于水,故用水来扑灭有机物燃烧的火焰通常无效,而应该用二氧化碳、泡沫或卤剂来扑救。 ( )

5. 危险货物按其具有的危险程度划分为 3 个包装类别:Ⅰ类包装——具有高度危险性的物质;Ⅱ类包装——具有中等危险性的物质;Ⅲ类包装——具有轻度危险性的物质。 ( )

6. 化学爆炸必须同时具备 3 个因素:①反应速度快;②释放出大量的热;③产生大量气体生成物。 ( )

7. 气体的爆炸范围越大,则其燃烧的可能性越大。 ( )

8. 氧化性物质本身不一定可燃,但可以放出氧而引起其他物质的燃烧。 ( )

9. 所有的可燃物都是危险货物。 ( )

10. 如果一种危险货物既有主要危险性,也具有比较重要的次要危险性,那么在运输此类物质时,应在包装上分别标有主次两种危险性标志。 ( )

11. 危险货物的衬垫材料应具备缓冲、吸附和缓解作用。 ( )

12. 具有氧化性的货物,可以使用有机材料作为衬垫。 ( )

13. 一般来说,危险性大的货物,单件货物质量要小一些。 ( )

14. 一种危险货物同时具有两种以上危险性质的,包装上可以只有表明该货物主要危险特性的主标志。 ( )

15. 一个包装件内装有几种不同性质的危险货物时,这些危险货物的包装标志都应在包装件的外表面上标示。 ( )

16. 某种腐蚀性物质只能用某种材料包装,若某件包装用于一种腐蚀性物质后,如能重复使用,也只能用于该腐蚀性物质而不能移作他用。 ( )

17.《包装储运图示标志》(GB 191)中,图示标志名称为“此处不能卡夹”,表明装卸货物时此处不能用夹钳夹持。 ( )

18.《包装储运图示标志》(GB 191)中,图示标志名称为“禁用叉车”,表明不能用升降叉车搬运的包装件。 (　　)

19.《包装储运图示标志》(GB 191)中,图示标志名称为“此面禁用手推车”,表明搬运货物时此面禁放手推车。 (　　)

20.《包装储运图示标志》(GB 191)中,图示标志名称为“怕雨”,表明该运输包装件怕雨淋。 (　　)

二、选择题(20 题)

1.“危险货物”的定义是指(　　)。

A. 具有爆炸、易燃、毒害、感染、腐蚀、放射性等危险特性,在运输、储存、生产、经营、使用和处置中,容易造成人身伤亡、财产损毁或环境污染而需要特别防护的物质和物品

B. 价值极其昂贵需要特别防护的货物

C. 包装精美需要特别防护的货物

2. 氯气泄漏在空气中会(　　)沿地面扩散,使地面人员受害。

A. 沉在下部　　B. 浮在上方　　C. 沉在下部或浮在上方

3. 氧几乎能与所有的元素化合。油脂在纯氧中的反应要比在空气中剧烈得多,所以氧气瓶(包括空瓶)(　　)。

A. 可以与油脂配装

B. 允许操作人员穿戴沾有油污的工作服和手套

C. 绝对禁油

4. 氢气不能与任何(　　)混储、混运,尤其是不能与氧气、氯气混储、混运。

A. 固体　　B. 氧化剂　　C. 液体

5. 氨极易溶于水,有强烈的刺激性气味,能使人窒息死亡,属于毒性气体;氨能与氯气发生剧烈的反应。所以液氯和液氨不能在同一车厢配装,(　　)在同一库房内混储。

A. 可以　　B. 不能　　C. 一般情况下可以

6. 易燃固体需明火点燃;易于自燃物质(　　)受热和明火,会自行燃烧;遇水放出易燃气体的物质遇水(包括受湿、酸类和氧化剂)会引起剧烈化学反应,放出可燃性气体和热量。

A. 需要　　B. 不需要　　C. 有时需要

7. 遇水放出易燃气体的物质在常温或高温下受潮或与水剧烈反应,且反应速度快;遇酸和氧化剂也能发生反应,而且比与水的反应更为剧烈,因此危险性也(　　)。

A. 更大　　B. 更小　　C. 更弱

8. 浓硫酸溶于水时,能释放出大量热量。因此,稀释浓硫酸时必须十分小心,应该(　　)。

A. 把水缓缓加入浓硫酸中

B. 把浓硫酸缓缓加入水中

C. 把浓硫酸迅速倒入水中

9. 腐蚀性物质本身的化学性质决定了自身各种不同的性质。腐蚀性物质(　　)混储配载。

A. 可以　　B. 可以大量地　　C. 不可以

10. 酸与碱不可以混装,氧化剂与还原剂(　　)进行配载。

A. 可以　　B. 不可以　　C. 一般情况下可以

11. 气温(　　),毒性物质的挥发性越大,同时还会增加毒性物质的溶解度和加剧人体呼吸的次数,从而增加毒性物质进入人体的可能性。

A. 越低　　B. 越高　　C. 越不确定

12. 某类危险货物除具有主要特性外,还具有一些次要特性,也称为副特性,即次要危险性。危险货物的副特性(　　)酿成大事故。

A. 也会　　B. 不会　　C. 绝对不会

13. 国家标准(　　)中,有说明货物在装卸、保管、运输、开启时应注意的事项。

A.《危险货物包装标志》(GB 190)

B.《包装储运图示标志》(GB 191)

C.《危险货物运输包装通用技术条件》(GB 12463)

14. 压缩气体和液化气体危险货物的专用包装,其最显著的特点是能承受一定程度的内压力,所以称为(　　)。

A. 安瓿瓶　　B. 压力容器包装　　C. 玻璃瓶

15. 一般(　　)适用于装腐蚀性液体。

A. 胶合板桶　　B. 铝桶　　C. 钢桶

16. 金属箱一般用于盛装(　　)。

A. 腐蚀性的液体　　B. 黏稠状的液体　　C. 块状固体或做销售包装的外包装

17. 运输包装标志是在收货、装卸、搬运、储存保管、送达直至交付的运输全过程中(　　)的重要基础。

A. 区别与辨认货物　　B. 辨认货物　　C. 交付货物

18. 按照《包装储运图示标志》(GB 191)规定,图示表示(　　)标志。

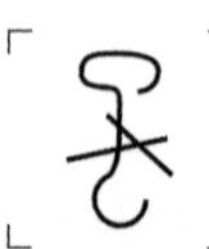

A. 禁止手钩　　B. 向上　　C. 小心轻放

19. 按照《包装储运图示标志》(GB 191)规定,图示表示(　　)标志。

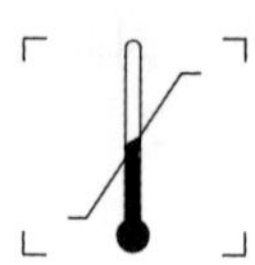

A. 禁止翻滚　　B. 向上　　C. 温度极限

20. 包装是安全的保障,对货物进行包装并确保其符合国家安全运输的要求是(　　)的责任。

A. 经销商　　B. 货主　　C. 托运人

第二篇

管理知识篇

本篇主要介绍危险货物道路运输安全管理的一些基本知识。这些内容虽然主要是涉及危险货物道路运输管理人员，但危险货物道路运输从业人员也需要了解，扩展知识面。本篇的主要内容有：危险货物道路运输的法规及标准、管理的基本知识、托运人及承运人的责任。

第一章 危险货物道路运输法规及标准

第一节 危险货物道路运输法规

目前,我国涉及危险货物道路运输的有关法律、条例、部门规章等,基本上涵盖了危险货物道路运输的各个环节,形成了较为完善的法律法规体系。

我国危险货物道路运输的主要法规是《危险化学品安全管理条例》、《中华人民共和国道路运输条例》、《道路危险货物运输管理规定》,涉及危险货物道路运输的法规还有《中华人民共和国安全生产法》、《中华人民共和国刑法》、《中华人民共和国特种设备安全法》、《中华人民共和国固体废物污染环境防治法》、《中华人民共和国道路交通安全法》、《医疗废物管理条例》、《道路运输车辆技术管理规定》等。

学习危险货物道路运输的法规,是从业人员依法从业、依法运输和依法保护自己合法权益的基础。

一、《危险化学品安全管理条例》(国务院令第591号)

《危险化学品安全管理条例》(国务院令第591号,自2011年12月1日起施行)(以下简称《条例》)是现有的危险化学品道路运输安全管理现行法规中内容最全面、层次最高的条例。其涉及危险货物道路运输的主要有以下内容。

1. 条例适用范围

在中华人民共和国境内危险化学品生产、储存、使用、经营和运输的安全管理,必须遵守本条例和国家有关安全生产的法律、其他行政法规的规定。在境内运输危险化学品,不仅包括了经营性运输,也包括了非营业性运输。

2. 危险化学品定义

根据《条例》第三条,危险化学品是指具有毒害、腐蚀、爆炸、燃烧、助燃等性质,对人体、设施、环境具有危害的剧毒化学品和其他化学品。这也是危险化学品的定性表述。

那么危险化学品如何确定,怎样进行定量表述呢?同样根据《条例》第三条,危险化学品以危险化学品目录为准。而危险化学品目录由国务院安全生产监督管理部门会同国务院工业和信息化、公安、环境保护、卫生、质量监督检验检疫、交通运输、铁路、民用航空、农业主管部门,根据化学品危险特性的鉴别和分类标准确定、公布,并适时调整。

在此强调两个问题:

一是剧毒化学品应属单独、特殊的一类。按历史沿革和条例要求,剧毒化学品道路运输是有特殊要求的。而剧毒化学品是以国家安全监管总局等 10 部门公告 2015 年第 5 号《危险化学品目录(2015 年版)》为准。

二是危险化学品与危险货物的关系。据《条例》第三条所表述的内容,无法判断“危险化学品”与“危险货物”的关系。但根据《条例》第四十三条“从事危险化学品道路运输的,应当依照有关道路运输的法律、行政法规的规定,取得危险货物道路运输许可,并向工商行政管理部门办理登记手续”的规定,使两者在道路运输管理、许可方面建立了联系。简单讲:从事危险化学品道路运输的,应当取得危险货物道路运输的许可。

3. 交通运输部门的职责

根据《条例》第六条第(五)款,交通运输主管部门负责危险化学品道路运输的许可以及运输工具的安全管理,负责危险化学品道路运输企业驾驶人员、装卸管理人员、押运人员的资格认定。

综上所述,法律赋予交通运输部门的职责是:严把危险化学品道路运输企业的资质认定关;严把危险化学品道路运输从业人员(驾驶人员、装卸管理人员、押运人员)的资格认定关;严把危险化学品道路运输车辆的技术状况关。同时,根据“谁许可、谁负责”的原则,负责前述事项的监督检查,即“三关一监督”。

4. 资质认定制度

国家对危险化学品的运输实行资质认定制度,未经资质认定,不得运输危险化学品。也就是说,危险化学品道路运输要有资质,没有资质运输的属于违法运输。据此,交通运输部制定了《道路危险货物运输管理规定》。

5. 持证上岗制度

危险化学品道路运输企业,应当对其驾驶人员、装卸管理人员、押运人员进行有关的安全知识培训;驾驶人员、装卸管理人员、押运人员必须掌握危险化学品运输的安全知识,并经所在地设区的市级人民政府交通运输主管部门考核合格后上岗作业。危险化学品的装卸作业必须在装卸管理人员的现场指挥下进行。为了保证从业培训、考试质量,规范从业人员考试工作的管理,交通运输部制定了《道路危险货物运输从业人员从业资格考试大纲》、《道路危险货物运输从业人员培训教学大纲》、《道路危险货物运输从业人员培训教学计划》和《道路危险货物运输从业人员从业资格考试题库》,开发了“道路危险货物运输从业人员资格考试系统”。

6. 对托运人(企业)的有关要求

(1)通过道路运输危险化学品的,托运人应当委托依法取得危险货物道路运输许可的企业承运。

委托未依法取得危险货物道路运输许可的企业承运危险化学品的,由交通运输主管部门责令改正,处 10 万元以上 20 万元以下的罚款,有违法所得的,没收违法所得;拒不改正的,责令停产停业整顿;构成犯罪的,依法追究刑事责任。

(2)通过道路运输剧毒化学品的,托运人应当向运输始发地或者目的地县级人民政府公安机关申请剧毒化学品道路运输通行证。

未取得剧毒化学品道路运输通行证而通过道路运输剧毒化学品的,由公安机关责令改正,处5万元以上10万元以下的罚款;构成违反治安管理行为的,依法给予治安管理处罚;构成犯罪的,依法追究刑事责任。

(3)托运危险化学品的,托运人应当向承运人说明所托运的危险化学品的种类、数量、危险特性以及发生危险情况的应急处置措施,并按照国家有关规定对所托运的危险化学品妥善包装,在外包装上设置相应的标志。

托运人不向承运人说明所托运的危险化学品的种类、数量、危险特性以及发生危险情况的应急处置措施,或者未按照国家有关规定对所托运的危险化学品妥善包装并在外包装上设置相应标志的,由交通运输主管部门责令改正,处5万元以上10万元以下的罚款;拒不改正的,责令停产停业整顿;构成犯罪的,依法追究刑事责任。

(4)运输危险化学品需要添加抑制剂或者稳定剂的,托运人应当添加,并将有关情况告知承运人。

运输危险化学品需要添加抑制剂或者稳定剂,托运人未添加或者未将有关情况告知承运人的,由交通运输主管部门责令改正,处5万元以上10万元以下的罚款;拒不改正的,责令停产停业整顿;构成犯罪的,依法追究刑事责任。

(5)托运人不得在托运的普通货物中夹带危险化学品,不得将危险化学品匿报或者谎报为普通货物托运。

在托运的普通货物中夹带危险化学品,或者将危险化学品匿报或者谎报为普通货物托运的,由交通运输主管部门责令改正,处10万元以上20万元以下的罚款,有违法所得的,没收违法所得;拒不改正的,责令停产停业整顿;构成犯罪的,依法追究刑事责任。

(6)任何单位和个人不得交寄危险化学品或者在邮件、快件内夹带危险化学品,不得将危险化学品匿报或者谎报为普通物品交寄。邮政企业、快递企业不得收寄危险化学品。

对涉嫌违反上述条款的,交通运输主管部门、邮政管理部门可以依法开拆查验。

在邮件、快件内夹带危险化学品,或者将危险化学品谎报为普通物品交寄的,依法给予治安管理处罚;构成犯罪的,依法追究刑事责任。

邮政企业、快递企业收寄危险化学品的,依照《中华人民共和国邮政法》的规定处罚。

7. 对包装物、容器的要求

(1)危险化学品生产企业应当提供与其生产的危险化学品相符的化学品安全技术说明书,并在危险化学品包装(包括外包装件)上粘贴或者拴挂与包装内危险化学品相符的化学品安全标签。化学品安全技术说明书和化学品安全标签所载明的内容应当符合国家标准的要求。

危险化学品生产企业未提供化学品安全技术说明书,或者未在包装(包括外包装件)上粘贴、拴挂化学品安全标签或提供的化学品安全技术说明书与其生产的危险化学品不相符,或者在包装(包括外包装件)粘贴、拴挂的化学品安全标签与包装内危险化学品不相符,或者化学品安全技术说明书、化学品安全标签所载明的内容不符合国家标准要求的，由安全生产监督管理部门责令改正，可以处5万元以下的罚款；拒不改正的，处5万元以上10万元以下的罚款；情节严重的，责令停产停业整顿。

（2）危险化学品包装物、容器的材质以及危险化学品包装的形式、规格、方法和单件质量，应当与所包装的危险化学品的性质和用途相适应。

危险化学品包装物、容器的材质以及包装的形式、规格、方法和单件质量与所包装的危险化学品的性质和用途不相适应的，由安全生产监督管理部门责令改正，可以处5万元以下的罚款；拒不改正的，处5万元以上10万元以下的罚款；情节严重的，责令停产停业整顿。

（3）危险化学品经营企业，不得经营没有化学品安全技术说明书或者化学品安全标签的危险化学品。

危险化学品经营企业经营没有化学品安全技术说明书和化学品安全标签的危险化学品的，由安全生产监督管理部门责令改正，可以处5万元以下的罚款；拒不改正的，处5万元以上10万元以下的罚款；情节严重的，责令停产停业整顿。

（4）对重复使用的危险化学品包装物、容器，使用单位在重复使用前应当进行检查；发现存在安全隐患的，应当维修或者更换。使用单位应当对检查情况做好记录，记录的保存期限不得少于2年。

对重复使用的危险化学品包装物、容器，在重复使用前不进行检查的，由安全生产监督管理部门责令改正，处5万元以上10万元以下的罚款；拒不改正的，责令停产停业整顿直至由原发证机关吊销其相关许可证件，并由工商行政管理部门责令其办理经营范围变更登记或者吊销其营业执照；有关责任人员构成犯罪的，依法追究刑事责任。

（5）危险化学品的包装应当符合法律、行政法规、规章的规定以及国家标准、行业标准的要求。

危险化学品包装物、容器生产企业销售未经检验或者经检验不合格的危险化学品包装物、容器的，由质量监督检验检疫部门责令改正，处10万元以上20万元以下的罚款，有违法所得的，没收违法所得；拒不改正的，责令停产停业整顿；构成犯罪的，依法追究刑事责任。

8. 对承运人（企业）要求

（1）从事危险化学品道路运输的，应当依照有关道路运输的法律、行政法规的规定，取得危险货物道路运输许可，并向工商行政管理部门办理登记手续。

未依法取得危险货物道路运输许可，从事危险化学品道路运输的，依照有关道路运输的法律、行政法规的规定处罚。

（2）危险化学品道路运输企业应当配备专职安全管理人员。危险化学品道路运输企业未配备专职安全管理人员的由交通运输主管部门责令改正，可以处1万元以下的罚款；拒不改正的，处1万元以上5万元以下的罚款。

（3）运输危险化学品，应当根据危险化学品的危险特性采取相应的安全防护措施，并配备必要的防护用品和应急救援器材。用于运输危险化学品的槽罐以及其他容器应当封口严密，能够防止危险化学品在运输过程中因温度、湿度或者压力的变化发生渗漏、洒漏；槽罐以及其他容器的溢流和泄压装置应当设置准确、启闭灵活。

运输危险化学品，未根据危险化学品的危险特性采取相应的安全防护措施，或者未配备必要的防护用品和应急救援器材的，由交通运输主管部门责令改正，处5万元以上10万元以下的罚款；拒不改正的，责令停产停业整顿；构成犯罪的，依法追究刑事责任。

(4)通过道路运输危险化学品的，应当按照运输车辆的核定载质量装载危险化学品，不得超载。危险化学品运输车辆应当符合国家标准要求的安全技术条件，并按照国家有关规定定期进行安全技术检验。

超过运输车辆的核定载质量装载危险化学品的、使用安全技术条件不符合国家标准要求的车辆运输危险化学品的，由公安机关责令改正，处5万元以上10万元以下的罚款；构成违反治安管理行为的，依法给予治安管理处罚；构成犯罪的，依法追究刑事责任。

(5)危险化学品运输车辆应当悬挂或者喷涂符合国家标准要求的警示标志。

危险化学品运输车辆未悬挂或者喷涂警示标志，或者悬挂或者喷涂的警示标志不符合国家标准要求的，由公安机关责令改正，处1万元以上5万元以下的罚款；构成违反治安管理行为的，依法给予治安管理处罚。

(6)通过道路运输危险化学品的，应当配备押运人员，并保证所运输的危险化学品处于押运人员的监控之下。

通过道路运输危险化学品，不配备押运人员的，由公安机关责令改正，处1万元以上5万元以下的罚款；构成违反治安管理行为的，依法给予治安管理处罚。

(7)运输危险化学品途中因住宿或者发生影响正常运输的情况，需要较长时间停车的，驾驶人员、押运人员应当采取相应的安全防范措施；运输剧毒化学品或者易制爆危险化学品的，还应当向当地公安机关报告。

运输剧毒化学品或者易制爆危险化学品途中需要较长时间停车，驾驶人员、押运人员不向当地公安机关报告的，由公安机关责令改正，处1万元以上5万元以下的罚款；构成违反治安管理行为的，依法给予治安管理处罚。

(8)未经公安机关批准，运输危险化学品的车辆不得进入危险化学品运输车辆限制通行的区域，如图2-1-1所示。

图2-1-1 危险货物运输车辆不得进入其禁止通行的区域

运输危险化学品的车辆未经公安机关批准进入危险化学品运输车辆限制通行的区域的，由公安机关责令改正，处5万元以上10万元以下的罚款；构成违反治安管理行为的，依法给予治安管理处罚；构成犯罪的，依法追究刑事责任。

(9)通过道路运输剧毒化学品的，托运人

应当向运输始发地或者目的地县级人民政府公安机关申请剧毒化学品道路运输通行证。

未取得剧毒化学品道路运输通行证，通过道路运输剧毒化学品的，由公安机关责令改正，处5万元以上10万元以下的罚款；构成违反治安管理行为的，依法给予治安管理处罚；构成犯罪的，依法追究刑事责任。

(10)危险化学品的装卸作业应当遵守安全作业标准、规程和制度，并在装卸管理人员的现场指挥或者监控下进行。

9. 对从业人员的要求

(1)危险化学品道路运输企业的驾驶人员、装卸管理人员、押运人员，应当经交通运输主管部门考核合格，取得从业资格。

危险化学品道路运输企业的驾驶人员、装卸管理人员、押运人员未取得从业资格上岗作业的，由交通运输主管部门责令改正，处5万元以上10万元以下的罚款；拒不改正的，责令停产停业整顿；构成犯罪的，依法追究刑事责任。

(2)运输危险化学品的驾驶人员、装卸管理人员、押运人员，应当了解所运输的危险化学品的危险特性及其包装物、容器的使用要求和出现危险情况时的应急处置方法。

为了便于驾驶人员、押运人员学习所运载的危险化学品的性质、危害特性、包装容器的使用特性和发生意外时的应急措施等知识，在《道路危险货物运输管理规定》第三十七条中提出了“驾驶人员或者押运人员应当按照《汽车运输危险货物规则》(JT 617)的要求，随车携带《道路运输危险货物安全卡》”的要求。

10. 事故报告要求

(1)剧毒化学品、易制爆危险化学品在道路运输途中丢失、被盗、被抢或者出现流散、泄漏等情况的，驾驶人员、押运人员应当立即采取相应的警示措施和安全措施，并向当地公安机关报告。公安机关接到报告后，应当根据实际情况立即向安全生产监督管理部门、环境保护主管部门、卫生主管部门通报。有关部门应当采取必要的应急处置措施。

剧毒化学品、易制爆危险化学品在道路运输途中丢失、被盗、被抢或者发生流散、泄漏等情况，驾驶人员、押运人员不采取必要的警示措施和安全措施，或者不向当地公安机关报告的，由公安机关责令改正，处1万元以上5万元以下的罚款；构成违反治安管理行为的，依法给予治安管理处罚。

事故报告时，一定要将有关情况报告清楚。事故报告应包括：车辆牌号、事故发生时间、地点(××公路××m处)、车辆所装货物的名称、编号、主要性质以及装载货物的质量等。

(2)发生危险化学品事故，事故单位主要负责人应当立即按照本单位危险化学品应急预案组织救援，并向当地安全生产监督管理部门和环境保护、公安、卫生主管部门报告；道路运输过程中发生危险化学品事故的，驾驶人员或者押运人员还应当向事故发生地交通运输主管部门报告。

值得注意的还有，民用爆炸品、烟花爆竹、放射性物质、核能物质和城镇燃气的安全管理不适用《危险化学品安全管理条例》。

11. 有关部委的职责

对危险化学品的生产、储存、使用、经营、运输实施安全监督管理的部门有：安全生产监督管理部门、公安机关、质量监督检验检疫部门、环境保护主管部门、交通运输主管部门、卫生主管部门、工商行政管理部门、邮政管理部门。这些部门都统称负有危险化学品安全监督管理职责的部门。根据本条例第六条，负有危险化学品安全监督管理职责的部门要履行以下职责：

(1)安全生产监督管理部门负责危险化学品安全监督管理综合工作，组织确定、公布、调整危险化学品目录，对新建、改建、扩建生产、储存危险化学品(包括使用长输送管道输送危险化学品，下同)的建设项目进行安全条件审查，核发危险化学品安全生产许可证、危险化学品安全使用许可证和危险化学品经营许可证，并负责危险化学品登记工作。

在此强调，安全生产监督管理部门负责对有下列情形之一的进行处罚：

①危险化学品生产企业未提供化学品安全技术说明书，或者未在包装(包括外包装件)上粘贴、拴挂化学品安全标签的。

②危险化学品生产企业提供的化学品安全技术说明书与其生产的危险化学品不相符，或者在包装(包括外包装件)粘贴、拴挂的化学品安全标签与包装内危险化学品不相符，或者化学品安全技术说明书、化学品安全标签所载明的内容不符合国家标准要求的。

③危险化学品生产企业发现其生产的危险化学品有新的危险特性不立即公告，或者不及时修订其化学品安全技术说明书和化学品安全标签的。

④危险化学品经营企业经营没有化学品安全技术说明书和化学品安全标签的危险化学品的。

⑤危险化学品包装物、容器的材质以及包装的形式、规格、方法和单件质量与所包装的危险化学品的性质和用途不相适应的。

⑥对重复使用的危险化学品包装物、容器，在重复使用前不进行检查的。

(2)公安机关负责危险化学品的公共安全管理，核发剧毒化学品购买许可证、剧毒化学品道路运输通行证，并负责危险化学品运输车辆的道路交通安全管理。

在此强调，公安机关负责对有下列情形之一的进行处罚：

①超过运输车辆的核定载质量装载危险化学品的。

②使用安全技术条件不符合国家标准要求的车辆运输危险化学品的。

③运输危险化学品的车辆未经公安机关批准进入危险化学品运输车辆限制通行的区域的。

④未取得剧毒化学品道路运输通行证，通过道路运输剧毒化学品的。

⑤危险化学品运输车辆未悬挂或者喷涂警示标志，或者悬挂、喷涂的警示标志不符合国家标准要求的。

⑥通过道路运输危险化学品，不配备押运人员的。

⑦运输剧毒化学品或者易制爆危险化学品途中需要较长时间停车，驾驶人员、押运人员

不向当地公安机关报告的。

⑧剧毒化学品、易制爆危险化学品在道路运输途中丢失、被盗、被抢或者发生流散、泄漏等情况，驾驶人员、押运人员不采取必要的警示措施和安全措施，或者不向当地公安机关报告的。

(3)质量监督检验检疫部门负责核发危险化学品及其包装物、容器(不包括储存危险化学品的固定式大型储罐，下同)生产企业的工业产品生产许可证，并依法对其产品质量实施监督，负责对进出口危险化学品及其包装实施检验。

在此强调，质量监督检验检疫部门负责对有下列情形之一的进行处罚：危险化学品包装物、容器生产企业销售未经检验或者经检验不合格的危险化学品包装物、容器的。

(4)环境保护主管部门负责废弃危险化学品处置的监督管理，组织危险化学品的环境危害性鉴定和环境风险程度评估，确定实施重点环境管理的危险化学品，负责危险化学品环境管理登记和新化学品环境管理登记；依照职责分工调查相关危险化学品环境污染事故和生态破坏事件，负责危险化学品事故现场的应急环境监测。

(5)交通运输主管部门负责危险化学品道路运输、水路运输的许可以及运输工具的安全管理，对危险化学品水路运输安全实施监督，负责危险化学品道路运输企业、水路运输企业的驾驶人员、船员、装卸管理人员、押运人员、申报人员、集装箱装箱现场检查员的资格认定。铁路主管部门负责危险化学品铁路运输的安全管理，负责危险化学品铁路运输承运人、托运人的资质审批及其运输工具的安全管理。民用航空主管部门负责危险化学品航空运输以及航空运输企业及其运输工具的安全管理。

(6)卫生主管部门负责危险化学品毒性鉴定的管理，负责组织、协调危险化学品事故受伤人员的医疗卫生救援工作。

(7)工商行政管理部门依据有关部门的许可证件，核发危险化学品生产、储存、经营、运输企业营业执照，查处危险化学品经营企业违法采购危险化学品的行为。

(8)邮政管理部门负责依法查处寄递危险化学品的行为。

二、《中华人民共和国道路运输条例》(国务院令第406号)

国务院2004年7月1日起施行的《中华人民共和国道路运输条例》(国务院令第406号)，主要是规范道路运输经营(包括道路旅客运输经营、道路货物运输经营、道路运输相关业务包括站(场)经营、机动车维修经营、机动车驾驶员培训等)活动的。对道路危险货物运输开业、经营、人员配备、安全生产制度、安全管理等方面也有明确的规定。主要内容有：

(1)从事危险货物运输经营的，向设区的市级道路运输管理机构提出申请。

(2)申请从事危险货物运输经营的，应当具备四项基本条件：①有5辆以上经检验合格的运输危险货物专用车辆、设备；②有经所在地设区的地市级人民政府交通部门考试合格，取得上岗资格证的驾驶人员、装卸管理人员、押运人员；③运输危险货物专用车辆配有必要的通信工具;④有健全的安全生产管理制度。

(3)运输危险货物应当采取必要措施,防止危险货物燃烧、爆炸、辐射、泄漏等。

(4)运输危险货物应当配备必要的押运人员,保证危险货物处于押运人员的监管之下,并悬挂明显的危险货物运输标志。

(5)托运危险货物时,应当向货运经营者说明危险货物的品名、性质、应急处置方法等情况,并严格按照国家有关规定包装,设置明显标志。

(6)危险货物运输经营者应当为危险货物投保承运人责任险。违反本规定未按规定投保承运人责任险的,由县级以上道路运输管理机构责令限期投保;拒不投保的,由原许可机关吊销道路运输经营许可证。

(7)法律、行政法规规定必须办理有关手续后方可运输的货物,货运经营者应当查验有关手续。

(8)违反本条例的规定,未取得道路运输经营许可,擅自从事道路运输经营的,由县级以上道路运输管理机构责令停止经营;有违法所得的,没收违法所得,处违法所得 2 倍以上 10 倍以下的罚款;没有违法所得或者违法所得不足 2 万元的,处 3 万元以上 10 万元以下的罚款;构成犯罪的,依法追究刑事责任。

《中华人民共和国道路运输条例》所称的"危险货物",应该以强制性国家标准《危险货物品名表》(GB 12268)为准。但根据"专项(专门)法律优先通用法律"的原则,要特别注意《危险化学品安全管理条例》和《烟花爆竹安全管理条例》、《民用爆炸品安全管理条例》,对危险化学品和烟花爆竹、民用爆炸品运输的要求。

三、《道路危险货物运输管理规定》(交通运输部令 2013 年第 2 号)

《道路危险货物运输管理规定》(以下简称《危规》),是指导危险货物道路运输业管理的基本法规,道路运输管理机构对危险货物道路运输企业的许可、管理和危险货物道路运输企业运营管理都要遵循《危规》。执行《危规》是管理部门依法许可、依法管理和运输企业依法经营、依法运输的前提。《危规》自 2013 年 7 月 1 日实施,2016 年 4 月 27 日进行第一次修改。

1.《危规》的基本结构和主要概念

《危规》共有:总则、危险货物道路运输许可、专用车辆及设备管理、危险货物道路运输、监督检查、法律责任、附则共七章六十八条。

该规定强调了几个基本概念:

(1)危险货物以列入国家标准《危险货物品名表》(GB 12268)的为准,未列入《危险货物品名表》的,以有关法律、行政法规的规定或者国务院有关部门公布的结果为准。

(2)危险货物道路运输,是指使用载货汽车通过道路运输危险货物的作业全过程。

(3)本规定所称危险货物道路运输车辆,是指满足特定技术条件和要求,从事危险货物道路运输的载货汽车(以下简称专用车辆)。

(4)法律、行政法规对民用爆炸物品、烟花爆竹、放射性物质等特定种类危险货物的道路运输另有规定的,从其规定(即民用爆炸物品、烟花爆竹、放射性物质道路运输除外)。

2. 对企业的要求

此部分内容,仅作为从业人员了解的内容。其主要目的是,要求从业人员了解危险货物道路运输企业的基本要求。

(1)企业自有专用车辆(挂车除外)5 辆以上;运输剧毒化学品、爆炸品的,自有专用车辆(挂车除外)10 辆以上。

(2)企业停车场地的要求:

①自有或者租借期限为 3 年以上,且与经营范围、规模相适应的停车场地,停车场地应当位于企业注册地市级行政区域内。

②运输剧毒化学品、爆炸品专用车辆以及罐式专用车辆,数量为 20 辆(含)以下的,停车场地面积不低于车辆正投影面积的 1.5 倍,数量为 20 辆以上的,超过部分,每辆车的停车场地面积不低于车辆正投影面积;运输其他危险货物的,专用车辆数量为 10 辆(含)以下的,停车场地面积不低于车辆正投影面积的 1.5 倍;数量为 10 辆以上的,超过部分,每辆车的停车场地面积不低于车辆正投影面积。

③停车场地应当封闭并设立明显标志,不得妨碍居民生活和威胁公共安全。

(3)有健全的安全生产管理制度:

①企业主要负责人、安全管理部门负责人、专职安全管理人员安全生产责任制度。

②从业人员安全生产责任制度。

③安全生产监督检查制度。

④安全生产教育培训制度。

⑤从业人员、专用车辆、设备及停车场地安全管理制度。

⑥应急救援预案制度。

⑦安全生产作业规程。

⑧安全生产考核与奖惩制度。

⑨安全事故报告、统计与处理制度。

3. 对从业人员的要求

(1)专用车辆的驾驶人员取得相应机动车驾驶证,年龄不超过 60 周岁。

(2)从事危险货物道路运输的驾驶人员、装卸管理人员、押运人员应当经所在地设区的市级人民政府交通运输主管部门考试合格,并取得相应的从业资格证;从事剧毒化学品、爆炸品道路运输的驾驶人员、装卸管理人员、押运人员,应当经考试合格,取得注明为“剧毒化学品运输”或者“爆炸品运输”类别的从业资格证。

(3)企业应当配备专职安全管理人员。

(4)危险货物道路运输企业或者单位应当聘用具有相应从业资格证的驾驶人员、装卸管理人员和押运人员。驾驶人员、装卸管理人员和押运人员上岗时应当随身携带从业资格证。

(5)专用车辆驾驶人员应当随车携带《道路运输证》。同时还要注意，运输危险货物的范围不能超过《道路运输证》许可的范围。

(6)在危险货物道路运输过程中，除驾驶人员外，专用车辆上应当另外配备押运人员。押运人员应当对运输全过程进行监管。

(7)危险货物的装卸作业，应当在装卸管理人员的现场指挥下进行。

(8)严禁专用车辆违反国家有关规定和本规定超载、超限运输。

(9)危险货物道路运输从业人员必须熟悉有关安全生产的法规、技术标准和安全生产规章制度、安全操作规程，了解所装运危险货物的性质、危害特性、包装物或者容器的使用要求和发生意外事故时的处置措施。严格按照《汽车运输危险货物规则》(JT 617)、《汽车运输、装卸危险货物作业规程》(JT 618)操作，不得违章作业。

(10)在危险货物运输过程中发生燃烧、爆炸、污染、中毒或者被盗、丢失、流散、泄漏等事故，驾驶人员、押运人员应当立即向当地公安部门和本运输企业或者单位报告，说明事故情况、危险货物品名、危害和应急措施，并在现场采取一切可能的警示措施，并积极配合有关部门进行处置。

4. 对车辆的要求

(1)专用车辆的技术要求应当符合《道路运输车辆技术管理规定》的有关规定。

(2)配备有效的通信工具。

(3)专用车辆应当安装具有行驶记录功能的卫星定位装置。

(4)运输剧毒化学品、爆炸品、易制爆危险化学品的，应当配备罐式、厢式专用车辆或者压力容器等专用容器。

(5)罐式专用车辆的罐体应当经质量检验部门检验合格，且罐体载货后总质量与专用车辆核定载质量相匹配。运输爆炸品、强腐蚀性危险货物的罐式专用车辆的罐体容积不得超过 $20m^3$，运输剧毒化学品的罐式专用车辆的罐体容积不得超过 $10m^3$，但符合国家有关标准的罐式集装箱除外。

(6)运输剧毒化学品、爆炸品、强腐蚀性危险货物的非罐式专用车辆，核定载质量不得超过10t，但符合国家有关标准的集装箱运输专用车辆除外。

(7)配备与运输的危险货物性质相适应的安全防护、环境保护和消防设施设备。

(8)专用车辆应当按照国家标准《道路运输危险货物车辆标志》(GB 13392)的要求悬挂标志。

(9)禁止使用移动罐体(罐式集装箱除外)从事危险货物运输。

5. 对违法处罚的规定

(1)违反本规定，有下列情形之一的，由县级以上道路运输管理机构责令停止运输经营，有违法所得的，没收违法所得，处违法所得 2 倍以上 10 倍以下的罚款；没有违法所得或者违法所得不足 2 万元的，处 3 万元以上 10 万元以下的罚款；构成犯罪的，依法追究刑事责任：

①未取得危险货物道路运输许可,擅自从事危险货物道路运输的。

②使用失效、伪造、变造、被注销等无效危险货物道路运输许可证件从事危险货物道路运输的。

③超越许可事项,从事危险货物道路运输的。

④非经营性危险货物道路运输单位从事危险货物道路运输经营的。

(2)违反本规定,危险货物道路运输企业或者单位有下列行为之一,由县级以上道路运输管理机构责令限期投保;拒不投保的,由原许可机关吊销《道路运输经营许可证》或者《道路危险货物运输许可证》,或者吊销相应的经营范围:

①未投保危险货物承运人责任险的。

②投保的危险货物承运人责任险已过期,未继续投保的。

(3)违反本规定,危险货物道路运输企业或者单位以及托运人有下列情形之一的,由县级以上道路运输管理机构责令改正,并处 5 万元以上 10 万元以下的罚款,拒不改正的,责令停产停业整顿;构成犯罪的,依法追究刑事责任:

①驾驶人员、装卸管理人员、押运人员未取得从业资格上岗作业的。

②托运人不向承运人说明所托运的危险化学品的种类、数量、危险特性以及发生危险情况的应急处置措施,或者未按照国家有关规定对所托运的危险化学品妥善包装并在外包装上设置相应标志的。

③未根据危险化学品的危险特性采取相应的安全防护措施,或者未配备必要的防护用品和应急救援器材的。

④运输危险化学品需要添加抑制剂或者稳定剂,托运人未添加或者未将有关情况告知承运人的。

(4)违反本规定,危险货物道路运输企业或者单位未配备专职安全管理人员的,由县级以上道路运输管理机构责令改正,可以处 1 万元以下的罚款;拒不改正的,对危险化学品运输企业或单位处 1 万元以上 5 万元以下的罚款,对运输危险化学品以外其他危险货物的企业或单位处 1 万元以上 2 万元以下的罚款。

(5)违反本规定,道路危险化学品运输托运人有下列行为之一的,由县级以上道路运输管理机构责令改正,处 10 万元以上 20 万元以下的罚款,有违法所得的,没收违法所得;拒不改正的,责令停产停业整顿;构成犯罪的,依法追究刑事责任。

①委托未依法取得危险货物道路运输许可的企业承运危险化学品的。

②在托运的普通货物中夹带危险化学品,或者将危险化学品谎报或者匿报为普通货物托运的。

(6)违反本规定,危险货物道路运输企业擅自改装已取得《道路运输证》的专用车辆及罐式专用车辆罐体的,由县级以上道路运输管理机构责令改正,并处 5000 元以上 2 万元以下的罚款。

四、《中华人民共和国安全生产法》

全国人民代表大会常务委员会于2014年8月31日修订了《中华人民共和国安全生产法》(中华人民共和国主席令第13号,以下简称《安全生产法》),自2014年12月1日起施行。《安全生产法》是我国安全生产的基本法、大法,有关政府部门和企业对安全生产的管理都要遵守本法。具体讲,《安全生产法》主要是对企业安全生产的要求,同时也涉及从业人员培训和劳动保护的要求,在中华人民共和国领域内从事生产经营活动的单位都要遵守。以下主要介绍《安全生产法》中涉及危险货物道路运输企业的内容。

1. 关于企业安全生产的主体责任

《安全生产法》中第四条要求"生产经营单位必须遵守本法和其他有关安全生产的法律、法规,加强安全生产管理,建立、健全安全生产责任制和安全生产规章制度,改善安全生产条件,推进安全生产标准化建设,提高安全生产水平,确保安全生产"。同时在第五条中指出"生产经营单位的主要负责人对本单位的安全生产工作全面负责",这些要求就是企业安全生产的主体责任。在《安全生产法》的第十八条中,进一步明确了生产经营单位的主要负责人对本单位安全生产工作还负有的职责:

(1)建立、健全本单位安全生产责任制。

(2)组织制定本单位安全生产规章制度和操作规程。

(3)组织制定并实施本单位安全生产教育和培训计划。

(4)保证本单位安全生产投入的有效实施。

(5)督促、检查本单位的安全生产工作,及时消除生产安全事故隐患。

(6)组织制定并实施本单位的生产安全事故应急救援预案。

(7)及时、如实报告生产安全事故。

根据《安全生产法》,危险货物道路运输企业还应当注意以下几个问题:

(1)具备本法和有关法律、行政法规和国家标准或者行业标准规定的安全生产条件。

(2)应当具备的安全生产条件所必需的资金投入,由生产经营单位的决策机构、主要负责人或者个人经营的投资人予以保证,并对由于安全生产所必需的资金投入不足导致的后果承担责任。

(3)应当安排用于配备劳动防护用品、进行安全生产培训的经费。

(4)发生生产安全事故时,单位的主要负责人应当立即组织抢救,并不得在事故调查处理期间擅离职守。

2. 关于执行安全生产的标准

《安全生产法》中对危险货物道路运输企业执行有关国家标准、行业标准的要求有:

(1)在第十条中提出了"生产经营单位必须执行依法制定的保障安全生产的国家标准或者行业标准"。

(2)在第三十六条中提出了"运输危险物品,必须执行有关法律、法规和国家标准或者行业标准，建立专门的安全管理制度，采取可靠的安全措施，接受有关主管部门依法实施的监督管理”。

(3)在第四十二条中提出了“生产经营单位必须为从业人员提供符合国家标准或者行业标准的劳动防护用品，并监督、教育从业人员按照使用规则佩戴、使用”。

3. 关于企业培训的职责

危险货物道路运输企业应当对从业人员进行安全生产教育和培训。第二十五条要求“未经安全生产教育和培训合格的从业人员，不得上岗作业”。同时第五十五条要求“从业人员应当接受安全生产教育和培训，掌握本职工作所需的安全生产知识，提高安全生产技能，增强事故预防和应急处理能力”。

4. 政府部门监督检查职责

安全生产监督管理部门和其他负有安全生产监督管理职责的部门依法开展安全生产行政执法工作，对生产经营单位执行有关安全生产的法律、法规和国家标准或者行业标准的情况进行监督检查，行使以下职权：

(1)进入生产经营单位进行检查，调阅有关资料，向有关单位和人员了解情况。

(2)对检查中发现的安全生产违法行为，当场予以纠正或者要求限期改正；对依法应当给予行政处罚的行为，依照本法和其他有关法律、行政法规的规定作出行政处罚决定。

(3)对检查中发现的事故隐患，应当责令立即排除；重大事故隐患排除前或者排除过程中无法保证安全的，应当责令从危险区域内撤出作业人员，责令暂时停产停业或者停止使用相关设施、设备；重大事故隐患排除后，经审查同意，方可恢复生产经营和使用。

(4)对有根据认为不符合保障安全生产的国家标准或者行业标准的设施、设备、器材以及违法生产、储存、使用、经营、运输的危险物品予以查封或者扣押，对违法生产、储存、使用、经营危险物品的作业场所予以查封，并依法做出处理决定。

监督检查不得影响被检查单位的正常生产经营活动。

五、《中华人民共和国道路交通安全法》

鉴于危险货物道路运输，主要的生产环节就是道路运输，故《中华人民共和国道路交通安全法》(以下简称《道路交通安全法》)也是此行业的基本法、大法。在此介绍涉及危险货物道路运输的主要内容。

1. 机动车实行登记制度

国家对机动车实行登记制度，机动车经公安机关交通管理部门登记后，方可上道路行驶。尚未登记的机动车，需要临时上道路行驶的，应当取得临时通行牌证。由于《道路交通安全法》是道路运输的主要上位法，故公安交通管理部门给车辆发的《机动车行驶证》是车辆上路的必要条件。根据“下位法服从上位法”的法理，道路运输管理机构要根据《机动车行驶证》的有关登记事项、内容，给危险货物道路运输车辆配发《道路运输证》。

2. 道路运输的基本要求

(1)不得超载运输。机动车载物应当符合核定的载质量，严禁超载；载物的长度、宽度、高度不得违反装载要求,不得遗洒、飘散载运物。在《中华人民共和国道路交通安全法实施条例》(国务院令第405号)的第四十五条中要求,机动车载物不得超过机动车行驶证上核定的载质量,装载长度、宽度不得超出车厢。同时还规定:重型、中型载货汽车及半挂车载物,高度从地面起不得超过4m,载运集装箱的车辆不得超过4.2m;其他载货的机动车载物,高度从地面起不得超过2.5m。

对于牵引车而言,载货汽车所牵引挂车的载质量不得超过载货汽车本身的载质量。

(2)超限运输的要求。机动车运载超限的不可解体的物品,影响交通安全的,应当按照公安机关交通管理部门指定的时间、路线、速度行驶,悬挂明显标志。在公路上运载超限的不可解体的物品,并应当依照公路法的规定执行。

(3)办理通行证的要求。机动车载运爆炸物品、易燃易爆化学物品以及剧毒、放射性等危险物品,应当经公安机关批准后,按指定的时间、路线、速度行驶,悬挂警示标志并采取必要的安全措施。

(4)驾驶合格车辆上路。驾驶员驾驶机动车上道路行驶前,应当对机动车的安全技术性能进行认真检查;不得驾驶安全设施不全或者零件不符合技术标准等具有安全隐患的机动车。

(5)文明驾驶。机动车驾驶员应当遵守道路交通安全法律、法规的规定,按照操作规范安全驾驶、文明驾驶。

(6)禁止酒后驾驶等。饮酒、服用国家管制的精神药品或者麻醉药品,或者患有妨碍安全驾驶机动车的疾病,或者过度疲劳影响安全驾驶的,不得驾驶机动车。

(7)禁止疲劳驾驶。连续驾驶机动车超过4h未停车休息或者停车休息时间少于20min。在满足连续驾驶4h的要求的同时,还要注意《中华人民共和国劳动法》第36条的规定:“国家实行劳动者每日工作时间不超过8h、平均每周工作时间不超过44h的工时制度。”这条规定是劳动者在正常情况下每日及平均每周工作时间的最长限度。

(8)禁止货运机动车载客。

3. 对超载运输的处罚

对超载行为进行处罚的主体是公安机关交通管理部门。《道路交通安全法》规定,货运机动车超过核定载质量的,处200元以上500元以下罚款;超过核定载质量30%或者违反规定载客的,处500元以上2000元以下罚款。有前款行为的,由公安机关交通管理部门扣留机动车至违法状态消除。同时,还规定运输单位的车辆有本款规定的情形,经处罚不改的,对直接负责的主管人员处2000元以上5000元以下罚款。

在《中华人民共和国道路交通安全法实施条例》中还要求,载货汽车超过核定载质量的,公安机关交通管理部门依法扣留机动车后,驾驶员应当将超载的货物卸载,费用由超载机动车的驾驶员或者所有人承担。

六、《道路运输车辆技术管理规定》

为加强道路运输车辆技术管理,强化企业主体责任,保持车辆技术状况良好,保障运输安全,促进节能减排,交通运输部修订发布了《道路运输车辆技术管理规定》(交通运输部令2016年第1号,2016年3月1日起施行)。

该规定针对危险货物道路运输车辆检测的要求有:

1. 危险货物道路运输车辆的检测和评定

危险货物道路运输车辆自首次经国家机动车辆注册登记主管部门登记注册不满60个月的,每12个月进行1次检测和评定;超过60个月的,每6个月进行1次检测和评定。

2. 危险货物道路运输车辆的综合性能检测

危险货物道路运输车辆的综合性能检测应当委托车籍所在地汽车综合性能检测机构进行。

第二节　危险货物道路运输技术标准

一、国家标准

涉及危险货物分类、品名、编号的国家标准主要有《危险货物分类和品名编号》(GB 6944)和《危险货物品名表》(GB 12268)。这两个国家标准,是危险货物道路运输以及其他运输方式的基础性标准。由于这些内容已经在第一章中进行了详细的介绍,故在此就不再做介绍了。

1.《道路运输危险货物车辆标志》(GB 13392—2005)

危险货物道路运输车辆标志是危险货物道路运输车辆区别于其他车辆的主要标志,在危险货物道路运输过程中起到了重要的警示及救援参照作用,一旦发生运输安全事故,抢险救灾部门可根据标志提示,迅速确定危险货物的类别、项别,及时、正确地制订抢险方案,将事故危害降到最低程度。故危险货物道路运输车辆,必须悬挂符合国家标准的标志灯、标志牌。本标准适用于危险货物道路运输车辆标志的生产、使用和管理,其主要内容如下。

1)标志

危险货物道路运输车辆标志的分类、规格尺寸、技术要求、试验方法、检验规则、包装、标志、装卸、运输和储存,以及安装悬挂和维护要求。

2)标志灯和标志牌

危险货物道路运输车辆标志分为标志灯和标志牌。标准对标志灯和标志牌的结构、类型、规格和尺寸等作了规定。主要要求是:一是根据车辆的吨位(轻、中、重型载货汽车),标志灯、标志牌有三种不同型号(尺寸),且专用罐车,可在罐体上喷涂标志牌;二是标志灯要夜光、标志牌要反光。

3)安装要求

标志灯安装于驾驶室顶部表面中前部(从车辆侧面看)中间(从车辆正面看)位置。标志牌一般悬挂于车辆后厢板或罐体后面的几何中心部位附近,避开车辆放大号;对于低栏板车辆可视情选择适当悬挂位置。运输爆炸、剧毒危险货物的车辆,应在车辆两侧面厢板几何中心部位附近的适当位置各增加悬挂一块标志牌。该标准规定,车辆驾驶人员应对使用中的车辆标志进行经常性检查和维护,保持车辆标志的清洁和完好。有关危险货物道路运输车辆标志牌图形及悬挂位置如图 2-1-2 ~ 图 2-1-5 所示。

4)标志牌图形

危险货物道路运输车辆根据所运危险货物类别项别,悬挂标志牌。危险货物道路运输车辆标志牌的图形见附录一。

5)标志灯、标志牌悬挂要求

危险货物道路运输车辆悬挂标志牌、标志灯的位置见附录二。

2.《道路运输爆炸品和剧毒化学品车辆安全技术条件》(GB 20300—2006)

本标准涉及车辆的主要要求是,在车辆后部应安装安全标示牌。标示牌上应标明运输货物的名称、种类、罐体有效容积、最大载质量、施救方法、企业联系电话。标志牌为白底黑字、其内容在晴朗天气时在 20m 处能够清晰辨认。有关危险货物道路运输车辆安全标示牌的样式如图 2-1-2、图 2-1-3 所示。车辆安装标志牌、标志灯、安全标示牌及橙色反光带的悬挂位置如图 2-1-4、图 2-1-5 所示。

<table>
<tr><td>品名</td><td></td><td>种类</td><td></td></tr>
<tr><td>罐体容积</td><td></td><td>核载质量</td><td></td></tr>
<tr><td>施救方法</td><td colspan="3"></td></tr>
<tr><td>联系方法</td><td colspan="3"></td></tr>
</table>

图 2-1-2 罐式车安全标示牌示例

<table>
<tr><td>品名</td><td></td><td>种类</td><td></td></tr>
<tr><td>厢体容积</td><td></td><td>核载质量</td><td></td></tr>
<tr><td>施救方法</td><td colspan="3"></td></tr>
<tr><td>联系方法</td><td colspan="3"></td></tr>
</table>

图 2-1-3 厢式车安全标示牌示例

3. 其他相关国家标准

危险货物道路运输涉及的内容广泛,在危险货物包装、包装标志、储运和生产等方面,都有相关国家标准、行业标准,这些标准均与危险货物道路运输及其管理活动有关,必须予以执行。这些相关标准主要有:

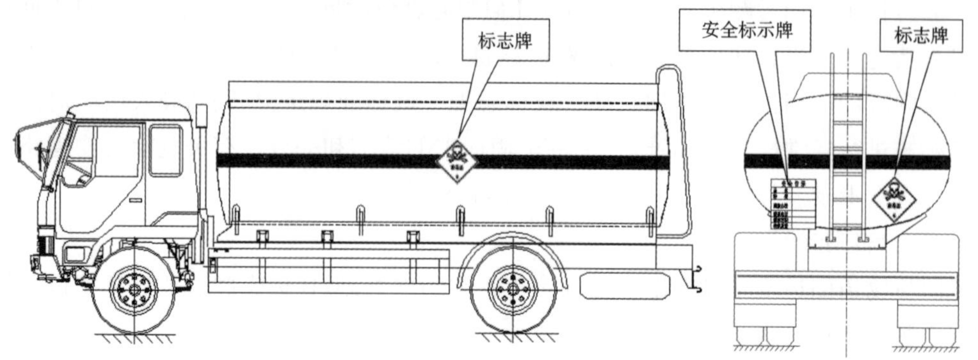

图 2-1-4　罐式车反光带、标志牌及安全标示牌位置示例

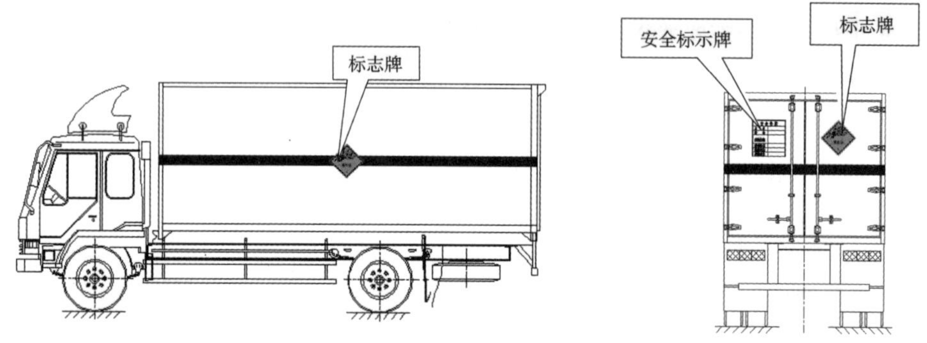

图 2-1-5　厢式车反光带、标志牌及安全标示牌位置示例

(1)《道路运输液体危险货物罐式车辆　第 1 部分:金属常压罐体技术要求》(GB 18564.1—2006)、《道路运输液体危险货物罐式车辆　第 2 部分:非金属常压罐体技术要求》(GB 18564.2—2008);涉及罐车的国家标准还有《液化气体运输车》(GB/T 19905—2005)。鉴于罐车运输危险货物涉及的知识较多,将在本篇第二章第四节中,专门介绍“罐式车辆管理的基本内容”。

(2)《危险货物运输包装通用技术条件》(GB 12463—2009)。

(3)《危险货物包装标志》(GB 190—2009)。

(4)《包装储运图示标志》(GB 191—2008)。

(5)《气瓶颜色标志》(GB 7144—1999)。

(6)《危险货物命名原则》(GB 7694—2008)。

(7)《移动式压力容器安全技术监察规程》(TSG R0005—2011)。

(8)《机动车运行安全技术条件》(GB 7258—2012)。

(9)《营运车辆综合性能要求和检验方法》(GB 18565—2001)。

(10)《道路车辆外廓尺寸、轴荷及质量限值》(GB 1589—2004)。

二、行业标准

1.《汽车运输危险货物规则》(JT 617—2004)

该标准为我国危险货物道路运输业强制性技术标准，主要应用者是从事危险货物道路运输的管理人员及从业人员。该标准规定了汽车运输危险货物的托运、承运、车辆和设备、运输、从业人员、劳动防护等基本要求，适用于汽车运输危险货物的安全管理。标准分为：适用范围、规范性引用文件、术语和定义、分类和分项、包装、标志和标签、托运、承运、车辆和设备、运输、从业人员、劳动保护、事故应急处理等内容。

2.《汽车运输、装卸危险货物作业规程》(JT 618—2004)

该标准也是我国危险货物道路运输业的强制性技术标准，主要应用者是从事危险货物道路运输的从业人员及管理人员。该标准规定了汽车运输或装卸危险货物的基本要求和安全作业要求，适用于爆炸品、压缩气体和液化气体、易燃液体、易燃固体、自燃物品和遇水放出易燃气体的物质、氧化剂和有机过氧化物、毒性物质和感染性物品、放射性物质、腐蚀性物质和杂类等危险货物的汽车运输和装卸。主要分为：范围、规范性引用文件、术语和定义、通则、包装货物运输和装卸要求、散装货物运输和装卸要求、集装箱运输和装卸要求、部分常见大宗危险货物的运输和装卸要求等内容。

3. 其他相关行业标准

与危险货物道路运输相关的行业标准还有：

(1)《危险货物道路运输企业运输事故应急预案编制要求》(JT/T 911—2014)。

(2)《危险货物道路运输企业安全生产管理制度编写要求》(JT/T 912—2014)。

(3)《危险货物道路运输企业安全生产责任制编写要求》(JT/T 913—2014)。

(4)《危险货物道路运输企业安全生产档案管理技术要求》(JT/T 914—2014)。

(5)《道路运输车辆技术等级划分和评定要求》(JT/T 198—2016)。

(6)《营运货车燃料消耗量限制及测量方法》(JT 719—2008)。

(7)《气瓶直立道路运输技术要求》(JT/T 773—2010)。

在此强调说明，国家标准、行业标准将根据社会发展、科技进步，适时地进行修订。故从事危险货物道路运输的单位、经营人员和管理部门，应关注标准的修订，使用最新版本的标准，正确指导和管理危险货物道路运输活动。

第二章　危险货物道路运输托运与承运

第一节　危险货物道路运输托运人责任

在运输过程中与危险货物运输有关的当事人包括:危险货物生产企业、危险货物包装企业、危险货物仓储企业、危险货物经营企业以及货主、发货人、托运人、货运代理、第三方物流、承运人、收货人等。一个当事人可以兼任多个角色,如果危险货物生产企业直接向运输公司托运,则危险货物生产企业、货主、发货人和托运人将合为一方。如果某人从危险货物经营企业处购得货物,到仓库提货后,再委托货运代理办理托运手续,则就有多个当事人参与。而在运输合同的法律关系中,只规定了两个相互承担义务、享有权利的当事人,即托运人和承运人。一个当事人如果兼任了托运人和承运人,就应该同时承担托运人和承运人的责任。而分清了危险货物运输托运人和承运人的责任,其他当事人的责任就容易明确。

一、托运人的定义

货物运输合同中,委托运输、交给货物并支付运费的当事人,称为货物运输托运人。

在我国《海商法》强调托运人是“与承运人订立货物运输合同的人[❶]”。也就是说,实际交付货物的人依法可成为运输合同中的托运人。但也不排除在特殊情况下,按法律的规定,把发货人、收贷人、运输代理人作为托运方的连带责任人。

二、危险货物托运人的责任

1999 年 10 月 1 日实施的《中华人民共和国合同法》第三百零七条规定:“托运人托运易燃易爆、有毒、有腐蚀性、有放射性等危险物品的,应当按照国家有关危险物品运输的规定对危险物品妥善包装,做出危险物标志和标签,并将有关危险物品的名称、性质和防范措施的书面材料提交承运人。托运人违反前款规定的,承运人可以拒绝运输,也可以采取相应措施以避免损失的发生,因此产生的费用由托运人承担。”这一条款在法律上概括了托运人的责任。

在本篇第一章“危险货物道路运输法规及标准”中,介绍了《危险化学品安全管理条例》对危险化学品道路运输承运人(企业)的要求。这些是承运人的主要法律责任,尤为重要。以下从不同角度,介绍托运人的责任。

1. 托运人关于货物的责任

托运人必须对其托运的货物负责,应按《汽车运输危险货物规则》(JT 617)的规定有所

❶我国《海商法》第四十二条第(三)项规定:“托运人,是指本人或者委托他人以本人名义或者委托他人为本人与承运人订立海上货物运输合同的人;本人或者委托他人以本人名义或者委托他人为本人将货物交给与海上货物运输合同有关的承运人的人。”

为或有所不为。

(1)托运人应向具有汽车运输危险货物经营资质的企业办理托运,且托运的危险货物应与承运企业的经营范围相符合。托运人不能托运国家禁止运输的货物。

(2)托运人应如实详细填写运单上规定的内容,提交与托运的危险货物完全一致的安全技术说明书和安全标签。

危险货物运单应包括以下基本内容:

①托运、承运、收货者的单位名称、联系人、电话、传真、地址、邮编;

②收发货地点、收发货时间;

③危险货物品名、性质、编号、规格、数量、件重、包装形式、包装等级;

④凭证运输证明文件、运输特殊要求;

⑤运输注意事项

(3)托运人只能托运《危险货物品名表》上列名的货物。当托运未列入该品名表的危险货物时,应提交与托运的危险货物完全一致的安全技术说明书、安全标签和《危险货物鉴定表》(表2-2-1)。

危险货物鉴定表 表2-2-1

品 名		别 名	
英文名		分子式	
理化性能[a]			
主要成分[b]			
包装方法[c]			
中毒急救措施			
撒漏处理			
消防方法			
运输注意事项[d]			
鉴定单位意见	属于_____类__________项危险货物 比照______________品名办理 比照危规第号__________包装		
鉴定单位联系人: 电话: 传真: 地址: 邮编: 鉴定单位及鉴定人__________(盖章) 年 月 日			
申请单位联系人: 电话: 传真: 地址: 邮编: 申请鉴定单位__________(盖章) 年 月 日			
注:鉴定单位由国家安全生产监督管理局指定			
[a]性能包括色、味、形态、相对密度、熔点、沸点、闪点、燃点、爆炸极限、急性中毒极限及危险程度; [b]凡危险货物系混合物,应该详细填写所含危险货物的主要成分; [c]包装方法应注明材质、形状、厚度、封口、内部衬垫物、外部加固情况及内包装单位质量(重量)等; [d]对该种货物遇到何种物质可能发生的危险,提出防护措施			

(4)危险货物性质或消防方法相抵触的货物应分别托运。

(5)盛装过危险货物的空容器,未经消除危险处理、有残留物的,仍按原装危险货物办理托运。如果是未装过危险货物的新空包装,或虽装过危险货物但已经过彻底清洗并确认是消除危险状态的空包装可以不作危险货物托运。

(6)使用集装箱运输危险货物的,托运人应提交危险货物装箱清单。如果集装箱或集合包装内部有不同品名的货物,托运人要确认这些货物的性质不会相互抵触发生化学反应,相抵触的,要分别托运。

(7)托运需控温运输的危险货物,托运人应向承运人说明控制温度、危险温度和控温方法,并在运单上注明。

(8)托运食用、药用的危险货物,应在运单上注明"食用"、"药用"字样。

(9)托运放射性物质,按《放射性物质安全运输规程》办理。

(10)托运需要添加抑制剂或者稳定剂的危险化学品,托运人交付托运时应当添加抑制剂或者稳定剂,并在运单上注明。

(11)托运凭证运输的危险货物,托运人应提交相关证明文件,并在运单上注明。

(12)托运危险废物、医疗废物,托运人应提供相应识别标识。

(13)托运人如果瞒报、错报货物的性质,托错了危险货物的分类分级,或把危险货物托成普通货物,或在普通货物里夹带危险货物,则由托运人负全部法律责任;旅客运输中,旅客在随身行李或交运行李中有上述情况者,其责任也同上述;托运人和旅客不得将隐含的危险物品故意隐瞒。

2.托运人关于包装的责任

包装是安全的保障,对货物进行包装并确保其符合国家有关要求是托运人的责任。托运人必须对提交货物的包装负全部责任。对承运人而言,此部分内容只是作为常识了解即可。

(1)必须保证危险货物的包装符合国家法律、法规的规定以及国家标准、行业标准的要求。

(2)危险货物包装物、容器的材质以及危险货物包装的形式、规格、方法和单件质量(重量),应当与所包装的危险货物的性质和用途相适应。包装容器可能是危险货物生产企业自己生产制造的,也可能是由专门的危险货物包装企业制造的,也可能是货主在提交运输以前委托他人先行包装的。不管是什么情况,对于运输合同的双方而言,托运人应对其托运货物的包装质量负全部责任。托运人可就包装的不合格向有关各方交涉,但这与承运人无关。总之,货物的包装由托运人单独对承运人负全部责任。

(3)货物交付运输后,在启运前发现包装破损洒漏的,如不能证明是承托人的过错造成的,托运人有责任改换或修理包装;如果有证明是承运人的过错造成的,也应由托运人负责改换或修理包装,而由承运人赔偿托运人由此而造成的直接损失。改换或修理后的包装必须符合国家规定的要求。包装泄漏污染了车厢、货舱,托运人应提供清洗材料和方法。

(4)托运人托运货物的包装与国家规定的具体规定不一致时,托运人有责任向承运人提供包装试验和适用的情况及证明文件。

(5)集装箱或集合包装内部的所有单件包装都必须保证不采用集装箱或集合包装时,亦能达到国家规定的质量标准。

3. 托运人关于包装标志和标签的责任

(1)托运人交运的货物包装外表必须有国家规定的各种包装标志,不得有可能引起歧义的文字、图案和无关的标志。

(2)识别标志必须由托运人自己制作、打印、粘贴,托运人要对其正确性负责。

(3)储运指示标志和危险性能标志可以由承运人提供,但必须由托运人自己粘贴在托运人所交付的货物包装的外表上,托运人要对这些标志使用的正确性负责。

(4)集装箱和集合包装的外表必须有箱内所有危险货物的性能标志。同时,箱内所有单件包装的外表都必须有本单件包装所装危险货物的性能标志。

(5)每件货物包装的外表都必须标有所装危险货物的《危险货物安全标签》。

4. 托运人关于运输证单的责任

货物在运输业务流转活动中,每项业务活动都有相应的证明文件,记录业务活动的发生经过和结果。这些证明文件又称为运输证单或单据。运输证单的种类很多,制作者也不相同:有属于承运者内部管理为明确各储运环节岗位责任的各种单据,有属于托运人与有关各方发生业务往来(如委托运输代理、委托包装检验等)的各种单据。

在货物合同运输中,对合同双方都有法律约束力的文件是运单。在危险货物运输中,各种"危规"都规定了托运人必须向承运人提交"危险货物托运证明书"作为货运单的补充和承运人制作货运单的依据。托运人要对经其本人签署的"危险货物托运证明书"的正确性负法律责任。上述托运人在货物、包装、标记上的各种责任,都应在"危险货物托运证明书"中得到体现,向承运人提交"危险货物托运证明书"及附属于证明书的各种证明文件是托运人的责任和义务。托运人如有特殊要求经承运人同意,特殊要求应在托运书上载明。

托运剧毒化学品,托运人需提供《剧毒化学品公路运输通行证》。

托运人必须在托运证明书上承诺对自己制作的托运证明书内容的正确性负法律责任。

5. 托运人关于收货的责任

收货人往往是运输合同缔约当事人以外的第三人,他虽未参与合同的订立,但享有向承运人领取货物、提出赔偿请求的权利,同时必须承担接收货物的义务。所以相对于承运人来说,收货人是托运方的连带责任人。

《公路货物运输合同实施细则》第十八条第三款规定:"货物包装完整无损而货物短损、变质,收货人拒收,或货物运抵到达地找不到收货人,以及由托运方负责装卸的货物,超过合同规定装卸时间所造成的损失,均应由托运方负责赔偿。"

上述实施细则已讲清楚托运人对于收货的责任。《汽车运输危险货物规则》(JT 617)从汽车运输生产的特点出发,特别强调"承运人自受货起至送达交付前,应负保管责任",并进一步规定:"危险货物运达卸货地点后,因故不能及时卸货的,应及时与托运人联系妥善处理。不能及时处理的,承运人应立即报告当地公安部门。"而由此引起的承运人的经济损失或危险货物发生变化而造成的其他损失,托运人应负相应的责任。

以上是从商业运输的角度为保证危险货物的运输安全,托运人应负的责任。非营业性运输实质上是托运人与承运人合一,除了经济赔偿责任的划分与商业运输不同以外,从危险货物运输安全的要求出发,则是同样的。非营业性运输危险货物,运输者必须承担起上述5方面运输危险货物的责任。而对交通运输管理部门来说,上述5方面的托运人责任既是处理合同运输承托双方纠纷的准则,更重要的是进行危险货物运输安全管理的标准。当然,危险货物承运人也有其相应的责任,但相比之下,托运人的责任对危险货物的运输安全起着主导的作用,是安全运输危险货物的内因。

第二节　危险货物道路运输承运人责任

首先强调,在我国危险货物道路运输实行许可制度。从事危险货物道路运输的,要取得交通运输部门的许可。

承运人是合同运输中提供运输工具并负责进行运输,而收取运输劳务费用的当事人;也是与托运人订立货物运输合同的人。托运人把危险货物交付给承运人,并从承运人处得到货运单后,危险货物的保管责任即同时移交给承运人。直到收货人从承运人手中提取货物为止,在整个承运期间,承运人要对所运危险货物的安全负全部责任。也就是说,在货运合同中,承运人的责任一般说来主要是保证所运输的货物按时、安全地送达目的地。因此,承运人应对货物在运输过程中发生的货物灭失、短少、污染、损坏等负责。一旦发生此种情况,应按实际损失给予赔偿。这种损失必须发生在承运人的责任期间内。承运人的责任期间一般是从货物由托运人交付承运人时起,至货物由承运人交付收货人为止。在这段责任期间内,承运人应承担货物损失的责任。只有在损失是由于不可抗力、货物本身的自然性质或合理损耗、托运人或收货人的过错等原因造成的情况下,承运人才可以免责。

货物运输要经过托运受理、装卸货物、运送、交付等环节。

在危险货物运输中,承运人各方都必须严格遵守《汽车运输危险货物规则》(JT 617)和其他有关危险货物的规定,明确中转交接手续,划清各环节的职责范围和责任,共同完成运输。

在整个承运期间,承运人要对所运危险货物的安全负责。完成一项完整的运输业务,有可能由一个运输企业承担,也有可能由几个运输企业共同承担,共同承担的企业应负连带责任。无论是哪种情况,运输过程的各个环节都有其各自的职责范围和相应的责任。需要强调指出的是,分清各个环节的责任,并不是推卸责任。承运人连带责任的含义是,一旦发生运输事故,一般先由事故发生地的承运人全权与托运人(或收货人)解决事故纠纷,然后再在负连带责任的承运人各方内部分清责任的归属,按过错和损失的大小来确定各承运人之间的债权、债务关系，由有过错方赔偿无过错方的损失，由过错大损失小的一方补偿过错小损失大的一方。

一、危险货物托运受理时承运人责任

承运人中的发货站承诺托运人委托运输的要求，并接受委托人交给货物的过程是托运的受理。受理完毕，发货站签署货运单，运输合同即告成立，各承运当事人都有按约定完成合同的义务。

受理是整个运输过程的开始。受理工作质量是危险货物运输全过程质量管理的基础。受理危险货物，除受理普通货物的一般规定必须遵守外，发货站还必须按危险货物的运输要求对托运人提交的运输证单和货物，对照《汽车运输危险货物规则》(JT 617)的各项规定进行全面、详尽、严格的审核。

1. 对托运单的审核

托运人制作托运单的各项要求和规定是托运人的责任，托运人要对其递交的托运单准确性负责。发货站也有责任审核其所接受的托运单准确性，并就其准确性对承运人的其他各方负责。《汽车运输危险货物规则》(JT 617)第7.2条指出："承运人应核实所装运危险货物的收发货地点、时间以及托运人提供的相关单证是否符合规定，并核实货物的品名、编号、规格、数量、件重、包装、标志、安全技术说明书、安全标签和应急措施以及运输要求。"

2. 对所托货物的审核

托运人必须确保其所托运递交货物的性能、包装、标志等各种情况与托运书的说明完全一致，托运人要对此负法律责任。汽车运输货物，运输批量相对小，受理人员可以对所托货物逐件检查。又可分以下两种情况。

1)零担运输

货物的交付和运送是时间和空间分离的两个环节。承运人必须对所受理的危险货物的包装和标志逐件审核，审核的具体内容和要求即是托运人的责任。

2)"门到门"的整车运输

这种运输形式，货物的交付不是与托运手续的办理同时进行，而是与运送连续进行，即没有仓储环节，货物在运送前交付，货物交付后即装车运送。《汽车运输危险货物规则》(JT 617)第7.3条规定："危险货物装运前应认真检查包装的完好情况，当发现破损、洒漏，托运人应重新包装或修理加固，否则承运人应拒绝运输。"实质上提出了对货物包装进行逐件审核的要求。

至于包装内容物受理人员不可能也不必对其性能、成分作审核。在包装完好无损、火漆封志或铅封丸完整的情况下，承运方不对包装的内容物负责。托运方要对其所交付货物的理化特性负全部责任。但受理方保留必要的审核权，在受理人员认为必要时，可以要求托运方启封开箱检查。但这不能理解成如果受理人员不行使保留审核权即是对包装内容物的默认，而应理解为相信托运人的陈述，由托运人对自己陈述的诚实性、准确性负责，这在法律上称为诚信法则。某些大批量的汽车运输不对货物的包装和标志作逐步审核，奉行的仍是诚信法则。

二、危险货物装卸时承运人的责任

在危险货物的储存前后和运送前后,都会发生货物的装卸和堆桩。把货物搬上运输工具称为装货;把货物搬下运输工具称为卸货;货物在仓库里或运输工具的车厢平台、货舱里堆放时称堆桩或堆垛。装卸、堆桩的安全操作对危险货物的安全尤为重要。《危险化学品安全管理条例》、《汽车运输、装卸危险货物作业规程》(JT 618)都对危险货物的装卸的安全操作提出严格而又详尽的规定;《汽车货物运输规则》(JT 617)对承、托双方的责任进行了明确。

从装卸对象来分,装卸工作分为托运人装卸、承运人装卸及站场、装卸经营人装卸,即货物装卸有的是由货主来完成的,有的是由承运人负责装卸的,或者承运人或托运人承担装卸后,委托站场、装卸经营人进行装卸作业的。装卸完毕后,货物需要绑扎苫盖篷布的,装卸人员必须将篷布苫盖严密并绑扎牢固;由承、托运人或委托站场编制有关清单,做好交接记录;并按有关规定施加封志和外贴有关标志。承、托双方应履行交接手续,包装货物采取件收;集装箱重箱及其他施封的货物凭封志交接;散装货物原则上要磅交磅收或采取承托双方协商的交接方式交接。货物在装卸中,承运人应当认真核对装车的危险货物名称、质量、件数是否与运单上记载相符,包装是否完好。当发现破损、洒漏,要通知托运人,托运人调换包装或修理加固,征得承运人同意,承托双方需做好记录并签章后,方可运输,由此产生的损失由托运人负责。交接后双方应在有关单证上签字。至此,危险货物的保管责任即移交给承运人,承运人就正式接受了危险货物的保管责任。

三、危险货物运送和送达交付时承运人的责任

货物由运输工具从甲地运到乙地,称运送。货物运送到目的地,交付给收货人称送达或交付。

《危险化学品安全管理条例》、《汽车运输危险货物规则》(JT 617)、《汽车运输、装卸危险货物作业规程》(JT 618)对汽车运送和交付危险货物作了一系列的规定。主要概括有:

(1)危险货物运输过程中,应随车配备押运人员,货物应随时处在押运人员的监管之下。车辆中途临时停靠,应安排人员看管;需要停车住宿或者遇有无法正常运输的情况时,应当向当地公安部门报告。随车人员严禁吸烟。行车作业人员不得擅自变更运行作业计划、严禁擅自拼装、超载。

(2)运输危险货物的车辆严禁搭乘无关人员。运输爆炸品和需要特别防护的烈性危险货物,应要求托运人派熟悉货物性质的人员指导操作、交接和随车押运。

(3)运输途中,押运人员应密切注意车辆所装载的危险货物动态,根据危险货物性质,定时停车检查,发现问题及时会同驾驶人员采取措施妥善处理。不得擅自离岗、脱岗。

(4)运输途中不得进入危险货物运输车辆禁止通行的区域,如繁华街区、居民住宅区、名胜古迹和风景名胜区等;确需进入上述区域的,应当事先向当地公安部门申报,并遵守公安部门规定的行车时间和路线。

(5)运输途中,发生危险货物被盗、丢失、流散、泄漏等情况时,承运人及押运人员必须立即向当地公安部门报告,并采取一切可能的警示措施。

(6)货物抵达承运、托运双方约定的地点后,收货人应凭有效单证提(收)货物,无故拒提(收)货物的话,承运人可以索取因此造成的损失。

(7)货物交付时,承运人应当与收货人做好交接工作,发现货损货差,由承运人与收货人共同编制货运事故记录,交接双方在货运事故记录上签字确认,见表2-2-2。

货运事故记录单 表2-2-2

运单号码
记录编号

<table>
<tr><td colspan="2">托运人</td><td></td><td>地址</td><td colspan="2"></td><td>电话</td><td></td><td>邮编</td><td></td></tr>
<tr><td colspan="2">收货人</td><td></td><td>地址</td><td colspan="2"></td><td>电话</td><td></td><td>邮编</td><td></td></tr>
<tr><td colspan="2">承运人</td><td></td><td>地址</td><td colspan="2"></td><td>电话</td><td></td><td>邮编</td><td></td></tr>
<tr><td colspan="2">车号</td><td></td><td>驾驶人员</td><td></td><td>起运日期</td><td colspan="2">年 月 日 时</td><td>到达日期</td><td>年 月 日 时</td></tr>
<tr><td colspan="2">出事地点</td><td colspan="2"></td><td>出事时间</td><td colspan="3"></td><td>记录时间</td><td></td></tr>
<tr><td rowspan="5">原运单记载</td><td>编号</td><td>货物名称及规格型号</td><td>包装形式</td><td>件数</td><td>新旧程度</td><td colspan="2">体积
长×宽×高
(cm)</td><td>质量
(kg)</td><td>保险保价价格</td></tr>
<tr><td></td><td></td><td></td><td></td><td></td><td colspan="2"></td><td></td><td></td></tr>
<tr><td></td><td></td><td></td><td></td><td></td><td colspan="2"></td><td></td><td></td></tr>
<tr><td></td><td></td><td></td><td></td><td></td><td colspan="2"></td><td></td><td></td></tr>
<tr><td></td><td></td><td></td><td></td><td></td><td colspan="2"></td><td></td><td></td></tr>
<tr><td colspan="3">事故发生详细情况及原因分析</td><td colspan="7"></td></tr>
<tr><td colspan="3">承运人签章</td><td colspan="3">年 月 日</td><td colspan="2">托运人或
收货人签章</td><td colspan="2">年 月 日</td></tr>
<tr><td colspan="3">注意事项</td><td colspan="7">本记录应一式三份,承运人、托运人、责任方各一份,每增加一个责任方增加一份记录</td></tr>
</table>

注:货运事故记录单的规格应为长×宽=220mm×170mm。

(8)货物到达目的地后,承运人知道收货人的,应及时通知收货人,收货人应当及时提(收)货物,收货人逾期不提(收)货物的,承运人也不能因此免除保管责任,但收货人应当向承运人支付保管费等费用。收货人不明或者收货人无正当理由拒绝受领货物的,依照《中华人民共和国合同法》第一百零一条的规定,承运人可以提存货物。

(9)货物待领期间,如果货物发生变化,危及安全,承运人有临机处置之权责,但最好是会同当地公安部门共同进行以备赔偿纠纷的解决。

以上是就货物运输一般流程而言的危险货物的运达和交付。在"门到门"的流程中,往往有这种情况:危险货物运达卸货地点后,或者是下班时间已过,找不到收货人,或者是找到收货人但因为收货人与托运人的供销纠纷而拒绝收货等。总之,因各种原因而不能及时卸货,发生这种情况时,不管能不能及时卸货的责任在哪一方,为确保货物和环境的安全,在待卸期间行车和随车人员应负责看管车辆和所装危险货物,同时承运人(运送人)应及时与托运人联系妥善处理。危及安全时,承运人应立即报请当地公安部门处理。

以上是从合同运输的角度,阐述了危险货物承运人的责任。保证危险货物运输的安全不仅是托运和承运的合约行为,而且关系到社会和公众的安全。非营业性运输,虽然没有所谓的托运与承运之间的纠纷,但因为关系到社会公众的安全,除受理和支付两点以外,本节所阐述的危险货物运输者的责任对非营业性运输危险货物同样适用。强调承运人的责任,交通运输管理部门既可借此处理合同运输承托双方的纠纷,又可借此对非营业性危险货物运输提出标准和要求,以确保社会和公众的安全。

本篇思考题

一、判断题(20 题)

1. 在我国现阶段,只要有车、有人、有货就可以从事危险货物道路运输。 ( )

2. 危险货物道路运输企业或者单位应当对从业人员进行经常性的安全、职业道德教育和业务知识、操作规程培训。 ( )

3. 危险货物道路运输专用车辆应当配备符合有关国家标准以及与所载运的危险货物相适应的应急处理器材和安全防护设备。 ( )

4. 道路运输剧毒化学品、爆炸品、易制爆危险化学品的,应当配备罐式、厢式专用车辆或者压力容器等专用容器。 ( )

5. 危险货物道路运输专用车辆应当安装具有行驶记录功能的卫星定位装置。 ( )

6. 道路运输剧毒化学品的罐式专用车辆的罐体容积不得超过 $20m^3$,但符合国家有关标准的罐式集装箱除外。 ( )

7. 道路运输剧毒化学品、爆炸品、强腐蚀性危险货物的非罐式专用车辆,核定载质量不得超过 20t。 ( )

8. 道路运输未列入《危险货物品名表》(GB 12268)或《剧毒化学品目录》的危险货物,托运人应出具《危险货物鉴定表》。 ( )

9. 驾驶人员在出车前若发现制动或转向不灵、喇叭不响或灯光不全、证件不全等现象,仍可以出车。 ( )

10. 在个别情况下,普通货物运输车辆可承运一次性或临时性的危险货物运输。( )

11.《道路危险货物运输管理规定》要求,禁止使用移动罐体(罐式集装箱除外)从事危险货物道路运输。 ( )

12.《中华人民共和国安全生产法》规定机动车载运爆炸物品、易燃易爆化学物品以及剧毒、放射性等危险物品,应当经公安机关批准后,按指定的时间、路线、速度行驶,悬挂警示标志并采取必要的安全措施。 ( )

13. 危险货物道路运输从业人员应随车携带从业资格证。 ( )

14. 危险货物道路运输从业人员应严格按照《汽车运输危险货物规则》(JT 617)、《汽车运输、装卸危险货物作业规程》(JT 618)操作,不得违章作业。 ( )

15. 危险货物道路运输过程中,驾驶人员可以根据自己意愿改变运输计划。 ( )

16. 由托运人负责鉴定货物的性质,当托运危险货物时,应当委托依法取得危险货物道路运输许可的企业承运。 ( )

17. 危险货物道路运输驾驶人员或者押运人员应当按照《汽车运输危险货物规则》(JT 617)的要求,随车携带《道路运输危险货物安全卡》。 ( )

18. 托运凭证运输的危险货物，托运人可以不提交相关证明文件。（　　）

19. 制订“危险货物道路运输事故应急预案”的目的是为了训练驾驶人员和押运人员的基本技能。（　　）

20. 危险货物道路运输从业人员必须了解所装运危险货物的性质、危害特性、包装物或者容器的使用要求和发生意外事故时的处置措施。（　　）

二、选择题(20 题)

1. 国务院规定，由（　　）负责危险化学品道路运输的许可以及运输工具的安全管理，负责危险化学品道路运输企业驾驶人员、装卸管理人员、押运人员的资格认定。

A. 公安部门　　B. 质检部门　　C. 交通运输主管部门

2. 危险化学品道路运输单位的（　　），应对本单位危险化学品运输安全全面负责。

A. 主要负责人　　B. 工会主席　　C. 安全负责人

3. 国家对危险化学品的运输实行（　　）制度。

A. 自由运输　　B. 资质认定　　C. 自主运输

4. 通过道路运输剧毒化学品的，托运人应当向运输始发地或者目的地县级人民政府公安机关申请（　　）。

A. 交通运输许可证

B. 剧毒化学品道路运输通行证

C. 道路占用证

5. 从事危险货物道路运输的驾驶人员、装卸管理人员、押运人员应当经所在地设区的市级人民政府（　　）考试合格，并取得相应的从业资格证，方可上岗作业。

A. 交通运输主管部门　B. 质检部门　　C. 经贸部门

6. 从事剧毒化学品、爆炸品道路运输的驾驶人员、装卸管理人员、押运人员，应当经考试合格，取得注明为（　　）或者“爆炸品运输”类别的从业资格证。

A. “剧毒化学品运输”　B. “危险货物”　　C. “普通货物”

7. 危险货物以列入国家标准（　　）的为准，未列入其中的，以有关法律、行政法规的规定或者国务院有关部门公布的结果为准。

A. 剧毒化学品目录　　B.《危险货物品名表》　C. 危险废物品名表

8. 危险货物道路运输车辆的技术等级应符合行业标准（　　）规定的一级技术等级。

A.《道路车辆外廓尺寸、轴荷和质量限值》(GB 1589)

B.《营运车辆综合性能要求和检验方法》(GB 18565)

C.《道路运输车辆技术等级划分和评定要求》(JT/T 198)

9. 危险化学品运输车辆限制通行区域，由（　　）划定，并设置明显的标志。

A. 交通部门　　B. 公安机关　　C. 质检部门

10. 危险货物托运人应当委托取得危险货物道路运输许可的企业承运，并向（　　）说明所托运的危险化学品的种类、数量、危险特性及发生危险情况的应急处置措施,并按照国家有关规定对所托运的危险化学品妥善包装,在外包装上设置相应的标志。

A. 承运人　　B. 货主　　C. 托运人

11. 通过道路运输危险化学品,不配备(　　)的,由公安机关责令改正,处 1 万元以上 5 万元以下的罚款。

A. 装卸人员　　B. 押运人员　　C. 管理人员

12. 危险化学品道路运输企业的驾驶人员、装卸管理人员、押运人员未取得(　　)上岗作业的,由交通运输主管部门责令改正,处 5 万元以上 10 万元以下的罚款。

A. 生产许可证　　B. 营业执照　　C. 从业资格

13. 托运人托运剧毒危险化学品,未向(　　)申请剧毒化学品道路运输通行证,擅自通过道路运输剧毒化学品的,由公安机关责令改正,处 5 万元以上 10 万元以下的罚款。

A. 公安机关　　B. 质检部门　　C. 交通部门

14. 运输途中不得进入危险货物运输车辆禁止通行的区域。确需进入上述区域的,应当事先向当地(　　)申报,并遵守公安部门规定的行车时间和路线。

A. 交通部门　　B. 公安部门　　C. 国家安全生产监督管理总局

15. 剧毒化学品、易制爆危险化学品在道路运输途中丢失、被盗、被抢或者出现流散、泄漏等情况的,驾驶人员、押运人员应当立即采取相应的警示措施和安全措施,并向当地(　　)报告。

A. 质检部门　　B. 交通部门　　C. 公安部门

16. 托运人在托运的普通货物中夹带危险化学品,或者将危险化学品谎报或者匿报为普通货物托运的,由(　　)责令改正,处 10 万元以上 20 万元以下的罚款。

A. 安全监督部门　　B. 公安部门　　C. 交通运输主管部门

17. 危险货物道路运输罐式专用车辆的罐体应经(　　)检测合格,并在罐体检验合格的有效期内承运危险货物。

A. 交通部门　　B. 安监部门　　C. 质检部门

18. 依据《道路危险货物运输管理规定》,危险货物道路运输企业或者单位不按照规定随车携带(　　)的,由县级以上道路运输管理机构责令改正,处警告或者 20 元以上 200 元以下的罚款。

A. 驾驶证　　B. 道路运输证　　C. 身份证

19.《道路运输证》的经营范围栏内注明了允许运输危险货物的类别、项别。危险货物道路运输车辆(　　)按照《道路运输证》规定的经营范围进行运输。

A. 不一定　　B. 必须　　C. 可以不

20. 危险货物运达卸货地点后,因故不能及时卸货的,应及时与托运人联系妥善处理。不能及时处理的,承运人应立即报告当地(　　)部门。

A. 交通　　B. 安监　　C. 公安

第三篇

业务知识篇

本篇是针对危险货物道路运输驾驶人员、押运人员和装卸管理人员培训而编写的。为了便于不同从业人员的学习，本篇将危险货物道路运输驾驶人员、押运人员、装卸管理人员的培训内容分别编写。同时，考虑到职业道德和危险货物道路运输事故应急救援方面的培训内容是驾驶人员、押运人员和装卸管理人员都要掌握的，故在本篇中将其需要共同学习的内容单独编写成了两章，以避免学习内容的重复。

第一章 危险货物道路运输从业人员职业道德

职业道德是人们从事正当的社会职业,并在履行其职责过程中思想和行为应遵循的道德准则和行为规范。它是依靠社会舆论、信心、习惯、传统和教育的力量来调整人与人之间及个人与社会之间关系的行为规范总和。各种不同的职业,表现为各种不同的社会行为。各种不同的职业行为,均有各自的规范,它就是贯穿于人们各自职业活动之中的职业道德,或者说带有职业特点的道德。

第一节 从业人员职业道德的基本要求

加强危险货物道路运输从业人员职业道德建设,提高从业人员素质,是危险货物道路运输从业人员履职尽责的重要保障。原交通部根据《中华人民共和国道路运输条例》及其他相关法律法规,结合道路运输行业的特点,于2006年出台了《道路运输从业人员管理规定》(交通部令2006年第9号),特别强调了要加强从业人员的职业道德建设,明确要求道路运输从业人员应当按照规定参加国家相关法规、职业道德及业务知识的培训。危险货物道路运输从业人员的职业道德是从业人员在履行其职业责任的过程中逐步形成的、普遍遵守的道德原则和行为规范;也是社会对从事危险货物道路运输从业人员的一种特殊道德需求,是社会道德在道路运输活动中的具体体现。

从事危险货物道路运输的驾驶人员、押运人员、装卸管理人员在职业活动中,不仅要遵循社会道德,还要遵守危险货物道路运输从业人员职业道德。危险货物道路运输从业人员职业道德的基本要求如下:

一、爱祖国,爱人民

爱祖国、爱人民是社会主义道德的一个重要规范,也是从业人员行为的基本准则。作为驾驶现代交通运输工具的人员,必须树立对祖国、对人民高度负责的思想,时刻把人民生命和国家财产的安危放在第一位。每一位驾驶人员在驾驶车辆时、押运人员在押运时,都要做到"机器一响,集中思想,车轮一动,想到群众",牢固树立"安全第一、预防为主"的思想。

二、爱岗敬业,优质服务

爱岗敬业是对人们工作态度的一种普遍要求,在任何部门、任何岗位的公民,都应爱岗敬业。从这个意义上说,爱岗敬业是社会公德中的一个最普遍、最重要的要求。

爱岗,就是热爱本职工作,能够尽心尽力地做好本职工作;敬业,就是要用恭敬严肃的态度来对待自己的职业，以及对自己的工作要专心、认真、负责任。爱岗敬业也是相辅相成、相互支持的。在大力弘扬社会公德、职业道德的氛围下，只有热爱本职岗位，才能树立敬业精神。要达到爱岗敬业的职业道德要求，首先要求有献身岗位的思想意识，以"干一行，爱一行，专一行"的姿态，投入到实际的工作中去。干一行爱一行方能钻一行，才能专心致志搞好工作，做出成绩、做出效益。随着市场经济制度的完善和从业人员的饱和，用人单位会选择踏实工作、有良好工作态度的人，所以干一行爱一行在当代社会具有特别重要的意义。人们是为生活而工作，也是为了工作而生活，应当把自己的职业当成一种事业来看待。献身事业就是要把自己的才华、能力以至于生命都投入到事业中去，认认真真、毫不马虎。

优质服务的前提是爱岗敬业，不热爱自己专业的人谈不上敬业，更谈不上优质服务。危险货物道路运输从业人员应树立正确的人生观、价值观，增强职业责任感和事业心，圆满地完成运输任务；同时，要在工作中有所作为，就必须遵循工作规程，按照危险货物道路运输工作的实际要求提供科学、规范、安全、优质、高效的服务。只有具备了这样的思想意识，才能从思想上、行动上做好本职工作。

爱岗敬业，优质服务的具体要求是：

(1)树立良好的职业观，克服世俗偏见，爱本职，钻业务，干事业。

(2)要有优质服务的本领，努力提高专业技术和服务质量，时刻要为货主着想，热情周到，诚实守信，真诚待人。

(3)树立爱岗敬业的思想，扎扎实实做好本职工作，履行好岗位职责，讲求奉献，能够把自己的理想、信念和才智毫无保留地奉献给所在的工作岗位。

(4)树立信誉第一、质量至上的意识，建立稳定的货源渠道，取得良好的经济和社会效益。

(5)树立刻苦勤劳的工作态度，学会自我心理调节，保持良好心态，学习相关心理学知识，掌握服务技巧。

第二节　从业人员职业道德的主要内容

危险货物道路运输从业人员职业道德的主要内容如下。

一、文明经营，公平竞争

危险货物运输是货物运输中的一种，也是通过货物流动来实现产值和效益的。随着改革的不断加快，各行各业都在逐步与国际接轨，市场竞争日趋激烈，因此，创建一个文明有序、健康的运输市场是发展的必然要求。文明经营是服务业树立信誉的第一需要，即通过服务的方式，以平等、友好、热情的态度来对待客户，倡导行业文明，建立规范、有序的危险货物道路运输市场。公平竞争是要按照统一规则从事危险货物道路运输活动，通过不断革新经营理念，提升自己的服务技能和水平，采取正当手段公开、公平、公正地参与市场竞争，不得使用暴力、强制手段和其他不符合法律、法规规定的手段限制、干扰和影响其他经营者,不利用自己的优势地位和不正当手段排挤其他经营者,确保危险货物道路运输市场的规范和健康发展。危险货物道路运输从业人员要有正确的价值观念,提高竞争意识,主动适应市场、占有市场,提倡"文明经营、优质服务"。

二、遵纪守法,安全运输

遵纪守法,就是要遵守有关交通运输法规及行业管理规定。遵纪守法是危险货物道路运输从业人员职业道德基本要求之一,是从业人员的基本义务和必备素质。遵章行驶、遵章押运、遵章装卸,是危险货物道路运输从业人员职业道德的核心。一旦发生危险货物道路运输事故,会对社会及广大人民群众造成巨大而长远的影响。因此,危险货物道路运输从业人员必须遵纪守法。

与危险货物道路运输从业人员活动有关的法律法规主要包括:

(1)基本法,如《中华人民共和国宪法》和《中华人民共和国安全生产法》等。

(2)与运输有关的法规,如《中华人民共和国道路运输条例》、《危险化学品安全管理条例》、《道路危险货物运输管理规定》以及地方性法规等,具体可参见第二篇第一章"危险货物道路运输法规及标准"中的相关内容。

(3)关于宏观调控的经济法律法规,如《中华人民共和国合同法》等。

职业纪律是在特定职业活动范围内从事某种职业的人们必须共同遵守的行为准则,它包括劳动纪律、组织纪律等。职业纪律具有明确的规定性和一定的强制性。职业纪律作为从业人员在上岗前就应明确,在工作中必须遵守、必须履行的职业行为规范,以行政命令的方式规定了职业活动中最基本的要求,明确规定了从业人员做什么,应该怎么做。比如规定了危险货物运输的防护规定和操作规程等。

安全运输主要是指保障货物完好无损地运送到目的地,并确保自身和车辆的安全。与社会上其他职业相比,危险货物道路运输驾驶人员、押运人员肩上的担子更重,他们肩负着保障国家和人民生命财产安全的重任。若驾驶人员、押运人员缺乏责任心,造成危险货物破损、泄漏、燃烧、爆炸等事故,不仅会影响运输任务的完成,而且还会产生严重的生命财产损失、生态环境污染和负面社会影响。因此,作为危险货物道路运输驾驶人员、押运人员和装卸管理人员,更应认真学习有关安全生产的法规、技术标准和安全生产规章制度、安全操作规程,学习危险货物道路运输的专业知识和发生意外事故时的处置措施;树立高度自觉遵守法规的思想,时时刻刻严格要求自己,加强自身道德修养,养成良好的遵纪守法的习惯和意识,确保运输安全,避免各类事故的发生。

三、钻研业务,规范操作

危险货物道路运输驾驶人员要提高运输效率,确保行车安全,必须掌握过硬技术,严格遵守操作规程,勤奋学习新知识、新技术,努力钻研驾驶技能,掌握所装运危险货物的理化性质、危害特性，包装物或者容器的使用要求和发生意外事故时的处置措施，以便更好地履行岗位职责。规范操作是钻研技术的具体表现，即在驾驶操作过程中按照技术要求，遵章循矩，逐步形成规范的技能技巧，尤其因为危险货物道路运输的特殊性，绝对不能盲目蛮干，且要重视实践，善于总结经验，掌握过硬的驾驶本领。

四、诚实守信，团结互助

诚实守信是为人处事的基本原则，也是个人能在社会生活中安身立命的根本。诚实守信是做人的一种品质，这种品质最显著的特点是一个人在社会交往中能够讲真话、讲信用，能忠实于事物的本来面貌，不歪曲事实，不隐瞒自己的真实思想，不掩饰自己的真实情感，不说谎，不作假，不为不可告人的目的而欺骗别人。要忠于自己承担的义务，答应别人的事一定要去做，其中心也是诚实不欺的意思。

团结营造和谐人际氛围，互助增强企业凝聚力。团结互助是在当前社会分工充分的市场经济大潮中必须遵守的职业道德，也是道路运输行业特别强调的职业道德要求，特别是危险货物道路运输押运人员更应当有合作精神，共同完成危险货物道路运输任务。

团结互助就是要求从业人员之间平等尊重，顾全大局，互相学习，加强协作。平等尊重是指在社会生活和人们的职业活动中，不管彼此之间社会地位、生活条件、工作性质有多大差别，都应一视同仁、相互尊重、相互信任。顾全大局是指在处理个人与集体利益的关系上，要树立全局意识，不计较个人得失，自觉服从整体利益的需要。互相学习是团结互助道德规范的中心一环，是指尊重他人的长处，学习他人才能，俗话说“三人行必有我师”，互相学习才能共同进步。加强协作是指在职业活动中，为了完成职业工作任务，协调从业人员之间（包括工序之间、工种之间、岗位之间、部门之间）的关系，促进彼此之间相互帮助、互相支持、密切配合、搞好协作。

第二章 危险货物道路运输驾驶人员

第一节 危险货物道路运输驾驶人员基本要求

一、驾驶人员基本要求

1. 文化程度

由于危险货物道路运输具有特殊性，若在运输、装卸、储藏作业中操作不当，就极易发生爆炸、燃烧、中毒、腐蚀等严重事故，造成大量人员伤亡、财产损失、环境破坏，因此，要求从事危险货物道路运输的驾驶人员，不仅要掌握驾驶车辆的技能，还要具备基本的文化知识，要求驾驶人员应具备初中毕业以上的学历，以便能更全面和深入地了解所装运危险货物的性质、危害特性、包装物或者容器的使用要求和发生意外事故时的处置措施。

2. 驾驶年龄

为保证危险货物道路运输安全，降低事故，要求从事危险货物道路运输的驾驶人员，取得相应机动车驾驶证，年龄不超过 60 周岁；取得经营性道路旅客运输或者货物运输驾驶人员从业资格 2 年以上，有 3 年内或 5 万 km 以上无重大以上交通责任事故的经历。

3. 身体条件

由于危险货物的危害性，要求从事危险货物道路运输的驾驶人员要身体健康，无妨碍驾驶的疾病，同时，综合心理素质要合格。一般主要妨碍驾驶的疾病有：心血管系统疾病、神经系统疾病、精神障碍以及生理缺陷等。

4. 资质要求

危险货物道路运输驾驶人员需经所在地设区的市级人民政府交通运输主管部门考试合格，取得危险货物道路运输从业资格证，方可上岗从业。从事剧毒化学品、爆炸品道路运输的驾驶人员，应当经考试合格，取得注明为“剧毒化学品运输”或者“爆炸品运输”类别的从业资格证。

5. 专业技能

除了具备出色的驾驶技能外，从事危险货物道路运输的驾驶人员必须接受其所属企业或单位安排的有关安全生产法规、安全知识、专业技术、职业卫生防护和应急救援知识等方面的培训，了解危险货物理化性质、危害特征、包装容器的使用特性和发生意外或运输事故时的应急措施，还需接受其所属企业或单位安排的有关运输安全生产和基本应急知识等方面的考核；考核不合格的，不得从事相关工作。

在运输过程中,驾驶人员应当按照《道路运输危险货物安全卡》,了解所运输的危险货物的性质、危害特性、包装物或者容器的使用要求,以及发生突发事故时的处置措施,并严格执行《汽车运输危险货物规则》(JT 617)、《汽车运输、装卸危险货物作业规程》(JT 618)等标准,不得违章作业。

6. 文明驾驶,安全行车

文明是社会进步的象征,精神文明建设是社会主义现代化建设中不可缺少的重要组成部分。驾驶人员的"文明"程度,是社会主义精神文明的反映。它不仅代表一个人的职业道德素质,而且对整个社会精神文明的发展影响极大。在道路上驾车行驶,就像一个人在社会生活中的行为举止一样,反映出驾驶人员的修养和道德品质。礼貌行车体现在运输活动的每一环节上,从驾驶人员的驾坐姿势、操作、对路况的处理等多方面都能表现出来。培养良好的驾驶习惯和职业道德:在行驶中"礼让三先",理解和尊重对方;不盲目开快车(图3-2-1),不开"英雄车",不开"斗气车";做到有理也让人,对他人的不良驾驶行为能够宽容、大度、忍让,充分体现应有的道德风尚,主动维护公共秩序和交通秩序。

图3-2-1 不得超速驾驶车辆

危险货物道路运输驾驶人员的行为规范和准则与社会关系非常密切,驾驶人员要以社会和危险货物道路运输行业所公认的、所提倡的、正确的标准开展危险货物道路运输活动。驾驶人员在危险货物道路运输活动中,通常会单独执行运输危险货物的任务,具有操作独立性、活动自由度大的特点,若一时疏忽,便会造成人身伤亡、财产损毁和环境污染,形成无法估量的损失。因此,危险货物道路运输驾驶人员的职业道德观念尤为重要。驾驶人员具有良好的职业道德是:一方面,自身能够对社会利益和个人利益关系做出正确的评价,为危险货物道路运输业的发展起到一种稳定、持久的作用;另一方面,能够得到托运人的认可,创造良好的个人声誉,从而获得更多运输服务的机会,提高个人的经济收益。

同时,《中华人民共和国道路交通安全法》也要求机动车驾驶人遵守道路交通安全法律、法规的规定,按照操作规范安全驾驶、文明驾驶,如不得酒后或疲劳驾驶车辆(图3-2-2、图3-2-3)。

图3-2-2 不得酒后驾驶车辆

图3-2-3 不得疲劳驾驶车辆

二、驾驶人员岗位职责

(1)严格遵守《道路危险货物运输管理规定》等有关危险货物道路运输的法律、法规和规章,严格执行《道路运输危险货物车辆标志》(GB 13392)、《汽车运输危险货物规则》(JT 617)、《汽车运输、装卸危险货物作业规程》(JT 618)等国家标准和行业标准。

(2)执行公司安全运输的各项规章制度和操作规程。

(3)做好车辆(罐体)维护。

(4)做好出车前、行车中、回场后车辆(罐体)检查。

(5)检查应随车携带的相关证件、运输文件文书是否齐全有效,车辆安全防护设施、设备及消防、劳动防护、捆扎等器材是否良好有效,及时发现、排除车辆安全隐患,保持车辆技术状况良好。

(6)观察交通状况,严格遵守道路交通安全法律法规安全驾驶;按照安全运输规定、行车路线、行车时间行车、停车,确保行车和运输安全,防止发生交通事故;除押运人员外,车辆不得搭载无关人员和其他物品。

(7)参加安全教育与培训活动,学习安全技术知识与技能,掌握所运危险货物道路运输安全技术知识、技能与应急处理办法,了解所运输危险货物的物理和化学特性。

(8)妥善保管并能正确使用各种劳动保护、防护用品和消防器材。

(9)发生运输事故时,及时报警、报告本单位,实施应急处置,维护好现场。

第二节　危险货物道路运输车辆要求

一、危险货物道路运输车辆

危险货物道路运输车辆和设备的要求,除了按对普通货物运输的要求以外,还有一些特殊要求。正确认识和掌握危险货物道路运输车辆和设备的特殊要求,并切实加强管理,对危险货物道路运输安全,提高运输效率和经济效益,具有非常重要的意义。

(一)车辆的技术及管理要求

1. 车辆技术要求

(1)专用车辆技术性能符合国家标准《营运车辆综合性能要求和检验方法》(GB 18565)的要求。技术等级应达到一级。

(2)专用车辆外廓尺寸、轴荷和质量符合国家标准《道路车辆外廓尺寸、轴荷和质量限值》(GB 1589)的要求。

(3)专用车辆燃料消耗量符合行业标准《营运货车燃料消耗量限值及测量方法》(JT 719)的要求。

(4)专用车辆应按照《道路运输危险货物车辆标志》(GB 13392)的要求,悬挂危险货物运输标志,喷涂警示标志和安全告示。

(5)道路运输爆炸品和剧毒化学品的专用车辆应符合国家标准《道路运输爆炸品和剧毒化学品车辆安全技术条件》(GB 20300)技术要求。

2. 车辆管理要求

(1)专用车辆为企业自有,且专用车辆(挂车除外)的数量为5辆以上;运输剧毒化学品、爆炸品的,自有专用车辆(挂车除外)10辆以上。若为非经营性危险货物道路运输企业,自有专用车辆(挂车除外)的数量可以小于5辆。

(2)罐式专用车辆的罐体应当经质量检验部门检验合格,且罐体载货后总质量与专用车辆核定载质量相匹配。

(3)运输爆炸品、强腐蚀性危险货物的罐式专用车辆的罐体容积不得超过$20m^3$,运输剧毒化学品的罐式专用车辆的罐体容积不得超过$10m^3$,但符合国家有关标准的罐式集装箱除外。

(4)运输剧毒化学品、爆炸品、强腐蚀性危险货物的非罐式专用车辆,核定载质量不得超过10t,但符合国家有关标准的集装箱运输专用车辆除外。

(5)车辆配备满足在线监控要求,且具有行驶记录功能的卫星定位装置。

(6)车辆电路系统应有切断总电源和隔离电火花装置,切断总电源装置应安装在驾驶室内,以便于开启、关闭。

(7)配备有效的通信工具。

(二)车辆的适装

1. 危险货物道路运输车型选择

由于各类危险货物形态不同、性质不同、包装形式不一,因此,所选用的车型也不同,如液化石油气是成吨批量运输的,多使用受压的液化气罐车运输,而居民日常生活所需的瓶装液化石油气,就可以选择栏板货车运送。为此根据危险货物不同形态、性质,不同包装,选择合适车型也十分重要。以下介绍车型选择的基本要求:

(1)钢瓶装气体、小包装的易燃液体、易燃固体、自燃物品、无机氧化剂、毒性物质(低毒)、固体腐蚀性物质,应选用栏板货车运输。

(2)爆炸物品、遇水放出易燃气体的物质、固体剧毒品、感染性物品、有机过氧化物,应选用厢式货车。钢瓶装气体应按钢瓶直立道路运输的要求,使用集束装置、集装篮、散装等方式直立运输;集束装置、集装篮运输可采用厢式货车、栏板货车、平板货车或专用车辆等运输;散装钢瓶应采用厢式货车、栏板货车或专用车辆运输。

(3)压缩气体和液化气体(含受压、低温),应选用压力容器专用罐车。

(4)易燃液体、液体剧毒品,应选用化工物品专用罐车或罐式集装箱运输。

(5)液体腐蚀性物质货物,应选用化工物品专用罐车、可移动罐体车或罐式集装箱运输。

(6)有机过氧化物、感染性物品,应选用控温车型。

2. 车辆工属具及安全设备配备

危险货物运输车辆与普通货物运输车辆的运输对象不同,除不同车型根据车辆技术状况配备的工属具有区别外,对车辆安全设施也有特殊要求。

(1)根据所运危险货物的性质,配备相应的消防器材、安全防护设备,其功能、数量应与危险货物性质相匹配、能满足应急需要。

(2)对装运危险货物的专用车辆、设备、搬运工具、防护用品等,应定期进行污染程度的检查,被污染的不得继续使用。

(3)危险货物运输车辆,应根据所装运的危险货物性质,采取相应的遮阳、控温、防爆、防火、防振、防水、防冻、防粉尘飞扬、防静电、防洒漏等措施。

(4)报废的、擅自改装的、检测不合格的或者其他不符合国家规定要求的车辆、设备,禁止从事危险货物道路运输活动。

(5)装运大型运输容器、集装箱、集装罐柜等车辆,必须设置牢固、安全且有效的紧固装置。

(6)装运大型钢瓶的车辆必须配置活络插桩、三角垫木、紧绳器等工具,以保证车辆装载平衡,防止钢瓶在行驶中滚动,以保证运输安全。

(7)根据所运危险货物的性质和包装形式的需要,车辆还须配备相应的捆扎用大绳、防散失用的网罩、防水用的苫布等工属具。

(8)运输易燃易爆危险货物车辆的发动机排气管应安装在车身前部,并安装隔热和熄灭火星装置,配装符合《汽车导静电橡胶拖地带》(JT 230)规定的导静电橡胶拖地带装置。

3. 栏板货车

车厢底板应平整完好,周围栏板应牢固。在装运易燃易爆危险货物时,应使用木质底板等防护衬垫措施。

4. 专用罐车

专用罐车按其罐体壳承受工作压力大小,分为压力容器专用罐车和常压专用罐车。随着信息技术的发展和运输组织水平的提高,采用拖挂罐式货车从事危险货物道路甩挂运输,将会成为今后发展的方向。

5. 厢式货车

1)厢式货车

厢式货车分为两种:一种是驾驶室与车厢分离,各成一室的厢式货车;另一种是驾驶室与车厢同为一室的客货两用的厢式货车。后一种不得装运危险货物,因为,一旦危险货物发生泄漏,车厢内充满有害气体,会使驾驶人员失去驾驶能力,造成车辆无人驾驶,任其在道路横冲直撞,车上危险货物不能得到抑制,后果将不堪设想。所以,这种客货两用厢式货车不得运输危险货物。

厢式货车的厢体,大多数是木质、钢板或钢木结合的厢体,可以固定在栏板货车的底板上。其紧固装置必须牢固,不能使厢体滑落。厢式货车装运的危险货物大多数是单一品种的货物,不得装入性质相抵触的危险货物。

厢式货车适宜运输爆炸物品、遇水放出易燃气体的物质、氧化剂及毒性物质等危险货物，在运输中能防止危险货物货损、货差和灭失；能起到防雨、防雷等保护作用。在装运易燃、易爆危险货物时，应使用木质底板车厢，如是铁质底板，应采取衬垫措施，如铺垫木板、胶合板、橡胶板等，但不能使用谷草、草片等松软易燃材料；货厢内的蒙皮，应采用有色金属或不易发火的非金属材料，货厢面板内外蒙皮之间应采用阻燃隔热材料填充，厢体侧壁或前后壁板应根据需要设置具有防雨功能的通风窗。

2）控温厢式货车

控温厢式货车，其车厢内应有制冷或加温装置以及保温措施，驾驶室应有温度监控系统。根据所装危险货物的特殊要求，车辆还要有防振、防爆、隔热、防止产生火花、排除静电等装置，且厢体密封性能要好，不能因厢体不严密，造成温度升高或下降，确保危险货物在恒温或冷藏条件下完成运输。其恒温或制冷装置在一个厢体内，除正常工作使用外，还应有一套或一套以上备用控温装置，一旦正常工作的装置发生故障，备用控温装置能及时正常工作，保证运送任务的完成。这类厢式货车多数从事有机过氧化物、疫苗、菌苗的运输。

6. 集装箱运输车

1）集装箱的概念

《集装箱术语》（GB/T 1992）、《系列一集装箱分类、尺寸和额定质量》（GB/T 1413）将集装箱定义为符合下列条件的一种供货物运输的设备：

（1）具有足够的强度和刚度，可长期反复使用。

（2）适于一种或多种运输方式载运，在途中转运时，箱内货物不需换装。

（3）具有便于快速装卸或搬运的装置，特别是从一种运输方式转移到另一种运输方式。

（4）便于货物的装满或卸空。

（5）具有 $1m^3$ 及其以上的容积。

（6）是一种按照确保安全的要求设计，并具有防御无关人员轻易进入的货运工具。

“集装箱”这一术语既不包括车辆也不包括一般包装。

目前在危险货物道路运输中广泛使用的集装箱是通用集装箱和罐式集装箱。罐式集装箱是由箱体框架和罐体两部分组成的集装箱，有单罐式和多罐式两种。罐式集装箱主要运输液体化工物品、压缩气体和液化气体等危险货物。

罐式集装箱与罐式专用车辆不是同一概念。罐式集装箱是适用于集装箱车辆运输的运输设备，它不属于车辆的固有部件或总成。道路运输液体危险货物罐式专用车辆系指罐体内装运液体危险货物，且与定型汽车底盘或半挂车车架永久性连接的道路运输罐式车辆，罐体属于车辆的固有部件。《道路危险货物运输管理规定》对罐式集装箱和罐式专用车辆有不同的管理要求。

2）集装箱运输

集装箱运输是一种集零为整的成组运输，其集装箱临时固定在拖挂车上。经过运行到达目的地把集装箱卸下去，一次运输任务即告完成。集装箱有它的周转规定，按时清洗、交箱,运输任务就全部完成。

集装箱装运危险货物,应考虑的是危险货物化学性质的抵触性、敏感性,在同一箱体内不得装入性质相抵触的危险货物;更要注意危险货物的配载规定,如果小箱体达不到隔离间距时,不应强行配装,避免发生不应有的事故。

还有一种罐式集装箱,它是由箱体框架和罐体两部分组成的集装箱,有单罐式和多罐式两种。罐式集装箱运输车主要运输液体化工物品、压缩气体和液化气体等危险货物。

(三)车辆的限制

由于危险货物所特有的理化性质,具有一定的潜在危险性,在运输装卸过程中,对于环境、温度、湿度、振动、摩擦、冲击等因素的防范,要求非常严格。为此,《道路危险货物运输管理规定》和《汽车运输危险货物规则》(JT 617)、《汽车运输、装卸危险货物作业规程》(JT 618)、《道路运输爆炸品和剧毒化学品车辆安全技术条件》(GB 20300)中对道路运输危险货物工具作了限制。

1.车型的限制

(1)报废的、擅自改装的、检测不合格的、车辆技术等级达不到一级的和其他不符合国家规定的车辆,禁止从事危险货物道路运输。《道路危险货物运输管理规定》第八条第(一)款第2目规定"专用车辆的技术要求应当符合《道路运输车辆技术管理规定》的有关规定",专用车辆技术性能、技术等级、外廓尺寸、轴荷、质量、燃料消耗量应符合国家和行业标准;第二十三条第一款规定"禁止使用报废的、擅自改装的、检测不合格的、车辆技术等级达不到一级的和其他不符合国家规定的车辆从事危险货物道路运输",上述车辆的技术性能不符合国家标准、行业标准要求,存在极大的安全隐患,因此,禁止这些车辆从事危险货物道路运输。

(2)各种客车、客货两用车、三轮机动车、摩托车和非机动车(含畜力车),禁止运输危险货物。上述这些运输车辆由于在运输途中的不稳定性和不安全性,禁止运输危险货物。如:三轮机动车、摩托车虽然是机动车辆,由于行驶中的不稳定性及危险货物装载部位的不安全性,易造成事故;非机动车在行驶中容易与行人、机动车混行,易造成意外事故;畜力车牲畜容易受惊吓,发生事故;各种客车、客货两用车由于危险货物与人直接接触,一旦装运的危险货物泄漏,易造成人身伤亡事故。因此,禁止这些车辆运输危险货物。

(3)自卸汽车不得装运危险货物。由于自卸汽车在运输行驶中,其自卸装置有可能造成误操作而发生事故。因此,自卸汽车不得装运危险货物。为了便于装卸和生产作业的实际需要,允许自卸汽车只运输散装硫黄、萘饼、粗蒽、煤焦沥青等危险货物。

(4)货车列车(经特许的车辆除外)禁止装运危险货物。根据《汽车和挂车类型的术语和定义》(GB/T 3730)货车列车是指一辆货车与一辆或多辆挂车的组合。货车列车可分为牵引杆挂车列车、双挂列车和双半挂列车。货车列车的拖挂车在行驶中颠簸、摆动很大,货物易造成丢失,且挂车与主车连接部位易产生火花等,造成火灾事故,因此,禁止货车列车运输危险货物。但铰接列车、具有特殊装置的大型物件运输专用车辆除外。

(5)移动罐体(罐式集装箱除外)禁止从事危险货物运输。移动罐体是指临时固定在车辆底盘上或者放在栏板货车货厢里的常压罐体,并且常压罐体与车辆底盘或货厢尺寸基本相同。由于利用移动罐体运输危险货物事故频发,且危害极大,原交通部于 2005 年 5 月 24 日下发《关于继续进行道路危险运输专项整治的通知》(交公路发〔2004〕226 号)文件,"禁止使用活动罐体车辆运输剧毒、易燃易爆液体、气体货物"。《道路危险货物运输管理规定》引用并扩展上述文件规定,禁止使用移动罐体(罐式集装箱除外)从事危险货物运输。

2. 车况的限制

危险货物运输车辆的车况,是确保危险货物道路运输安全和运输服务质量的重要环节。根据《道路危险货物运输管理规定》要求,从事危险货物道路运输专用车辆的技术性能符合国家标准《营运车辆综合性能要求和检验方法》(GB 18565)的要求,技术等级达到行业标准《道路运输车辆技术等级划分和评定要求》(JT/T 198)规定的一级技术等级。凡不符合一级技术等级标准的车辆,不得运输危险货物。

3. 车辆使用的限制

(1)不得使用罐式专用车辆或者运输有毒、感染性、腐蚀性危险货物的专用车辆运输普通货物,但集装箱运输车(包括牵引车、挂车)、甩挂运输的牵引车除外。有毒物质、感染性物质和腐蚀性物质具有较高的危险性,出于安全性考虑,《道路危险货物运输管理规定》禁止运输上述危险货物的专用车辆运输普通货物。集装箱运输车(包括牵引车、挂车)、甩挂运输的牵引车,在卸载危险货物后,无任何污染,如普通货车无异,为提高车辆利用率,降低企业运输成本,允许其从事普通货物运输。

(2)其他专用车辆可以从事食品、生活用品、药品、医疗器具以外的普通货物运输,但应当由运输企业对专用车辆进行消除危害处理,确保不对普通货物造成污染、损害。

(3)不得将危险货物与普通货物混装运输。危险货物与普通货物混装,若危险货物包装出现破损,易造成对普通货物的污染,产生安全隐患。在现实运输活动中,有别有用心的托运人、承运人,为了降低运输成本,在普通货物中夹带危险货物,发生了很多危险货物运输事故,造成很大生命、财产损失,留下了惨痛的教训。因此,《道路危险货物运输管理规定》禁止将危险货物与普通货物混装运输。

(4)不得运输法律、行政法规禁止运输的货物。法律、行政法规规定的限运、凭证运输货物,危险货物道路运输企业或者单位应当按照有关规定办理相关运输手续。危险货物道路运输企业(单位)取得危险货物道路运输资质,可从事危险货物道路运输,但必须遵守相关法律、行政法规禁运、限运的规定。根据我国有关法律、行政法规的规定,禁止运输的有毒品、假劣药品以及伪造、变造、非法印刷的人民币等;必须向有关部门办理准运(通行)手续后方可运输的货物有:枪支、烟草、剧毒品、爆炸品、麻醉药品、木材、野生动物等。有些手续需要托运人办理,但承运人必须查验所有手续齐全有效后方可运输。如,运输剧毒品、爆炸物品,需由托运人向运输目的地的公安部门申请《剧毒化学品公路运输通行证》、《爆炸物品准运证》,在托运货物时,应提交给承运人。承运人应审查相应的准运手续,手续齐全的可以受理;手续不齐全的,应向托运人说明情况,要求出具相应的手续,或者要求托运人重新办理手续后再受理。如果承运人为了经济利益,擅自运输限制运输的货物;或因不了解情况,运输了禁止运输的货物,或者在未审查托运人手续的情况下,运输了限制运输的货物,都要承担相应的法律责任。

4. 车辆装载的限制

1)爆炸品、剧毒化学品、强腐蚀性危险货物的装载限制

《道路危险货物运输管理规定》规定,运输爆炸品、强腐蚀性危险货物的罐式专用车辆的罐体容积不得超过 $20m^3$,运输剧毒化学品的罐式专用车辆的罐体容积不得超过 $10m^3$,但符合国家有关标准的罐式集装箱除外;运输剧毒化学品、爆炸品、强腐蚀性危险货物的非罐式专用车辆,核定载质量不得超过10t,但符合国家有关标准的集装箱运输专用车辆除外。

为尽可能减小危险货物运输事故的危害,参照一些发达国家、地区的做法,在危险货物运输中引入“车辆损害管制”的理念,对剧毒、爆炸、强腐蚀性危险货物车辆的最大装载质量进行了明确限制。这样,万一发生运输安全事故,也可以将危害控制在一定程度之内。

2)一般专用车辆的装载限制

国家有关法律、行政法规和部门规章严格禁止危险货物专用车辆违反国家有关规定超限超载运输。《中华人民共和国道路交通安全法》第四十八条规定“机动车载物应当符合核定的载质量,严禁超载;载物的长、宽、高不得违反装载要求,不得遗洒、飘散载运物”;《中华人民共和国道路交通安全法实施条例》第五十六条第(三)款规定“载货汽车所牵引挂车的载质量不得超过载货汽车本身的载质量”;《中华人民共和国道路运输条例》第十九条规定“旅客和货物运输业务经营者应当按照车辆核定的载客、载货限额运送旅客或装载货物,禁止超载、超限运输”;《道路危险货物运输管理规定》第四十二条第一款规定“严禁专用车辆违反国家有关规定超载、超限运输”。《道路运输车辆技术管理规定》规定:“车辆的外廓尺寸、轴荷和最大允许总质量应当符合《道路车轴外廓尺寸、载荷及质量限值》(GB 1589)的要求”。汽车、挂车及汽车列车总质量限值见表3-2-1。

3)罐式专用车辆的装载限制

由于各种原因,一部分“大吨小标”、“小车大罐”专用车辆进入危险货物道路运输市场,导致超载超限运输,存在着很大的安全隐患,成为历次安全整治的重点。为防止新的“大吨小标”、“小车大罐”车辆从事危险货物运输,《道路危险货物运输管理规定》规定,危险货物道路运输企业或者单位使用罐式专用车辆运输货物时,罐体载货后的总质量应当和专用车辆核定载质量相匹配;使用牵引车运输货物时,挂车载货后的总质量应当与牵引车的准牵引总质量相匹配。

二、危险货物道路运输车辆的安全设备

危险货物道路运输专用车辆与普通货物运输车辆的运输对象不同,除对车辆车型、技术状况、配备的工属具等要求不同外,对车辆安全设施亦有特殊的要求。针对选用的车型、所装运的危险货物的不同,还必须配备相应的安全设施。

汽车、挂车及汽车列车总质量限值 表 3-2-1

<table>
<tr><th colspan="3">车 辆 类 型</th><th>最大允许总质量限值[①]</th></tr>
<tr><td rowspan="6">汽车</td><td colspan="2">三轮汽车</td><td>2000[②]</td></tr>
<tr><td colspan="2">乘用车</td><td>4500</td></tr>
<tr><td colspan="2">二轴客车、货车及半挂牵引车</td><td>18000[③]</td></tr>
<tr><td colspan="2">三轴客车、货车及半挂牵引车</td><td>25000[④]</td></tr>
<tr><td colspan="2">单铰接客车</td><td>28000</td></tr>
<tr><td colspan="2">具有双转向轴的四轴货车</td><td>31000[④]</td></tr>
<tr><td rowspan="6">挂车</td><td rowspan="3">半挂车</td><td>一轴半挂车</td><td>18000</td></tr>
<tr><td>二轴半挂车</td><td>35000</td></tr>
<tr><td>三轴半挂车</td><td>40000</td></tr>
<tr><td rowspan="3">其他挂车</td><td>二轴挂车，每轴每侧为单轮胎</td><td>12000</td></tr>
<tr><td>二轴挂车，一轴每侧为单轮胎、另一轴每侧为双轮胎</td><td>16000</td></tr>
<tr><td>二轴挂车，每轴每侧为双轮胎</td><td>20000</td></tr>
<tr><td colspan="2" rowspan="4">汽车列车</td><td>具有三轴的汽车列车</td><td>27000</td></tr>
<tr><td>具有四轴的汽车列车</td><td>35000[⑤]</td></tr>
<tr><td>具有五轴的汽车列车</td><td>43000</td></tr>
<tr><td>具有六轴的汽车列车</td><td>49000</td></tr>
</table>

注：①汽车起重机、混凝土泵车、消防车、清障车、油田专项作业车的最大允许总质量最大限值为 55000kg；

②当采用转向盘转向、由传动轴传递动力、具有驾驶室且驾驶员座椅后设计有物品放置空间时，最大允许总质量最大限值为 3000kg；

③对于最高设计车速小于 70km/h 的四轮货车，最大允许总质量的最大限值为 4500kg；

④当驱动轴为每轴每侧双轮胎且装备空气悬架时，最大允许总质量的最大限值增加 1000kg；

⑤驱动轴为每轴每侧双轮胎并装备空气悬架、且半挂车的两轴之间的距离 $d \geqslant 1800$mm 的铰接列车，最大允许总质量的最大限值为 37000kg。

(一)卫星定位系统

根据道路运输车辆动态监督管理办法(中华人民共和国交通运输部中华人民共和国公安部　国家安全生产监督管理总局令 2014 年第 5 号)要求,旅游客车、包车客车、三类以上班线客车和危险货物运输车辆在出厂前应安装符合标准的卫星定位装置。重型载货汽车(总质量为 12t 及以上的普通货运车辆)和半挂牵引车在出厂前除安装符合标准的卫星定位装置外,还应接入全国道路货运车辆公共监管与服务平台。

交通运输部《道路危险货物运输管理规定》(交通运输部令 2013 年第 2 号)第八条第(一)款第 6 项中规定"专用车辆应当安装具有行驶记录功能的卫星定位装置",第四十六条规定"危险货物道路运输企业或者单位应当通过卫星定位监控平台或者监控终端及时纠正和处理超速行驶、疲劳驾驶、不按规定线路行驶等违法违规驾驶行为。监控数据应当至少保存 3 个月,违法驾驶信息及处理情况应当至少保存 3 年"。

根据上述关于危险货物道路运输过程实行在线监控的要求,危险货物运输专用车辆必须配备符合国家标准规定的卫星定位系统,安装道路运输车辆卫星定位系统车载终端(下称"车载终端")。车载终端是车辆卫星定位系统的前端设备,是一种能对车辆行驶速度、时间、里程以及有关车辆行驶的其他状态信息进行记录、存储并可通过接口实现数据输出的数字式电子记录装置。车载终端必须符合《道路运输车辆卫星定位系统车载终端技术要求》(JT/T 794)标准要求。

车载终端由主机和外部设备两部分组成。主机包括微处理器(通常是单片机)、数据存储器、卫星定位模块、车辆状态信息采集模块、无线通信传输模块、数据通信接口等,如图 3-2-4 和图 3-2-5 所示。而外部设备则主要包括卫星定位天线、无线通信天线、应急报警按钮、语音报读装置等。其中,主机模块和天线是构成车载终端的基础部分,可实现定时定位,探测经纬度、时间、行进方向和速度等基本功能。此外,车载终端还可以通过主机上的各种数据接口实现与车辆本身的油路、电路、门磁、货物温度等传感器,以及车上防盗器和摄像头等外接设备相连,以满足各种不同的实际需求,进而实现对车辆的全方位监控。

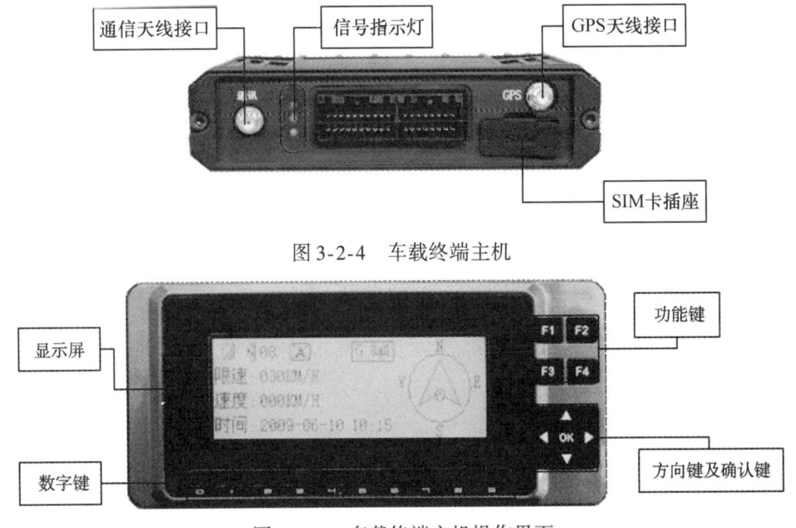

图 3-2-4　车载终端主机

图 3-2-5　车载终端主机操作界面

(二)电源总开关

交通运输部《汽车运输危险货物规则》(JT 617)中有“车辆应有切断总电源和隔离电火花装置,切断总电源装置应安装在驾驶室内”的规定。

电路系统应有切断总电源,这是因为车辆电路系统的导线使用时间过久,塑胶层容易老化,导致胶层脱落,极易搭铁,形成短路,引起火花而造成火灾事故的发生。因此,要求车辆必须在驾驶室安装便于驾驶人员能随时操作切断电源的总开关。

有的车辆电源总开关在驾驶室外的后方,距蓄电池较近,而且是旋钮式的,一旦途中停车就餐或休息,很有可能被其他无关人员或儿童旋动而造成电路系统通电,若遇导线老化,容易产生电火花,会造成意想不到的事故,所以电源总开关应安装在驾驶室内,停车时应切断车辆总电源。驾驶人员应认真检查车辆电源总开关装置的安装,不符合规定的,应及时整改。

为确保安全,除下列部件外,所有的电路都应有熔断丝或电路自动跳闸:

(1)从蓄电池到发动机的冷起动和停止系统。

(2)从蓄电池到交流发电机。

(3)从交流发电机到熔断丝或闸箱电路。

(4)从蓄电池到起动机。

(5)如果此系统是电子或电磁的,从蓄电池到持久性闸系统的电源控制箱。

(6)从蓄电池到转向支架的提升机构。

(三)排气管火花熄灭器

危险货物运输车辆的排气管,必须符合国家标准《机动车排气火花熄灭器性能要求和实验方法》(GB 13365)规定。因为汽车运行中,排气管的排气温度很高,有时可使排气管烧红,由于高温、高热引起的热传导或热辐射有可能使汽油、苯、溶剂油等易燃物质引起燃烧,甚至爆炸。易燃液体的挥发性极强,一旦挥发出气体遇明火、高温就会燃烧、爆炸。所以,要求排气管上面要加装隔热装置,同时,排气管排出的废气中,难免有火星排出,这将对危险货物运输车辆进入化工生产单位、储存库场带来火灾事故的隐患。所以,从事爆炸品、易燃易爆化学品的运输车辆,必须安装火花熄灭器,以确保安全运输。

(四)导静电拖地带

装运易燃、易爆危险货物的车辆,必须配备导静电装置,这是《汽车运输危险货物规则》(JT 617)中所要求的。《汽车导静电橡胶拖地带》(JT 230)对车辆导静电装置做了具体要求。因为大部分易燃、易爆液体的电阻率大,容易聚集静电,尤其是罐车,罐体容积大,车辆运行时,液体在罐内漂动,与罐体内壁接触面积增大,极易产生静电,且急需排除。因此,必须安装导静电的橡胶拖地带,通过拖地带橡胶层中的金属导体与地面接触及时排除静电,从而减少静电的聚集,达到安全运输的目的。同时要求无论重车还是空车,必须将拖地带的一端接地,避免需要排除静电时而没有接地造成意外。

(五)消防器材

从事危险货物道路运输的车辆,必须配备与所运的危险货物性能相适应、有效的消防器材。一是危险货物品种繁多,性质各异,有的易燃易爆,如汽油、酒精、液化石油气等;有的遇水反应会分解出大量易燃气体,如金属钠、碳化钙(电石)等;有的遇酸会分解释放出大量的剧毒气体,如氯化物等;大多数易燃液体具有不溶于水,且相对密度小于水的理化特性。二是消防器材种类、规格多样,性能不同,灭火效果各异,如酸碱灭火器、泡沫灭火器、1211 灭火器、二氧化碳灭火器、干粉灭火器等,水、砂土也是重要的灭火手段。不管哪种灭火方式,都要慎重选择。不同的灭火器,所喷出的灭火药剂性质也不同,所产生的效果也不同。

扑救危险化学物品火灾,是一项比较科学、复杂的灭火战斗,如果灭火方法不恰当,有可能使火灾扩大,有的还可能导致爆炸、中毒等事故,造成不必要的伤亡和财产损失,这一点必须引起注意。

1. 禁止使用砂土覆盖的物品

爆炸物品一般堆积、码放都不太高,也不是装在封闭的容器中,一旦发生着火,散装的不一定会形成爆炸,但是禁止使用砂土压盖灭火,因砂土可阻碍气体扩散,加速爆炸反应,增大爆炸威力。因此,可用密集的水流或喷雾状水进行扑救。

2. 禁止用水(包括含水的泡沫)灭火的物品

(1)遇水放出易燃气体的物质,不能用水和含水的泡沫灭火,因为有的遇水放出易燃气体的物质,性质活泼能置换水中的氢,产生可燃气体,同时放出热量。如金属钾,金属钠遇水后,能置换水中的氢,产生的热量达到氢的燃点。三乙基铝、三异丁基铝、铝粉、镁粉、闪光粉等都有类似的情况。

有的物品遇水后产生可燃的碳氢化合物(气体),同时放出热量引起燃烧、爆炸,如碳化钙(电石)遇水产生乙炔气,三丁基硼遇水产生丁醇。这些物品发生着火,主要用砂土扑救。

(2)氧化剂中的金属过氧化物与水反应,能放出氧,加速燃烧,如过氧化钠、过氧化钾、过氧化钙等。这些物品发生着火,不能用水扑救,要用砂土或干粉灭火器扑救。

(3)硫酸、硝酸等酸类腐蚀性物质,当遇到加压密集水流后会立即沸腾起来,使酸液四处飞溅,所以发烟硫酸、氯磺酸、浓硝酸等发生着火,宜用雾状水、干砂土、二氧化碳扑救。

(4)有些危险货物遇水能产生有毒或腐蚀性气体,如甲基二氯硅烷、硒化镉、磷化锌、磷化铝、三氧化磷、氯化硫等遇水后能和水中的氢生成有毒或有腐蚀性的气体。这些物品发生着火,宜用砂土或二氧化碳扑救。

(5)粉状物品如硫黄粉、有机颜料、粉剂农药等着火,不能用加压水冲击,防止尘末飞扬,扩大事故,可用雾状水扑救。

(6)相对密度小于 1 且不溶于水的易燃液体及液体有机氧化剂发生着火,如用水扑救,因水密度大会沉积在液体下面,并能形成喷溅、漂流而扩大火灾,这些物品发生着火时主要用泡沫、干粉、二氧化碳、1211 灭火器等扑救。

(7)遇热升华的易燃固体发生着火,如精萘等,用水很难扑灭,宜用泡沫扑救。

3. 禁用泡沫灭火的物品

除上述禁止用水和含水泡沫灭火的物品外,还有一部分毒性物质中的氰化物,如氰化钠、氰化钾等,遇泡沫中酸性物质即能生成氢化氰,所以不能用化学泡沫扑救,应用水或砂土扑救。用水扑救应防止氰化物随水流失,造成环境污染。

4. 禁止使用二氧化碳灭火的物品

遇水放出易燃气体的物质中的锂、钠、钾、铷、铯、锶、钠汞齐、钾汞齐、铝镁粉等,因其金属性质十分活泼,能夺取二氧化碳中的氧,并起化学反应而燃烧,这类物品发生着火,不能用二氧化碳、1211 灭火器扑救,只能用砂土扑救。

5. 扑救火灾注意事项

扑救无机毒性物质中的氰化物及磷、砷、硒的化合物,以及大部分有机毒性物质的火灾,扑救人员应尽量站在上风处,并戴氧气呼吸器或空气呼吸器等防毒面具。

扑救液体、气体危险化学品火灾时,扑救人员应先关闭管道或容器阀门,阻止液体、气体继续外溢,扩大灾情。

当危险货物的运输、装卸、储存过程中发生火灾时,应及时向 119 报警求救,同时尽力组织扑救,把火灾消灭在萌芽阶段,减少损失。

(六)标志灯和标牌

危险货物道路运输专用车辆应按照国家标准《道路运输危险货物车辆标志》(GB 13392)的要求,设置危险货物标志灯和标牌。

1. 标志灯

标志灯的主要功用是在行车时,特别是夜间行车时对迎面驶来的会车车辆起警示作用。根据这一功用要求,一是通过加入荧光材料或贴覆荧光膜的制作工艺,使灯体部分可以在夜间车辆正常行驶时发出一定强度的可见光;二是标志灯上的线条和汉字与基色成对比色,且使用反光材料印刷或贴覆,有效保证标志灯在夜间的正常工作。

2. 标志灯的分类

标志灯按照安装方法分为三种类型(表 3-2-2):A 型为磁吸式、B 型为顶檐支撑式、C 型为金属托架式。其中 B 型、C 型标志灯又按车辆载质量各分为三种型号:即 BⅠ、BⅡ、BⅢ和 CⅠ、CⅢ、CⅢ,分别适用于轻、中、重型载货汽车。如,一辆载质量为 8t 的运输危险货物专用车辆,应该选择安装 BⅡ型号标志灯;又如,一辆载质量为 20t 的带导流罩危险货物运输专用车辆,应该选择安装 CⅢ型号标志灯。

标志灯类型　　表 3-2-2

类　　型	安装方式	代　　号	适用车辆
A 型	磁吸式	A	载质量 1t(含)以下,用于城市配送车辆
B 型	顶檐支撑式	BⅠ	载质量 2t(含)以下
		BⅡ	载质量 2~15t(含)
		BⅢ	载质量 15t 以上
C 型	金属托架式	CⅠ①	带导流罩,载质量 2t(含)以下
		CⅡ①	带导流罩,载质量 2~15t(含)
		CⅢ①	带导流罩,载质量 15t 以上

注:①金属托架为可选件,金属托架按底平面与标志灯基准面的夹角 γ 分为三种,γ 分别为 30°、45°、60°。

3. 标志灯的尺寸和规格

(1) A 型标志灯如图 3-2-6 和表 3-2-3 所示。

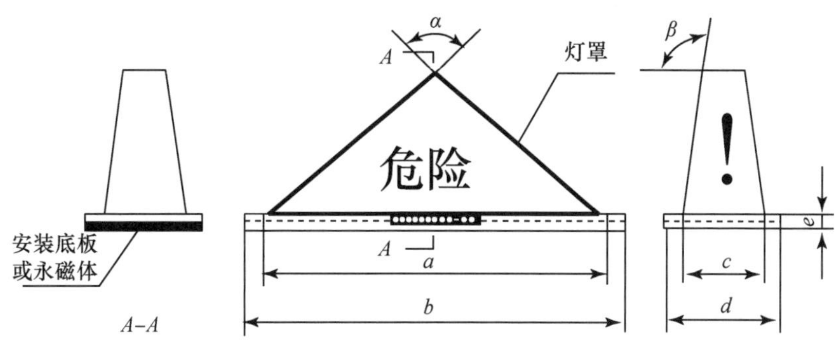

图 3-2-6 A 型标志灯

A 型标志灯尺寸 表 3-2-3

类型	尺寸						
	a(mm)	b(mm)	c(mm)	d(mm)	e(mm)	α(°)	β(°)
A	400	440	100	140	22	100	100

(2) B 型标志灯如图 3-2-7 和表 3-2-4 所示。标志灯灯体与金属杆用螺栓连接，以弹簧垫圈方式锁紧。

图 3-2-7 B 型标志灯

注：尺寸标注见 A 型标志灯。

B 型标志灯尺寸 表 3-2-4

类型	尺寸						
	a(mm)	b(mm)	c(mm)	d(mm)	e(mm)	α(°)	β(°)
BⅠ	400	440	100	140	22	100	100
BⅡ	460	500	120	160	22	100	100
BⅢ	520	560	140	180	22	100	100

(3) C 型标志灯如图 3-2-8 所示。C 型标志灯灯体尺寸与 B 型相同。标志灯灯体与金属托架、金属托架与汽车导流罩用螺栓连接，以弹簧垫圈方式锁紧。

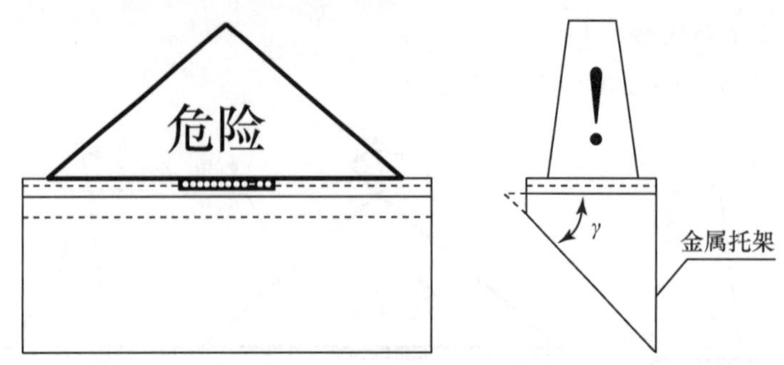

图 3-2-8　C 型标志灯

4. 标志灯安装

除载质量为 1t(含)以下用于城市配送的放射性物质运输专用车辆可使用磁吸式标志灯外,其他危险货物运输专用车辆一律将标志灯以顶檐支撑或金属托架方式固定安装在汽车驾驶室顶部。需要指出的是,对于载质量为 1t(含)以下的危险货物运输专用车辆,用途不限于城市配送时,规定仍需要将标志灯以顶檐支撑或金属托架方式固定安装在汽车驾驶室顶部。磁吸式标志灯的安放位置也应符合《道路运输危险货物车辆标志》(GB 13392)的规定,既必须将有标志文字"危险"字样和标志灯编号的标志灯正面朝向车辆行驶方向,不得为减小风阻而在安放时将标志灯正面朝向车辆的侧面。

5. 标志牌

标志牌的主要功用是在行车时对后面驶近的超车车辆起警示作用,在驻车和车辆遇险时对周围人群起警示作用、对专业救援人员起指示作用。

根据这一功用要求,一是标志牌图形采用了与国际接轨的危险货物指示图案、类项代号,以及易于被中国人识别的中文危险货物类别或类项名称;二是基板贴覆定向反光膜,图案、线条、字体均使用反光材料印刷,有效保证了标志牌的正常工作。

危险货物道路运输车辆标志牌样式见附录一,危险货物道路运输车辆标志牌悬挂位置见附录二。

第三节　危险货物道路运输驾驶人员操作规范

一、出车前

(1)检查随车有关证件(图 3-2-9)是否齐全有效。

(2)检查车辆标志和安全技术状况(图 3-2-10),发生故障应立即排除。

(3)保证车厢底板平坦完好、栏板牢固,有衬垫防护措施(如铺垫木板、胶合板、橡胶板等)(图 3-2-11),无残留物。

(4)检查车辆配备的消防器材,发现问题应立即更换或修理。

(5)领取并检查随车携带的遮盖、捆扎、防潮、防火、防毒等工、属具和应急处理设备(图

3-2-12)、劳动防护用品。

图 3-2-9 随车证件

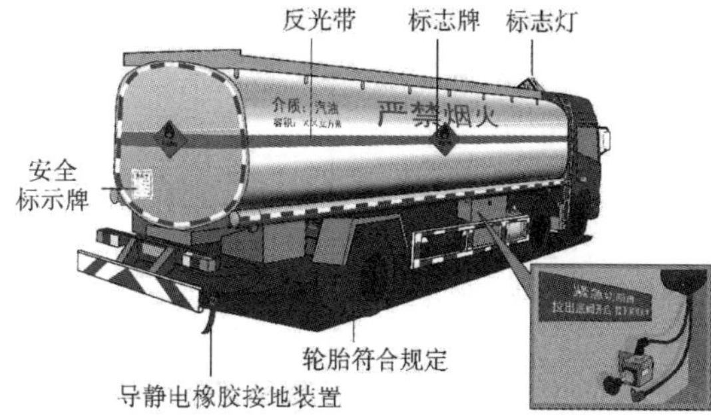

图 3-2-10 检查车辆安全技术状况

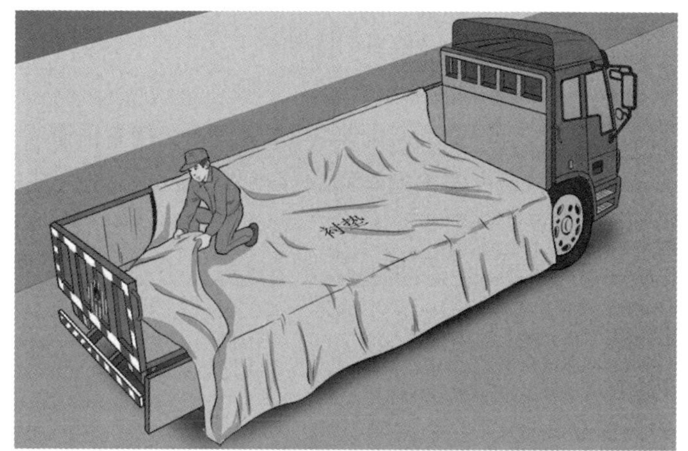

图 3-2-11 采取衬垫防护措施

图 3-2-12 随车应急处理设备等

(6)检查随车携带的“道路运输危险货物安全卡”是否与所运危险货物一致。

(7)会同押运人员领取、收存本次运输任务的相关单据，并听取企业安全管理人员的安全告知(图3-2-13)。

图3-2-13 听取企业安全管理人员的安全告知

(8)做好相关检查记录。

二、装载过程中

(1)驶入装载作业区前，按照要求穿戴安全防护用具，上交打火机，关闭手机等通信工具和电子设备。

(2)按照装卸管理人员要求停放车辆，发动机应熄火，并切断总电源(需从车辆上取得动力的除外)。

(3)装载全程监督罐体阀门有无泄漏现象。

(4)装载中不得离开车辆，会同押运人员监装，办理货物交接签证手续时应点收。

(5)装载中需要移动车辆时，应先关上车厢门或栏板(图3-2-14)，或有相关人员监护，保证安全，起步要慢，停车要稳。

(6)装载后，检查货物的堆码、遮盖、捆扎等安全措施是否存在影响车辆起动的不安全因素。

(7)车辆起动前，检查罐体阀门是否关好(图3-2-15)。

图3-2-14 关好车厢门

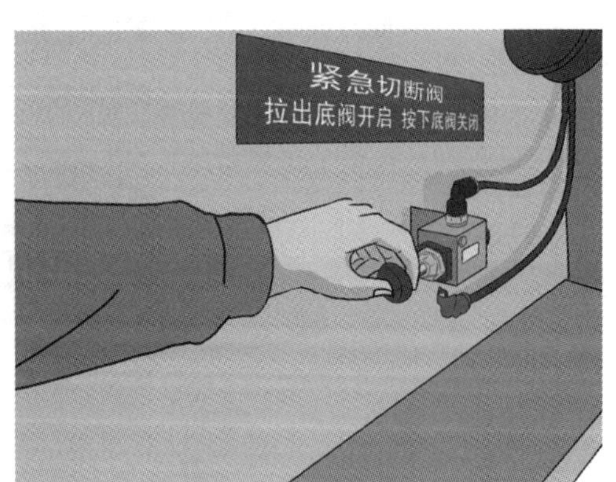

图3-2-15 检查罐体阀门

三、行车中

(1)系好安全带，不得有使用手机、抽烟等有碍行车安全的行为。

(2)根据道路交通状况控制车速，禁止超速和强行超车、会车(图3-2-16)。

(3)尽量避免紧急制动，转弯时车辆应减速(图3-2-17)。

图 3-2-16 禁止强行会车

图 3-2-17 转弯时应减速

(4)通过隧道、涵洞、立交桥时,要注意标高、限速(图 3-2-18)。

(5)倒车时应有押运人员指挥,严禁盲目倒车。

(6)停车后应拉紧驻车制动。离开车辆时必须使发动机熄火,切断所有电源。

(7)根据货物性质定时停车检查货物状态和车辆安全技术状况,发现问题及时会同押运人员采取措施妥善处理。

(8)不得擅自离岗、脱岗;连续驾驶 4h,应至少休息 20min(图 3-2-19)。

图 3-2-18 通过隧道时注意标高、限速

图 3-2-19 禁止疲劳驾驶

(9)禁止搭乘无关人员。

四、卸载过程中

(1)按照装卸管理人员要求停放车辆,发动机应熄火,并切断总电源(需从车辆上取得动力的除外)。

(2)卸载全程监督罐体阀门有无泄漏现象。

(3)卸载中不得离开车辆,会同押运人员监卸,办理货物交接签证手续时应点交。

(4)卸载后,检查车厢内是否有货物泄漏、残留。

(5)车辆回场起动前,检查罐体阀门是否关好。

五、收车后

(1)做好车辆安全技术状况检查(图3-2-20)。

图3-2-20 收车后检查车况

(2)归还随车携带的工、属具和安全防护用品。

(3)会同押运人员交接当班作业单据。

(4)及时向安全管理人员报告运输作业过程中的车辆安全技术状况、货物包装状态和运输路线条件等方面的情况。

第四节 危险货物道路运输安全要求

一、爆炸品

1.运输前的准备工作

(1)运输爆炸品的专用车辆应符合国家法律、法规以及技术标准的要求。

(2)装车前应检查运输爆炸品车辆,车厢或集装箱底板应平坦完好,铺设阻燃导静电胶板。将货厢或集装箱清扫干净,罐体清洗干净,排除异物,车厢、集装箱或罐体内不得有酸、碱、氧化剂、盐类等与所装爆炸品性质相抵触的残留物,或以前运输残留货物。确保车辆结构的耐用,内部底面和壁面没有凸出物。

(3)检查运输爆炸品车辆配备的消防器材,发现问题应立即更换或修理。

(4)根据所装货物及包装情况,备好防散失用具等应急处置器材。

(5)检查随车携带相关证件、运输文件是否齐全有效,特别是查验“爆炸物品准运证”是否携带及有效性。

(6)应根据所装爆炸品的性质,配备防护用品(如工作服、手套、防毒口罩、护目镜或者轻型防护服、防毒面具等)。

(7)进入装卸作业区,应禁止随身携带火种、关闭随身携带的手机等通信工具和电子设备(一般情况下,要提前交到门卫保管)、严禁吸烟、穿着不产生静电的工作服和不带铁钉的工作鞋。

(8)在装卸作业时应按照指定位置停车,熄灭发动机,实施驻车制动,装设好导静电拖地带。

(9)爆炸品运输,一般不配装。若需与其他货物混装,应符合有关规定。

2. 运输爆炸品的安全要求

(1)按规定装载,装载量不得超过额定负荷。密封式车厢装货总高度不得超过1.5m;没有外包装的金属桶(一般装的是硝化棉或发射药)只能单层摆放,以免压力过大或撞击摩擦引起爆炸;在任何情况下雷管和爆炸药都不得同车装运或两车同时在同一场地进行装卸。

(2)应将车厢门锁牢后方可运行车辆,不准敞开车门行驶。

(3)爆炸品道路运输时,要按照公安机关指定的时间、路线、速度行驶,不得擅自改变行驶路线。车上无押运人员不得单独行驶。车上严禁搭乘无关人员和危及安全的其他物资。

(4)行车中必须集中精力,严格遵守交通法规和操作规程,同时注意观察,保持行车平稳。多部车辆列队运输行驶时,跟车距离至少保持50m以上,一般情况下不得超车和强行会车。

(5)行车途中应严控车速,尽量避免紧急制动,车辆转弯前应减速,保持车辆平稳运行,以防止因紧急制动、急转弯等造成装载货物摩擦、振动、坍塌、坠落,撞击、摩擦引发爆炸事故。

(6)运输途中不得随意停车,更不得在人口聚集地、交叉路口、火源附近停车。运输过程中需要停车住宿或遇有无法正常运输的情况时,应向当地公安部门报告将车辆停放在有利于安全防护的地方,停车时要始终有人看守。

(7)夏季高温季节,应按照作业地规定的作业时间运输,做好车内货物温度监控;当车内货物温度非正常升高时,应停车检查,采取必要的降温措施。

(8)中途停车时,停车点应远离热源、火种场所和人口密集区;临时停靠或途中住宿过夜,车辆应有专人看管;途中住宿过夜,应向当地公安部门报告。

(9)运输途中应每隔一定时间停车检查车上货物情况,发现包装破漏要及时处理,防止漏出物损坏其他包装,酿成重大事故。

(10)车辆重载若发生故障,在维修时应严格控制明火作业,驾驶员不得离开车辆,要随时注意周围环境是否安全,发现问题应及时采取措施。

(11)运输途中发生燃烧、爆炸、污染、中毒或者被盗、丢失、流散、泄漏等事故,驾驶人员应会同押运人员立即向事故发生地公安部门、交通运输主管部门和本运输企业或者单位报告,并根据应急预案和《道路运输危险货物安全卡》的要求采取应急处置措施。

(12)对于不具备有效的避雷电、防湿潮条件时,雷雨天气应停止对爆炸品的运输作业。

二、气体

1. 运输前的准备工作

（1）应根据所装气体的性质穿戴防护用品，必要时需要戴好防毒面具；运输大型气瓶或罐式集装箱，在起重机下操作时必须戴好安全帽。

（2）瓶装气体应尽可能直立运输，直立运输应符合《气瓶直立道路运输技术要求》（JT/T 773）要求。气瓶装气体采用集束装置、集装篮运输可使用厢式货车、栏板货车、平板货车或专用车辆等运输；使用平板货车运输时，应在地板上设置带锁止的固定装置。散装气瓶应使用厢式货车、栏板货车或专用车辆运输。

（3）运输大型气瓶（如液氯、制冷剂等），货车上必须配备防止气瓶滚动的紧固装置，如插桩、垫木、紧绳器等。

（4）运输车辆应具备固定气瓶的相应装置，厢式货车厢体应通风良好，散装直立气瓶高出栏板部分不应大于气瓶高度的1/4。

（5）运输氧气、液氯等氧化性较强的气体，应认真检查货厢是否清洁，必须保证货厢内无油脂及含油脂的残留物，如油棉纱团等。

（6）罐车装卸作业时应按照指定位置停车，熄灭发动机，实施驻车制动。

（7）运输各种易燃气体（如液化石油气等）受压罐车，检查管道接头、仪表、泄压阀等安全装置的情况应良好，并接通导除静电装置。

2. 运输气体的安全要求

（1）夏季运输除另有限运规定外，当罐内液温达到40℃时，还必须配有罐体遮阳或用冷水喷淋降温等设施，防止罐体暴晒。

（2）运输易燃、易爆气体应远离热源、火源，如锅炉房或明火场所。

（3）运输大型气瓶，行车途中应尽量避免紧急制动，防止气瓶因惯性力作用冲出车厢平台造成事故；车辆转弯前应减速，以防止急转弯或车速过快时所装载的气瓶因离心力作用而被抛出车厢外。

三、易燃液体

1. 运输前的准备工作

（1）大多数易燃液体的蒸气对人体健康具有危害性，因此在作业前或作业中，应加强集装箱、封闭式车厢的排气通风，以使易燃蒸气能有效地扩散，特别是在夏季，高温诱发空气中有害蒸气浓度加大，更应加强通风。

（2）易燃液体蒸气与空气能形成爆炸性混合气体，遇明火会发生燃烧爆炸，因此在运输作业现场必须严禁烟火，作业现场应划定警戒区，一般半径30m内不得有热源或明火，车辆应停靠稳妥，熄灭发动机，实施驻车制动，接好导除静电装置。

（3）不得随身携带火种（如火柴、打火机），应穿着不产生静电的工作服和不带铁钉的工作鞋。

(4)根据所装货物的包装情况(如化学试剂、油漆等小包装物品),备好防散失用具。

2. 运输易燃液体的安全要求

(1)运输易燃液体,车上人员不准吸烟,车辆不得接近明火及高温场所。装运易燃液体的罐车行驶时,导除静电装置应接地良好。

(2)装运易燃液体的车辆,严禁搭乘无关人员,途中应经常检查车上货物的装载情况,如捆扎是否松动,包装件有否渗漏。发现异常情况时应及时采取有效措施。

(3)夏季高温季节,当天气预报气温在30℃以上时,应按照作业地规定的作业时间运输。若必须运输时,车上应有有效的遮阳设施,封闭式货厢应保持车厢通风良好。

(4)应将车厢后门、侧门锁牢后方可运行车辆,不准敞开车门行驶。严禁超载运输。装有重瓶的车辆在处于静态停车时,应将车厢顶部的天窗全部敞开并锁好窗销,不准将天窗关闭。

(5)低沸点或易聚合等易燃液体受热后,常会发生容器膨胀或“鼓桶”现象,特别是夏季更应注意。如发现其包装容器内装物膨胀(鼓桶)现象时,不得继续运输。

四、易燃固体、易于自燃的物质、遇水放出易燃气体的物质

1. 运输前的准备工作

(1)运输作业现场要远离明火、高温场所,遇水放出易燃气体的物质车厢必须干燥、无积水。

(2)不得随身携带火种(如火柴、打火机),不得穿着易产生静电的工作服和工作鞋。

(3)对易升华(如精萘、樟脑等)或易挥发出易燃、有害及刺激性气体的货物,作业现场应保持良好通风,防止中毒和燃烧爆炸。

(4)雨雪天运输遇水放出易燃气体的物质时,车辆必须具备有效的防水设备,不具备条件的车辆不得运输。

2. 运输易燃固体、易于自燃的物质、遇水放出易燃气体的物质的安全要求

(1)行车时,要注意防止外来明火飞到货物中,要避开明火、高温场所。

(2)行车中应定时停车检查所装货物的堆码、捆扎和包装情况,尤其是要注意防止包装渗漏等隐患。

五、氧化性物质和有机过氧化物

1. 运输前的准备工作

(1)运输前应认真检查车厢,不得有任何酸类及煤屑、木屑、硫黄、磷等可燃物的残留物,车厢必须干净。

(2)运输需控温的有机过氧化物,应检查车辆控温、制冷系统的运行状态,保持运转正常。

2. 运输氧化性物质和有机过氧化物的安全要求

(1)根据所装货物的特性和道路情况,严格控制车速,防止货物剧烈振动、摩擦。

(2)需控温的有机过氧化物在运输途中应定时检查制冷设备的运转情况,发现故障应及时排除。

(3)中途停车时,应远离热源和火种场所,临时停靠或途中住宿过夜,车辆应有专人看管。

(4)车辆重载若发生故障,在维修时应严格控制明火作业,不得离开车辆,要随时注意周围环境是否安全,发现问题应及时采取措施。

六、毒性物质和感染性物质

1. 运输前的准备工作

(1)根据所装运货物的毒性、状态、包装情况,必须携带劳动防护用品(如工作服、手套、防毒口罩或面具)及防散失、防雨等工属具。

(2)进入作业现场对刚开启的仓库、集装箱、封闭式车厢要先通风排气,驱除积聚的毒性气体。

(3)在运输作业现场,人尽量站立在上风处,不能在低洼处久留,不能在货物上坐卧、休息,作业过程中不能进食、吸烟、饮水。工作前、工作后严禁饮酒。

2. 运输毒性物质和感染性物质的安全要求

(1)要平稳驾车,勤加瞭望,定时停车检查包装件的捆扎情况,谨防捆扎松动和货物丢失,装运有机毒性物质,行车中应避开高温、明火场所。

(2)防止毒性物质丢失是行车中要注意的最重要的事项。如果丢失不能找回,落到不了解其性能的群众手里,或被犯罪分子利用,就可能酿成重大事故。因此,发生丢失而又无法找回时,必须立即向货物丢失的当地公安部门报案。

(3)装运过毒性物质的车辆未清洗、消毒前,严禁装运食品或鲜活动物。

(4)感染性物质运输后,车辆应到指定的地点集中清洗消毒。

七、腐蚀性物质

1. 运输前的准备工作

(1)运输前应认真检查货物包装和容器封口情况,严禁运输无外包装的任何易碎品容器。

(2)作业时应站立在上风处,防止有毒烟雾、气体对人身的伤害;罐装后,应将进料口紧密封严,防止行车中车辆晃动,造成腐蚀性物质从盖口溅出,伤及周围人员和车辆。

2. 运输腐蚀性物质的安全要求

(1)装载有易碎容器包装的腐蚀性物质时,要平稳驾驶,密切注意路面情况,上下桥隧、过铁路道口等,对路面条件差、颠簸振动大而不能确保易碎容器完好时,应缓慢通行。

(2)运输途中应每隔一定时间停车检查车上货物情况,发现包装破漏要及时处理,防止漏出物损坏其他包装,酿成重大事故。

八、杂项危险物质和物品,包括危害环境物质

本类货物系指在运输过程中呈现的危险性质不包括在其他八类危险货物中的物品。其运输前的准备工作、运输的安全要求、灭火方法和洒漏处理等要求,应按照《安全标签》和《安全技术说明书》的要求进行。

第五节 事故案例分析

案例一 污染农药的车辆装运面粉引起食物中毒

一、事故概况及经过

某日,安庆市康熙河菜市场红旗饮食门市部出售油煎包子后,陆续有 34 人发生食物中毒,死亡 11 人。

经查,安徽省安庆市运输分公司八队驾驶员张××运送市化工总厂生产的 1605 农药到河北省保定。途中农药外溢到车厢底板,验收时发现少了近 20kg。底板在车头方直径 40cm 范围内污染严重,斑迹明显,并有刺鼻的臭味。该车未经任何处理,前后给个体户江××和安庆制面厂从安徽和县分别运回面粉 440 袋、448 袋,从而导致面粉被 1605 原液严重污染。江××从市制面厂购进被污染的面粉 100 袋连同自己运回的面粉计 540 袋销售给个体户曹××。曹××将其中的 20 袋销售给红旗饮食门市部。经调查这 20 袋面粉均靠在车头方车厢堆放,其中引起食物中毒的一袋面粉可能放置在车厢污染最严重的部位,吸收了大量的 1605 原液。

二、事故原因分析

这是一起危险货物运输专用车辆违反法规,非法装运食品,且在车辆未经清洗消毒,消除危害的情况下装运食品,导致所装运的食品被洒漏的危险货物污染,引起食物中毒的事故。

三、对事故责任的处理结果

1. 处理结果

事发当日安庆市卫生防疫站对造成重大食物中毒事故的安庆市运输分公司八队罚款 30000 元;对红旗饮食门市部罚款 9000 元、责令停业。安庆市迎江区法院一审判处张××有

期徒刑3年;判处红旗饮食门市部负责人邓××有期徒刑2年。

2. 事故的教训及建议

(1)承运单位违法使用装运剧毒1605农药的运输车辆装运食品。

(2)承运人应当严格遵守《道路危险货物运输管理规定》"不得使用罐式专用车辆或者运输有毒、感染性、腐蚀性危险货物的专用车辆运输普通货物。其他专用车辆可以从事食品、生活用品、药品、医疗器具以外的普通货物运输活动,但应当对专用车辆进行消除危害处理,确保不对普通货物造成污染、损害"的规定,不得使用运输有毒危险货物的专用车辆运输普通货物,更不得装运食品。

案例二　危险货物、普通货物混装酿惨案

一、事故概况及经过

2009年9月1日,山东省临沂市一辆车牌号为鲁QB××××的货车(一般运输资质,无危险货物运输资质)装载了3t耐火泥、200套茶具和2套机械设备后,又从江苏省宜兴市××化工厂装载了8tH型发泡剂(属危险化学品,易燃固体,受撞击、摩擦、遇明火或其他点火源极易爆炸)后运往山东省临沂市兰山区金兰物流城××货物托运部。2009年9月2日下午,该货车在卸车过程中引发的意外爆燃事故,事故造成7人当场死亡,11人经抢救无效死亡,10人受伤。

二、承运方基本情况

临沂市运恒货物托运部位于金兰物流基地内,尚未取得工商营业执照,属非法经营单位。运输车辆鲁QB××××为普通货物运输资质,无危险货物运输资质。

三、托运方基本情况

托运人江苏省宜兴市××化工厂违反《危险化学品安全管理条例》,将危险货物委托给无危险货物道路运输资质的企业、车辆运输。

四、事故原因分析

经事故原因调查组现场勘验、调查访问,化学实验以及鉴定检验,综合分析认定,临沂市山东金兰现代物流发展有限公司"9·2"危险化学品爆燃事故原因是危险化学品发泡剂H遇酸性物质发生化学反应引起爆燃所致。发生爆燃的物质为发泡剂H,属于一级易燃固体。

五、对事故责任的处理结果

1. 处理结果

临沂市公安机关以涉嫌危险物品肇事罪对运恒货物托运部主要负责人、江苏宜兴远恒

货运配载部主要负责人、临沂雪华经贸有限公司经理等 11 名责任人刑事拘留，追究刑事责任。

2. 事故的教训及建议

（1）承运人无危险货物道路运输资质非法承运危险货物，且将危险货物与普通货物混装。

（2）托运人违反《危险化学品安全管理条例》，将危险货物委托给无危险货物道路运输资质企业承运，是导致此次事故的根源。

（3）承运人应严格遵守《道路危险货物运输管理规定》中关于“不得将危险货物与普通货物混装运输”的规定，确保危险货物运输安全。

案例三　京沪高速液氯泄漏事故

一、事故概况及经过

某晚，一辆牌号为鲁 H××××× 罐式半挂车在京沪高速公路淮安段发生交通事故，引发车上罐装液氯大量泄漏，造成 29 人死亡，456 名村民和抢救人员中毒住院治疗，门诊留治人员 1867 人，10500 多村民被迫疏散转移，大量家畜（家禽）、农作物死亡和损失，环境严重污染，已造成直接经济损失 1739.94 万元。京沪高速公路沭阳段（约 110km）交通中断 20h。

二、承运方基本情况

济宁市科迪化学危险货物运输中心具备危险货物道路运输资质，该单位的危险货物运输车辆多为挂靠车辆，单位对挂靠的危险货物运输车辆疏于安全管理。

押运员无工作资质，未参加相关培训和考核，不具备押运危险化学品资质，不具备危险化学品运输知识和相应的应急处置能力，导致伤亡事故损失扩大。

三、托运方基本情况

山东省临沂市沂州化工有限公司明知运货的罐式半挂车核定载质量仅 15t，仍违反安全生产规定严重超装，实际装载质量 40.44t。

四、事故原因分析

1. 事故直接原因

（1）车辆超载。车辆核载质量为 15t，实载质量 40.44t，超载 169.9%。

（2）车况较差。使用报废轮胎，安全零部件不符合技术标准。导致左前轮爆胎，行驶过程中槽罐车侧倾，致使液氯泄漏。

（3）肇事人员逃离。肇事车驾驶员、押运员在事故后逃离现场，未及时报警，失去最佳救援时机，直接导致事故后果的扩大。

2. 事故间接原因

(1)疏于管理,无证生产。济宁市科迪化学危险货物运输中心对挂靠的这辆危险化学品运输车疏于安全管理,所运载液氯的生产和销售单位山东沂州水泥集团化工公司无安全生产许可证。

(2)管理不严。运输中心未履行监督和检查职责,未及时纠正车主使用报废轮胎和车辆超载行为。

(3)无证上岗。押运员无工作资质,未参加相关培训和考核,不具备押运危险化学品资质,不具备危险化学品运输知识和相应的应急处置能力,导致伤亡事故损失扩大。

五、对事故责任的处理结果

1. 事故处理结果

这是一起由于使用报废轮胎、严重超载、事发后肇事人逃匿,由交通事故导致的液氯泄漏特(重)大责任事故。济宁市科迪化学危险货物运输中心承担事故主要责任。

驾驶员康××、押运员王×已被检察机关以涉嫌"以危险方法危害公共安全罪"批准逮捕。淮安市中级人民法院判决:驾驶员康××、押运员王×犯危险物品肇事罪,分别判处有期徒刑6年6个月;济宁市远达石化有限公司、济宁市科迪化学危险货物运输中心、临沂沂州化工有限责任公司共同赔偿原告损失近3000万元。

液氯由山东省临沂市沂州化工有限公司售出,该公司员工朱××、刘××明知运货的罐式半挂车核定载质量仅15t,仍违反安全生产规定严重超装,实际装载质量40.44t。事故发生后,为逃避责任,他们私自更改了销售液氯的原始凭证,企图逃避责任追究。肇事车车主马××和该车所在的山东省济宁市远达石化公司车队队长张××两人明知该车严重超载却不予制止。肇事车挂靠于山东省济宁市科迪化学危险货物运输中心,该中心安全科科长部××未尽管理、检查、培训职责。这5人均已经涉嫌"危险物品肇事罪",被检察机关批准逮捕。

2. 事故的教训及建议

(1)危险货物道路运输企业应强化车辆管理,杜绝车辆挂靠,做好危险货物运输专用车辆的维护、检测、使用和管理,确保专用车辆技术状况良好;强化从业人员的教育培训,使其熟悉有关安全生产的法规、技术标准和安全生产规章制度、安全操作规程,了解所装运危险货物的性质、危害特性、包装物或者容器的使用要求和发生意外事故时的处置措施;严格按照法律、法规和技术标准规定装载危险货物,不超载运输危险货物;加强对车辆的动态管理,对车辆运行动态实施监控,及早预警并发现事故,启动救援预案,组织实施救援。

(2)本案例中,驾驶人员、押运人员两人在发生事故后,既不采取应急处置措施,不在现场设置任何警示标志,疏散周围村庄的居民,也不报警,延误了救援时机,导致事故损失扩大,造成了严重的事故后果。这次事故的教训十分惨重。因此,在危险货物运输过程中发生燃烧、爆炸、污染、中毒或者被盗、丢失、流散、泄漏等事故,驾驶人员、押运人员应当立即根据应急预案和《道路运输危险货物安全卡》的要求采取应急处置措施,并向事故发生地公安部门、交通运输主管部门和本运输企业或者单位报告。在事故发生初期,驾驶人员、押运人员在保证自身安全的前提下,通过采取堵漏、灭火、设置警示标志、疏散周围人群等应急处置措施,并及时报警,可以为救援人员施救赢得时间,降低事故规模和事故损失。

(3)货主企业、托运人应按照法律、法规要求,认真核查承运人、运输车辆、从业人员的资质,不得将危险货物委托给无危险货物运输资质的承运人、运输车辆和从业人员运输;要严格车辆的核载质量装载危险货物,不超装危险货物,从源头上消除安全隐患,确保运输安全。

第三章　危险货物道路运输押运人员

第一节　危险货物道路运输押运人员基本要求

一、押运人员的要求

《道路危险货物运输管理规定》第三条规定："本规定所称危险货物，是指具有爆炸、易燃、毒害、感染、腐蚀等危险特性，在生产、经营、运输、储存、使用和处置中，容易造成人身伤亡、财产损毁或者环境污染而需要特别防护的物质和物品。"掌握危险货物的基本特性，正确开展危险货物道路运输押运工作，避免发生爆炸、易燃、毒害、感染、腐蚀的危险货物运输事故，确保在运输、装卸和处置中，不至于造成人身伤亡、财产损毁或者环境污染，所以危险货物运输押运人员必须具备一定的文化素质、职业道德和技术水平。

1. 文化程度

由于危险货物运输的特殊性，且危险化学品危害性较大，化学反应科学性知识复杂，因此，要求从事危险货物运输的押运人员，需具备基本的文化知识，要求押运人员具备初中毕业以上的学历，能够接受危险货物道路运输管理和企业规范管理要求。

2. 身体条件

从事危险货物道路运输的押运人员要身体健康，有良好的心理素质和正常的工作心态，能够承受押运员岗位工作强度，并能够在押运状态下正常履行岗位职责。按照国家有关规定，结合道路运输行业工作的特点，男性年龄不超过 60 周岁，女性年龄不超过 55 周岁。

3. 资质要求

从事危险货物道路运输的押运人员，需经所在地设区的市级人民政府交通运输主管部门考试合格，取得注明从业资格类别为"道路危险货物运输"的道路运输从业资格证(以下简称道路运输从业资格证)，方能上岗作业。

4. 职业素养

从事危险货物道路运输的押运人员，应具有良好的思想素质和职业道德水平，不得有犯罪记录，具备良好的心理素质、工作责任心和社会责任感，有较强的自制能力，不计较个人得失，善于与他人协调和沟通，能服从工作安排，临危冷静，具有应急处置能力。

5. 专业技能

从事危险货物道路运输的押运员必须接受其所属企业或单位安排的有关安全生产法

规、安全知识、专业技术、职业卫生防护和应急救援知识等方面的培训,了解危险货物理化性质、危害特征、包装容器的使用特性和发生意外事件或运输事故时的应急措施,还需接受其所属企业或单位安排的有关运输安全生产和基本应急知识等方面的考核;考核不合格的,不得从事相关工作。

押运人员除了掌握押运知识,监督装卸人员规范装卸外,还应当了解安全驾驶基本知识,在运输过程中,督促驾驶人员按照《汽车运输危险货物规则》(JT 617)、《汽车运输、装卸危险货物作业规程》(JT 618)等标准规范驾驶,不得违章作业。

二、押运人员岗位职责

(1)必须了解有关危险货物道路运输的安全生产法规、规章、规程、标准;了解危险货物的分类、性质和危害特征;了解包装物或容器的使用特性和要求;了解运输企业货物运输中配装、码放、堆存、装卸及交接操作规程;熟悉发生意外和运输事故时的应急措施;认真填写押运工作日志并掌握发生意外和运输事故时的预防措施、基本自救知识和必要的应急处置措施等。

(2)应定期或不定期参加企业(单位)安排的有关运输安全生产和基本应急知识等方面的培训和考核;考核不合格的,不得从事相关工作。

(3)出车前,应协助驾驶人员检查随车携带的遮盖、捆扎、防潮、隔热熄火等装置、工属具是否齐全、有效。检查随车携带的证件和材料是否齐全,检查是否配备了必要的、有效的防护用品及消防设施。按照《道路运输危险货物车辆标志》(GB 13392)检查危险货物运输车辆标志灯是否按照规定在车头安放,标志牌是否按照要求悬挂于车辆后厢板或罐体后面的几何中心部位附近(对于低栏板车辆可视情选择适当悬挂位置),避开车辆放大号,标志牌图形是否与所运危险货物类项相对应。运输爆炸、剧毒危险货物的车辆,是否按照规定在车辆两侧面厢板几何中心部位附近的适当位置各增加一块悬挂标志牌。

(4)装载危险货物时,应督促按照操作规程有序堆码、捆扎,并同时与客户核对品名、数量、规格,装载完成后,应按照企业操作规程办理货物交接手续。罐体车辆的充装量必须按照国家标准《道路运输液体危险货物罐式车辆第1部分:金属常压罐体技术要求》(GB 18564.1)、《道路运输液体危险货物罐式车辆第2部分:非金属常压罐体技术要求》(GB 18564.2)等有关技术要求充装,运输轻质燃油符合 QC/T 653 规定,其他类介质应当按照常压罐体设计温度下,其罐体至少留有5%,且不大于10%的气相空间及该温度下的介质密度来确定充装量。运输气瓶应当按照《气瓶直立道路运输技术要求》(JT/T 773—2010)的要求,气瓶或集装格、集装篮须在运输车辆上采用机械式结构或捆绑带等进行固定。各接触面应紧密牢靠,不应松动。置于集装篮内的散装气瓶,应根据不同形式固定牢靠。厢式车辆运输散装气瓶时,应根据车厢结构和气瓶编组形式采用捆绑带固定、牢靠,其上下固定带的数不应少于两条。

(5)办理完交接手续,不得擅自离岗、脱岗,不得擅自离开所押运货物,应使货物随时处于押运人员的监管之下,以防止危险货物被盗、丢失等事故的发生。

(6)运输途中,应全程监督驾驶人员的工作状况,及时纠正驾驶人员不安全操作行为,督促驾驶人员按照规定进行停车休息,防止疲劳驾驶;并按照规定检查货物装载情况,发现问题应当在落实防护措施的前提下按照《道路运输危险货物安全卡》的处置方法及时采取措施,并向企业或相关管理部门汇报情况。同时停车休息时,押运人员还应检查危险货物包装密封情况、车辆轮胎、危险货物标识等,并记录翔实。

(7)进出货物装卸场所时,应自觉遵守各项安全管理制度,不准携带火种,关掉手机,不准穿戴钉鞋和易产成静电的工作服。装车后,应对货物的堆码、遮盖、捆扎等安全措施及对影响车辆启动的不安全因素进行检查。

(8)货物运达卸货地点后,应与收货人核对,确认到货时间、货物品名、数量、规格等信息,办理交接手续。因故不能及时卸货,应当按照操作规程要求将车辆停放在安全位置,在待卸期间,应会同驾驶人员负责看管货物。卸货时,应督促装卸人员按照操作规程安全有序地卸载危险货物。

(9)及时搜集客户对运输质量的反馈等信息,并及时反馈企业经营部门。对需要收回的包装容器进行初步检验,以确保企业安全。

(10)货物运输、装卸过程中,一旦发生事故,应立即组织抢救及负责维护现场,并及时向当地有关部门如实报告。

第二节　危险货物道路运输押运人员操作规范

一、出车前

(1)检查随车有关证件(图3-3-1)是否齐全有效。

图3-3-1　随车证件

(2)协助驾驶人员检查车辆标志、安全技术状况,发生故障应立即排除。

(3)保证车厢底板平坦完好、栏板牢固,有衬垫防护措施(如铺垫木板、胶合板、橡胶板等),无残留物。

(4)协助驾驶人员检查车辆配备的消防器材,发现问题应立即更换或修理(图3-3-2)。

(5)协助驾驶人员领取并检查随车携带的遮盖、捆扎、防潮、防火、防毒等工、属具和应急处理设备、劳动防护用品。

(6)检查随车携带的"道路运输危险货物安全卡"是否与所运危险货物一致(图3-3-3)。

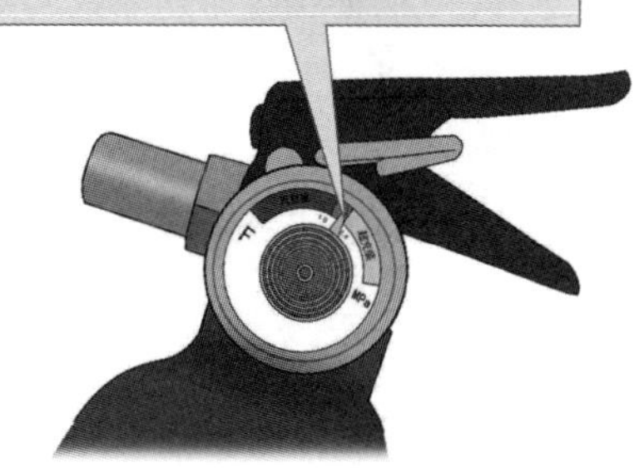

图3-3-2 检查随车灭火器

有毒品

丙烯腈
Acrylonitrile
C_2H_3CN
[无色,有桃仁气味]

UN NO. 1093

CN NO. 32162

危 险 性

本品易燃,蒸气与空气易形成爆炸性混合物。

遇明火、高热易引起燃烧放出有毒气体。

遇氧化剂、强酸、强碱、胺类、溴反应剧烈。

在火场高温下,能发生聚合反应使容器破裂。

对呼吸中枢有直接麻醉作用。

泄漏处理

切断火源。应急人员戴自给式呼吸器,穿防胶布防毒衣。尽可能切断泄漏源。防止流入下水道、排洪沟等限制性空间。小量泄漏:用活性炭或其他惰性材料吸收。也可用大量水冲洗,稀释后放入废水系统。大量泄漏:构筑围堤或挖坑收容。用泡沫覆盖,降低蒸气灾害。喷雾状水或泡沫冷却和稀释蒸气,保护现场人员。用防爆泵转移至槽车或专用收集器内,回收或运至废物处理场所处置。

储运要求

包装方法:I类,玻璃瓶外木箱或钙塑箱内衬垫料或铁桶装。

储运条件:通常商品加有稳定剂。储存于阴凉、通风的库房。远离火种、热源。库温不宜超过30℃。不宜大量或久存。应与氧化剂、酸类、碱类分开存放。定期检查是否有泄漏现象。搬运时轻装轻卸,防止容器受损。

急 救

吸入:迅速脱离现场至空气新鲜处。保持呼吸道通畅。呼吸困难时输氧,呼吸停止时立即进行人工呼吸(勿用口对口)。给吸入亚硝酸异戊酯,就医。皮肤接触:用流动清水或5%硫代硫酸钠溶液冲洗至少15分钟。就医。眼睛接触:用流动清水或生理盐水冲洗。就医。食入:饮足量温水,催吐,用1:5000高锰酸钾或5%硫代硫酸钠溶液洗胃。就医。

灭火方法

灭火剂:二氧化碳、干粉、砂土。用水灭火无效。

防护措施:

可能接触毒物时,必须佩戴过滤式呼吸器。紧急事态抢救或撤离时,佩戴自给式呼吸器。穿连衣式胶布防毒衣。戴橡胶手套。工作现场严禁吸烟、进食和饮水。工作完毕,沐浴更衣。保持良好的卫生习惯。单独存放被毒物污染的衣服,洗后备用。

图3-3-3 道路运输危险货物安全卡

(7)会同驾驶人员领取、收存本次运输任务的相关单据,并听取企业安全管理人员的安全告知(图3-3-4、图3-3-5)。

(8)做好相关检查记录。

图 3-3-4 确认行车路线

图 3-3-5 协助驾驶人员做好出车前检查

二、装载过程中

(1)进入装载作业区前,按照要求穿戴安全防护用具,上交打火机,关闭手机等通信工具和电子设备。

(2)会同装卸管理人员与托运人核对运单信息,并检查货物包装是否符合有关规定(图 3-3-6)。

(3)装载全程监督罐体阀门有无泄漏现象(图 3-3-7)。

图 3-3-6 检查货物包装

图 3-3-7 装载全程检查罐体阀门

(4)装载中不得离开车辆,会同驾驶人员监装,办理货物交接签证手续时应点收。

(5)装载中需要移动车辆时,督促驾驶人员应先关上车厢门或栏板,或监护车辆移动,保证安全。

(6)监督所装运危险货物质量在车辆核定载质量范围内,严禁超限超载(图 3-3-8)。

(7)装载后,协助驾驶人员检查货物的堆码、遮盖、捆扎等安全措施是否存在影响车辆起动的不安全因素。

(8)车辆起动前,协助驾驶人员检查罐体阀

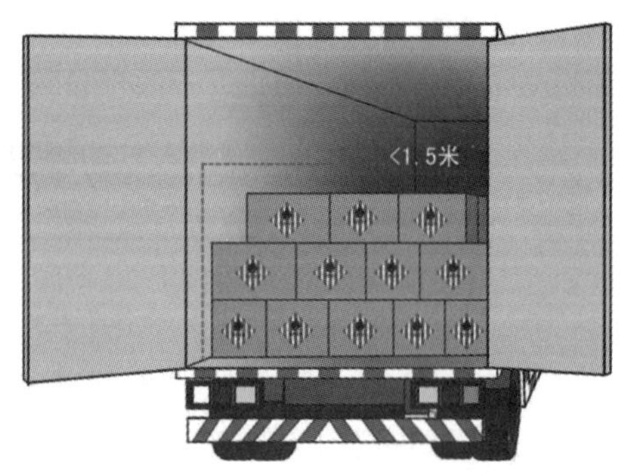

图 3-3-8 严禁超限超载

门是否关好。

三、行车中

(1)系好安全带,督促驾驶人员规范驾驶操作(图3-3-9),保证行车安全。

(2)全程监管货物,防止发生货损、货差(图3-3-10)。

图3-3-9 督促驾驶人员规范驾驶

图3-3-10 行车中防止货损、货差

(3)主动指挥驾驶人员倒车,禁止盲目倒车(图3-3-11)。

(4)提醒驾驶人员按规定时间或里程停车休息,制止驾驶人员疲劳驾驶行为(图3-3-12)。

图3-3-11 指挥驾驶人员倒车

图3-3-12 制止驾驶人员疲劳驾驶

(5)会同驾驶人员根据货物性质定时停车检查货物状态和车辆安全技术状况,发现问题及时采取措施妥善处理(图3-3-13)。

图3-3-13 定时停车检查货物状态和车辆状况

(6)不得擅自离岗、脱岗。

(7)如实做好车辆运行情况(时间、速度、临时停车地点等)和货物捆扎、紧固检查情况、突发事件情况等记录。

四、卸载过程中

(1)核对客户单位、货物品种、数量是否与"运单"相符。

(2)卸载全程监督罐体阀门有无泄漏现象。

(3)卸载中不得离开车辆,会同驾驶人员监卸,办理货物交接签证手续时应点交。

(4)检查货物包装是否完好无损,堆垛码放是否符合要求。

(5)卸载后,检查车厢内是否有货物泄漏、残留。

(6)车辆回场起动前,协助驾驶人员检查罐体阀门是否关好。

五、收车后

(1)协助驾驶人员做好车辆安全技术状况检查。

(2)协助驾驶人员归还随车携带的工、属具和安全防护用品。

(3)会同驾驶人员交接当班作业单据。

(4)及时向安全管理人员报告运输作业过程中的有关客户、运输安全、质量方面的情况。

第三节　危险货物押运安全要求

危险货物的理化特性不同,其运输、装卸要求的作业环境、作业方法和配备的安全防护器具也不相同,因此要采取各种安全防范措施,进行严格的监督管理。但由于各种原因,仍不可能完全避免发生一些火灾、爆炸、泄漏及人员伤亡等事故。所以危险货物押运人员应掌握事故应急措施,一旦发生危险货物运输事故,要采取必要的、正确的应急措施,使事故损失降到最低,为后续救援工作赢得时间和做好准备。

一、各类危险货物押运过程的要求

(一)爆炸品

1. 出车前

(1)接受任务后,会同驾驶人员领取并掌握当班作业单据,验证准运手续、出入库单据等,核实公安部门爆炸物品运输许可手续载明收货单位、销售企业、承运人,熟悉运输有效期限、起始地点、运输路线、经停地点,民用爆炸物品的品种、数量;包装材料和包装方式;运输爆炸物品的特性、出现险情的应急处置方法等相关注意事项。

(2)协助驾驶人员做好车辆例行检查。检查车辆是否与所运载的民用爆炸物品相适应,技术状况是否符合《道路运输爆炸品和剧毒化学品车辆安全技术条件》GB 20300 等标准的规定,若不符合安全要求,应及时与驾驶人员沟通及报修。

(3)根据所运爆炸品特性,领取安全防护用品,随车携带捆扎、防潮、降温、防火、防毒等工属具和应急处理设备、劳动防护用品,检查随车必备的消防用具是否齐全有效。

(4)检查车辆标志的安装悬挂是否符合《道路运输危险货物车辆标志》的规定。

(5)检查运输车辆的有关证件、标志是否齐全有效。

(6)办完手续后,接受安全教育,并听取管理人员的安全告知。

(7)接受完安全教育后,应到运输公司办理相关手续,并整理好个人物质准备出车。

(8)对于运输具有特殊性质的爆炸品任务,应按照具体要求严格执行。

2. 装载过程

(1)运输车辆到爆炸品库房装货,押运人员应先到门卫室登记并与库管员进行沟通,落实装载库区及车辆停靠点。

(2)联系客户,核对客户名称,清点所押运物品的数量、品种、规格,确保与运输证一致。

(3)检视装载作业区的安全状况。

(4)检查车厢、栏板的固定、链接、锁扣装置是否安全完好。

(5)监督作业人员穿戴好安全防护用品,按照《汽车运输、装卸危险货物作业规程》(JT 618)的规定装载货物。装载时,应与库管核对品名、编码、序号、规格、数量、包装标志、安全技术说明书和安全标签,督促按照爆炸品操作规程有序堆码、捆扎,押运员必须确保运输的爆炸物品品种、数量无误,包装完好。装产品时确认产品品种、数量无误,编码顺序有序。

(6)检查装载爆炸物品的包装是否适合道路运输的要求,内、外包装是否完好无损,包装标志是否齐全、清晰,不符合包装要求的拒绝装载。

(7)检查装载堆码是否符合要求,捆扎、固定是否牢靠。在装完货物出库前,检查车辆配备器材完好,并签字确认。

(8)装车完毕,对爆炸物品的装载安全措施及影响车辆启动的不安全因素进行检查,确认无不安全因素后,方允许车辆起步。

(9)监督所装载民用爆炸物品质量必须在车辆核定载质量范围内,严禁超限超载。

(10)做好货物的点收点交及单据交接工作。

(11)车辆出库前,再次检查车辆应配备器材齐备、完好,并签字确认。

3. 运输过程

(1)在押运过程中要积极保持与单位的信息联系,落实好行车过程车门锁等防盗装置完好情况,货物堆码及安全情况的检查,原则上每隔2h进行一次安全检查,途中如发生突发事件必须立即报告。

(2)爆炸品运往矿区、山区工地等崎岖道路或复杂路段,押运人员应提醒驾驶人员保持高度警觉,严格控制速度,确保安全行车。

(3)对于有中途卸货的情况,在卸货以后,要重新对所剩产品堆码情况进行必要的调整,认真清数和捆扎，确定可靠无误后方能继续行驶。

(4)车辆驾驶室内如安装了监视器，押运人员要负责时时监控。

4. 到达卸货过程

(1)货物运达卸货地点后，联系客户，核对客户单位、品种、数量是否与运输证相符。与收货人核对，确认到货时间、货物品名、数量、规格等信息，办理交接手续。因故不能及时卸货，应当按照操作规程要求将车辆停放在安全位置，在待卸期间，应会同驾驶人员负责看管货物，并积极联系接货人或接货单位。

交货前，押运人员应对车辆装载情况进行一次检查，确认无异常后，方能卸车交货。卸货时，应督促装卸人员按照操作规程安全有序地卸载危险货物。押运人员进出货物装卸场所时应自觉遵守各项安全管理制度，不准携带火种，关掉手机，不准穿戴钉鞋和易产成静电的工作服。

(2)检视卸载作业区安全，监督作业人员穿带安全防护用具。

(3)卸货过程中全程监督，并维持现场秩序，防止无关人员靠近(驾驶员应予以协助)。

(4)监督卸货作业人员按照《汽车运输、装卸危险货物作业规程》(JT 618)的要求作业。

(5)检查卸载爆炸物品的包装是否完好无损，堆垛码放是否符合要求。

(6)交货时做好爆炸物品的点交、点收及单据交接工作。到达目的地后确认产品安全并顺利交接；卸完货物后检查车厢内是否有民用爆炸物品残留，做好车辆清洁工作。

(7)办完各种手续及时联系单位，告知产品安全到达。

5. 任务完成回场

(1)回场后，协助驾驶人员做好车辆维护。检查车辆标志、标识、消防器具、导静电橡胶拖地带，以及车厢、栏板的固定、链接、锁口装置的安全完好状态，若有不符合安全要求的状况及时与驾驶人员沟通、报修。

(2)会同驾驶人员交清当班作业单据。

(3)归还装卸工具及安全防护用品。

(二)气体

1. 出车前

(1)装载前应对货车车厢进行彻底清扫，车厢内不得有与所装货物性质相抵触的残留物，车厢内严禁乘人。

(2)夏季运输应检查并保证瓶体遮阳设施、瓶体冷水喷淋降温设施等安全有效；除另有限运的规定外，当运输过程中瓶内气体的温度可能高于40℃时，应对瓶体实施遮阳、冷水喷淋降温等措施。

2. 装卸过程

(1)装卸人员应根据所装气体的性质穿戴防护用品，必要时需戴好防毒面具；装卸大型气瓶或气瓶集装箱，在起重机下操作时必须戴好安全帽。

(2)散装气瓶装车时要旋紧瓶帽，注意保护气瓶阀门，防止撞坏。车下人员须待车上人员将气瓶放妥后,才能继续往车上装瓶。在同一车厢内,不准有两人以上同时单独往车上装瓶。

(3)卸车时,采用液压举升装置在气瓶落地处铺上铅垫或橡胶垫,逐个卸车,严禁溜放。

(4)装卸作业时,不要把阀门对准人身,注意防止气瓶安全帽脱落,气瓶应竖立转动,不准脱手滚瓶或传接,气瓶竖放时必须稳妥。装卸作业应按照《气瓶直立道路运输技术要求》(JT/T 773)进行规范操作。

(5)装运大型气瓶(盛装净质量在0.5t以上的)或成组集装气瓶时,瓶与瓶、集装架与集装架之间需要填牢木塞,集装架的瓶口应朝向行车的上方或左方,在车厢后栏板与气瓶空隙处必须有固定支撑物,并用紧绳器紧固,严防气瓶滚动,重瓶不准多层装载。

(6)装卸毒性气体时,根据货物特性,应预先采取相应的防毒措施。装卸氧气瓶时,要注意工作服、手套和装卸工具上不得沾有油脂。使用的装卸机械工具应装有防止产生火花的防护装置,不得使用电磁起重机搬运。库内搬运应备有橡胶车轮的专用小车,并将装瓶槽木架固定在小车上。

3. 运输过程

(1)当罐内液温达到40℃时,应有遮阳或罐体用冷水喷淋降温等设备,防止暴晒。车上严禁吸烟,并应配备有相应的灭火器材,如干粉或清水灭火器、二氧化碳灭火器等,严禁使用四氯化碳灭火器。

(2)运输气瓶途中应尽量避免紧急制动,转弯时车辆应减速。

(3)运输低温液化气体的罐体及设备受损、真空度遭破坏时,驾驶人员、押运人员应站在上风口操作,打开放气阀卸压,注意防止烫伤,一旦发生紧急情况,驾驶人员应将车辆开到距火源较远的地方。

(4)压缩气体遇燃烧、爆炸等险情时,应向气瓶大量浇水,使其冷却并及时移出危险区域。气瓶从火场上抢出后,应及时通知有关技术部门另做处理,不可擅自继续运输。易燃气体、助燃气体泄漏时注意拧紧阀门。毒性气体泄漏时应迅速将车移到空旷安全处,戴上防毒面具,站在上风处抢修。易燃、助燃气体泄漏时严禁火种靠近。

(三)易燃液体

1. 出车前

根据所装货物和包装情况(如化学试剂、油漆等小包装),随车携带好遮盖、捆扎等防散失工具,并检查随车灭火器是否完好,车辆货厢内不得有与易燃液体性质相抵触的残留物。

2. 装卸过程

(1)装卸作业现场必须远离火种、热源。操作时货物不准撞击、摩擦、拖拉;装车堆码时,桶口,箱盖一律向上,不得倒置,箱装货物,堆码整齐,最高一层如超过栏板,必须向内错位骑缝堆装,罩好网罩,用绳捆扎牢固。

(2)钢桶盛装的易燃液体,不得从高处翻滚卸车,卸车时从车上溜放或滚动操作时,应采取防止火星的措施,周围需有人接应,严防钢桶撞击致损。

(3)钢制包装件多层装载时,层间必须采取合适衬垫,并应捆扎牢固。

(4)对低沸点或易聚合的易燃液体,如发现其包装容器内装物膨胀(鼓桶)现象时,不得继续装车。

3. 运输过程

(1)运输易燃液体,车上人员不准吸烟,车辆不得接近明火、高温场所。装运易燃液体的罐车应有导除静电拖地带,罐内应设有孔隔板以减少振荡产生静电。

(2)装运易燃液体的车辆,严禁搭乘无关人员,途中应经常检查车上货物的装载情况。发现异常情况时及时采取有效措施。

(四)易燃固体、易于自燃的物质、遇水放出易燃气体的物质

1. 出车前

(1)危险货物道路运输车辆货厢、随车工属具应保持干净、干燥,不得沾有水、酸类和氧化剂。

(2)运输遇水放出易燃气体的物质,应采取有效的防水、防潮措施。

2. 装卸过程

(1)应远离火种、热源,防止阳光直射,包装容器应密封,搬运时应轻装轻卸,不得摩擦、撞击、振动、摔碰。

(2)装卸易燃固体时,不得与明火、水接触,不得与酸类和氧化剂配装。

(3)装卸易于自燃的物质时,应避免与空气、氧化剂、酸类等接触;对需用水(如黄磷)、煤油、石蜡(如金属钠、钾)、惰性气体(如三乙基铝等)或其他稳定剂进行防护的包装件,应防止容器受撞击、振动、摔碰、倒置等造成容器破损,避免易于自燃的物质与空气接触发生自燃。

(4)遇水放出易燃气体的物质,不得与酸类、氧化剂及含水的液体货物混装,不宜在潮湿的环境下装卸。若不具备防雨雪的条件,不准进行装卸作业。

(5)对容易升华、挥发出易燃、有害或刺激性气体的货物,装卸时应注意现场通风良好、防止中毒;作业时应防止摩擦、撞击,以免引起燃烧和爆炸。

(6)装卸钢桶包装的碳化钙(电石)时,应确认包装内有无填充保护气体。如未填充的,在装卸前应侧身轻轻地拧开桶上气口放气,防止爆炸、冲击伤人。电石桶不得倒置。

(7)硝基化合物(如发孔剂 H 等)对撞击敏感,遇高热、酸易分解、爆炸,搬运时应轻装轻卸;装运时不得与酸性腐蚀性物质及有毒或易燃脂类危险货物混装。

3. 运输过程

运输过程中,应尽可能合理地保持阴凉,避开热源,包括阳光直射,防止受潮,通风良好。

(五)氧化性物质和有机过氧化物

1. 出车前

(1)有机过氧化物应选用控温厢式货车;若货厢为铁质底板,需铺有防护衬垫。货厢应隔热、防雨、通风,保持干燥。

(2)危险货物道路运输车辆的货厢、随车工具应打扫干净,保持干燥,不得沾有酸类、煤炭、砂糖、面粉、淀粉、金属粉、油脂、磷、硫、洗涤剂、润滑剂或其他松软、粉状等可燃物质。

(3)性质不稳定或由于聚合、分解在运输中能引起剧烈反应的危险货物,应加入稳定剂;有些常温下会加速分解的货物,应控制温度。

(4)要控温运输的危险货物应保持规定的温度,并应做到:

①装车前彻底检查运输车辆、容器及制冷设备。

②驾驶人员和押运人员具备熟练操作制冷系统的能力。

③配备备用制冷系统或备用部件。

2. 装卸过程

(1)轻装轻卸,禁止摩擦、振动、摔碰、拖拉、翻滚、冲击,杜绝野蛮装卸作业,防止包装及容器损坏。

(2)装卸时发生包装破损,不能自行将破损包装换好包装,不得将洒漏物装入原包装内,必须另行处理。操作时,不得踩踏、碾压洒漏物,绝对禁止使用金属和可燃物(如纸、木等)处理洒漏物。

(3)如货物外包装为金属容器,装车时应单层摆放,需多层装载时,应采用性质上与所运物质相容且不易燃材料的衬垫,使用非易燃的加固和防护材料。

(4)装卸操作应避免包装件阳光直晒、淋雨、受潮。

(5)漂白粉及无机氧化剂中的亚硝酸盐、亚氯酸盐、次亚氯酸盐不得与其他氧化剂配装。

3. 运输过程

(1)氧化剂不能和易燃物质混装运输,尤其不能与酸、碱、硫黄、粉尘类(如炭粉、糖粉、面粉、洗涤剂、润滑剂、淀粉)、油脂类货物配装。

(2)有机过氧化物运输严禁混有杂质,特别是酸类、重金属氧化物、胺类等物质。

(3)有机过氧化物的混合物按所含最高危险有机过氧化物的规定条件运输,并确定自行加速分解温度(SADT),必要时控制温度。

(4)通常不要求温度控制运输的有机过氧化物,在环境温度超过55℃时,必须进行温度控制。

(5)运输组件内空气温度应该由两个相互独立的传感器来测量,其输出应该被记录,以便于温度改变容易被发觉。其温度应该每4~6h检查一次,并记录下来。当所运物质温度低于25℃时,这个运输组件应该安装报警装置,电源和制冷系统相互独立,设定工作或低于控制温度。

(6)运输过程中,温度超过控制温度,必须采取相应补救措施;温度超过应急温度,必须启动有关应急程序。

(7)有机过氧化物必须放入稳定剂后方可运输。

(8)远离热源,严禁受热、淋雨、受潮,避免阳光直晒,保持通风。

(六)毒性物质和感染性物质

1. 出车前

(1)除有特殊包装要求的剧毒品采用化工物品专业罐车运输外,毒性物质应采用厢式货车或罐车运输。

(2)根据所装卸货物的毒性、状态及包装,应携带好相应的劳动防护用品(如工作服、手套、防毒口罩或面具)、防散失、防雨、捆扎等工属具。

2. 装卸过程

(1)装卸人员应根据不同货物的危险特性,分别穿戴好相适应的防护服装、手套、防毒口罩、面具和护目镜等。严禁赤脚、穿背心短裤,皮肤破伤者不能装卸毒性物质。

(2)装卸作业前对刚开启的仓库、集装箱、封闭式车厢要先通风排气,驱除积聚的毒性气体,各种毒性物质低于最高容许浓度才能作业。

(3)认真检查货物包装,尤其是包装外表,应无残留物,特别是剧毒、粉状的货物,包装外表更应加以注意。发现包装破损、渗漏,则拒绝装运。

(4)装卸操作时,作业人员尽量站在上风处,不能在低洼处久待,应做到轻拿轻放,尤其是对易碎包装件或纸质包装件不能摔掼,避免损坏包装使毒性物质洒漏造成危害。

(5)堆码时,要注意包装件上的图示标志(GB 191),不能倒置,堆码要靠紧堆齐,桶口、箱口向上,袋口朝里。小件易失落货物(尤其是剧毒品氰化物、砷化物、氰酸酯类),装车后必须用苫布严盖,并捆扎牢固。

(6)对刺激性较强的和散发异臭的毒性物质,装卸人员应采取轮班作业。在夏季高温期,尽量安排在早晚气温较低时作业,晚间作业应用防爆式或封闭式的安全照明。雪、冰封时作业,应有防滑措施。

(7)无机毒性物质不得与酸性腐蚀性物质配装,不得与易感染性物质配装。

(8)有机毒性物质不得与爆炸品、助燃气体、氧化剂、有机过氧化物等酸性腐蚀性物质配装。

(9)忌水的毒性物质(如磷化铝、磷化锌等),应防止受潮。

(10)毒性物质严禁与食用、药用及生活用品等同车拼装。装运后的车辆及工属具要严格清洗消毒,未经安全管理人员检验批准,不得装运食用、药用、生活等用品及活的动物。

(11)装卸作业人员不能在货物上坐卧、休息,不能用衣袖擦汗。如皮肤受到沾污,要立即用清水冲洗干净。

(12)要尽量减少与毒性物质的接触时间,现场监护人要加强对作业人员的关注,发现有头晕、恶心、呕吐、呼吸困难、惊厥、昏迷等现象,要立即移送到新鲜空气处,脱去污染的衣着,服用1%的硫代硫酸钠(大苏打)水溶液,及时送医院抢救。

(13)作业结束后要换下防护服,洗手洗脸后才能进食饮水吸烟。工前、工后都应禁止饮酒。防护用品每次使用后必须集中清洗,不能穿戴回家。

3. 毒性物质运输过程

装运毒性物质时,要每隔2h检查一次包装件的捆扎情况,防止丢失。行车中避开高温、明火场所。

4. 感染性物质出车前

(1)作业人员应接受相关专业技术、安全防护以及应急处理等知识的培训。应穿戴专用安全防护服和用具。定期体检,必要时,对有关人员进行免疫接种,防止健康受到损害。

(2)认真检查盛装感染性物质的每个包件外表的警示标识,核对医疗废物标签,标签内容包括:医疗废物产生单位、产生日期、类别及需要的特别说明等。标签、封口不符合要求时,拒绝运输。

(3)道路运输医疗废物车辆应有明显的医疗废物标识,须达到防渗漏、防遗洒及其他环境保护和卫生要求。运送医疗废物的车辆不得运送其他物品。

5. 感染性物质装卸过程

(1)根据不同的医疗废物分类,作业人员在工作中应穿戴好相适应的防护服装、手套、防毒口罩、面具和护目镜等。

(2)作业人员被医疗废物刺伤、擦伤等伤害时,应采取相应的处理措施,并及时报告相关部门。

6. 感染性物质运输过程

(1)按照有关部门规定的时间和路线,从医疗废物产生地点运送至指定地点。

(2)在运送医疗废物时,应防止包装物或容器破损和医疗废物的流失、泄漏和扩散,并防止医疗废物直接接触身体。

(3)运输过程中,车厢内温度应控制在所运送医疗废物要求的温度范围之内。

(4)运送医疗废物的专用车辆,应当在医疗废物集中处置场所内及时进行运输后的消毒和清洁。

(七)腐蚀性物质

1. 出车前

根据危险货物性质配备相应的防护用品和应急处理器具。

2. 装卸过程

(1)装卸作业前应穿戴耐腐蚀的防护用品,对易散发有毒蒸气或烟雾的,应备有防毒面具。并认真检查包装、封口是否完好,要严防渗漏,特别要防止外包装破烂脱底。

(2)装卸作业时,应轻装、轻卸,防止容器受损。液体腐蚀性物质不得肩扛、背负;忌振动、摩擦的货物或易碎容器包装的货物,不得拖拉、翻滚、撞击,没有封盖的包装件不得堆码装运。

(3)具有氧化性的货物不得接触可燃物和还原剂。

(4)有机腐蚀性物质严禁接触明火、高温或氧化剂。

(5)酸性腐蚀性物质与碱性腐蚀性物质不得混装,无机酸性腐蚀性物质不得与有机腐蚀性物质混装。

(6)装载必须按规定标记吨位装载,并留有相应的膨胀余位,严禁超载。

3. 运输过程

(1)运输途中发现货物洒漏时,要立即用干砂、干土覆盖吸收,清除干净后用清水清洗;大量溢出时,应立即向当地公安、环保等部门报告,并采取一切可能的警示措施。酸性货物洒漏,用碱性稀溶液中和,碱性货物洒漏,用酸性稀溶液中和。

(2)运输途中发现货物着火时,不得用水柱直接喷射,以防腐蚀性物质飞溅;对遇水发生剧烈反应,能燃烧、爆炸或放出毒性气体的货物,不得用水扑救。着火货物是强酸时,应尽可能抢出货物,以防止高温爆炸、酸液飞溅,无法抢出时,可用大量水将其容器降温。

(3)事故扑救人员必须穿戴防护用品,对易散发腐蚀性蒸气,或毒性气体的货物,必须使用防毒面具。扑救人应站在上风处。

(4)如果有人被腐蚀性物质灼伤时,应立即用大量水冲洗以稀释酸、碱性,必要时送医院救治。

二、不同运输方式押运过程的要求

(一)散装固体运输

1. 装卸过程

(1)易散漏、飞扬的散装粉状危险货物,包装好后方可装运。

(2)散装煤焦沥青在高温季节应在早晚进行装卸作业。

(3)装卸硝酸铵,环境温度不超过40°C,现场应保持足够的水源。

(4)装卸会散发有害气体或致病微生物的固体,要注意人身保护和采取必要的预防措施。

2. 运输过程

(1)装车后必须用苫布遮盖严密,必要时应用大绳捆扎,防止飞扬。

(2)行车中尽量避免紧急制动,转弯必须减速,防止物体移动,造成车辆侧翻。

(二)罐车运输

1. 装卸过程一般规定

(1)装卸前要连接好防静电装置。装卸作业现场必须通风良好。装卸时作业人员应站在上风处,密切注视进出料情况,防止溢出。

(2)认真核对货物品名后,按车辆核定吨位装载,并留有规定的膨胀余位,严禁超载。装货后关紧罐车进料口,将导管中的残留液体或残留气体排放到指定地点。

(3)下列罐车不能交付运输:

①对于在20℃时和加温物质在运输中的最大温度时,其黏度小于2680cSt(厘斯)($1cSt = 10^{-6}m^2/s$)的液体,其充灌度大于20%且小于80%,除非罐壳是被隔板或波纹板隔开,且每一舱容量不大于7500L。

②罐体或其附属设备外部附着有所装残留物。

③如果罐车渗漏或损坏程度使罐车的完整性或其起吊及加固附件受到影响。

(4)卸货时,储罐车所标货名应与所卸货物相符,卸料导管应支撑固定,紧固卸料导管与阀门的连接处,阀门要逐渐开启。

(5)卸货物时,作业人员不得擅离作业岗位。卸货时罐车内货物必须卸净,然后关紧阀门,收好卸料导管和支撑架、防静电设施等。

(6)装卸货物时作业人员要轻开、轻关孔盖,操作工具要有防止发生火花的性能。

2. 装卸过程补充规定

1)装运第2类液化气体的一般规定

灌装前,必须对罐车体阀门和附件(安全阀、压力计、液位计、温度计)以及冷却、喷淋设施的灵敏度和可靠性进行检查,并确认罐车体内有规定的余压,如无余压者,经化验含氧不超过2%时方可充灌。车辆进入储罐区前,须停车提起导除静电装置,进入充灌车位时再接好导除静电装置。

严格控制灌装规定量,做好灌装量复核、记录,严禁超量、超温、超压,其装卸作业顺序如下:

①到指定地点开启排放阀,打开30% ~50%,放掉残留气体,保持罐体内压力低于罐体压力1 ~1.5kPa。

②打开球部的快换接头盖,并关闭排放阀。

③接通罐车与装卸液料管线之间的装卸软管。

④慢慢开启罐车的紧急切断阀。

⑤观察各部零件和仪表压力、温度、液位指示均正常时,再慢慢地按顺时针方向开启气相阀和液相阀,并注意压力表、温度计、液位计变化的情况。

⑥要认真检查设备运转是否正常,并按时加注润滑油,发现异常应立即停泵。

⑦装卸作业完毕,先关闭球阀,再关闭紧急切断阀。

⑧打开排气阀,排出残留气体,拆下装卸软管,盖上接头盖,关闭排空阀。

发生下列异常情况时,一律不准灌装,操作人员应立即采取紧急措施,并及时报告有关部门:

①容器工作压力、介质温度或壁温超过许可值,采取各种措施仍不能使之下降。

②容器的主要受压元件发生裂缝、鼓包、变形、泄漏等缺陷危及安全。

③安全附件失效,接管端断裂、紧固件损坏难以保证安全运输的。

④雷击、暴风雨天气或附近发生火灾。

⑤禁止用蒸气直接注入罐车体内升压或直接加热罐车体的方法卸液,卸液后,罐车内必须留有规定的余压。操作人员不得离开岗位。

⑥运输途中应严密注视车内压力表的工作情况,发现异常,应立即停车检查,排除故障后继续运行。

2)装运非冷冻液化气体的补充规定

单位体积非冷冻液化气体的最大质量(kg/L),不得超过液化气体在50℃时的密度乘以0.95,另外,罐车在60℃时不得充满液体。

罐车在下列情况下不得交付运输:

(1)罐车处于不足量状态,由于罐车压力骤增可能产生不可承受的液压力。

(2)渗漏时。

(3)罐车的损坏程度已影响到罐车的总体及其起吊或紧固设备。

(4)罐车的操作设备未经过检验,不清楚是否处于良好的工作状态。

3)装运冷冻液化气体的补充规定

装运冷冻液化气体要注意:

(1)拟运氦的罐车装载高度不得超过减压装置的入口。

(2)除(1)条规定的情况外,罐车的最初充灌度应使内装物(氦除外)在温度上升到蒸气压力等于最大允许工作压力(MAWP)使液体所占体积不超过98%。

(3)罐车应限速行驶,行驶速度一般为:高速公路上不超过80km/h;一级公路最高速度为60km/h;二、三级公路为30~50km/h。

(4)装运第3类易燃液体时,所有准备用来装运易燃液体的罐车都应是封闭型的,且按要求装有减压装置。

(5)装运有机过氧化物(5.2项)和自反应物质(4.1项)罐车的补充规定。装运自行加速分解温度(SADT)为55℃或55℃运输的有机过氧化物(F型)和自反应物质(F型)的罐车,还应注意:

①罐车应配置感温装置。

②罐车应装有减压装置和应急释放装置,也可以使用真空减压装置。减压装置应在达到根据有机过氧化物的性质和罐车的结构特点所确定的压力时就启动。罐壳上不允许有易熔化的元件。

③对于隔热罐车,应假设其表面的隔热面积损失1%来确定一个和几个减压装置的能力和定位。

④罐车可由遮阳板隔热或保护。如果罐车中所运物质的自行加速分解温度(SADT)为55℃或以下,或罐体是由铝制成的,那么就应完全隔热。罐车的表面采用白色或明亮的金属。

⑤在15℃时,充灌度不得超过90%。

装运第8类腐蚀性物质的罐车,减压装置的检验周期不应超过1年。

3. 运输过程要求

(1)罐车在运输期间应采取足够的防护措施,防止因受到横向、纵向的碰撞及翻倒导致罐壳及其装卸设备的损坏。如果罐壳及其操作系统本身的结构可以经受碰撞和翻倒,则可不必采取防护措施。

(2)某些物质的化学性质不稳定,只有在采取了必要的措施后,方可接受运输,防止运输途中发生危险性的分解、化学变化或聚合反应。

(3)运输期间罐壳(不包括开口及其封闭装置)或隔热层外表面的温度不应超过70℃。

(4)未进行清洁、残留有气体的空罐车应按先前装有货物时的相同要求处理。

(三)液化石油气

1. 出车前

液化石油气专运厢式货车的发动机(机舱内)应安装快速火花熄灭装置。

2. 装卸过程

(1)装卸过程中,要求对气瓶依序码平,不准倒放,并对气瓶捆扎牢固,气瓶只许立放,严禁倒放和卧放。严禁在车厢内乘坐人员。

(2)出厂时,不准将漏气瓶、严重破损瓶(报废瓶)、异型瓶装车。

(3)收回漏气瓶时,漏气瓶必须装在车槽的后面,不得靠近驾驶室。

3. 运输过程

(1)液化石油气罐车在行驶时,必须按当地公安部门规定的路线、时间和车速行驶,不准带拖挂车,不得携带其他易燃、易爆危险物品。通过隧道、涵洞、立交桥时,要严格按标高、限速行驶,当罐车内温度达到40℃时,应采取遮阳或罐外冷水降温措施。

(2)在途中需停车检修时,应用不产生火花的工具,并不准有明火作业。如途中停车需超过6h时,应与当地公安部门联系,并按指定的安全地点停放。

(3)罐车液化石油气若发生大量泄漏时,应采取紧急止漏措施,一般不得启动车辆,立即采取防火、灭火措施,切断一切火源,设立警戒区,并组织人员向逆风方向疏散。

(4)装有重瓶的车辆在停止静态时,必须将车厢顶部的开窗全部敞开并锁好窗销,不准关闭车厢顶部开窗。

(5)车辆在行驶前要求将车厢后门、侧门锁牢方可运行,不准敞开行驶。严禁超载运行。

(四)油品运输

1. 出车前

驾驶人员、押运人员、装卸人员进出油库要穿着防静电工作服和工作鞋,并遵守油库的有关规定,不带火种进库,接受检查。

2. 装卸过程

(1)在灌油前、放油后驾驶人员要检查阀门和管盖是否关牢,查看接地线是否接牢,不得敞盖行驶,严禁罐车顶部载物。

(2)汽车油罐车的灌装使用泵送和自流灌装。

(3)油罐车进站卸油时,其他车辆不准进入,停止加油,并要有专人监护,避免行人靠近。测量油量要在卸完油30min以后进行,以防测油尺和油液面、油罐间的静电放电。

(4)最好采用密闭卸油,用这种方法卸油是在地下油罐和油罐车之间加一条油气管道,从油罐车流向地下油罐,而地下油罐内的油气沿着管道流向油罐车,进行油气置换。

(5)卸油时发动机应熄火,雷雨天停止卸油。

(6)卸油时夹好导静电导线,在装好卸油胶管,当确认所卸油品与储油罐存储的油品各类相同时方可慢慢开启放油阀门。

(7)卸油前要检查油罐的存油量,以防止卸油时冒顶跑油。卸油时严格控制流速,在油品没有淹没进油管口前,油的流速应控制在0.7~1m/s,以防止产生静电。

(8)卸油中要做到不冒、不洒、不漏,各部接口牢固,卸油时不得离开现场,与加油站人员共同监视卸油情况,发现问题随时采取措施。

(9)卸油时,油管应伸至离罐底不大于300mm处,以防止进油时喷溅产生静电。

(10)卸油要尽可能卸净,当加油站人员确认罐内已无储油时,方可关闭放油阀门,收好放油胶管,盖严油罐盖。

3. 运输过程

(1)在通过隧道、涵洞、立交桥时,要注意标高,限速行驶,当罐车内温度达到40℃时,应采取遮阳或罐外冷水降温措施。

(2)汽油罐车,平时应按规定的位置单独停放。存满汽油的罐车不得进入车库停放。

第四节　事故案例分析

案例一　四川省某压缩气体生产厂压缩气体配送到客户现场卸货倒车事故

2010年1月15日,四川省某压缩气体生产厂派一辆货车运送压缩气体钢瓶给一客户,驾驶人员是刚取得从业资格证不久的年轻驾驶人员,同车配有押运人员1名。该车当天晚上达到客户现场,货车在装卸作业工作区倒车的过程中,其尾部撞上了一辆停泊在路边的轿车,造成轿车损毁的事故,如图3-3-14所示。

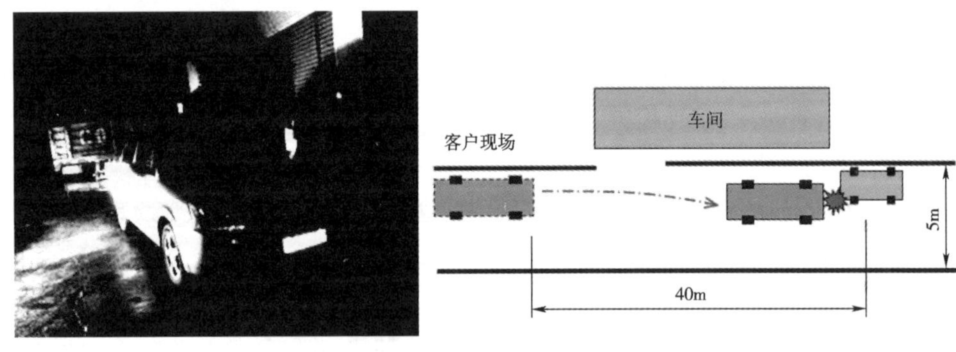

图3-3-14　卸货倒车事故

事故原因分析:由于天气很冷,押运人员待在驾驶室里而没有辅助驾驶人员倒车,车辆进入装卸作业工作区的道路很窄,掉头很困难,驾驶人员在路面没有路灯,特别是夜间工作,想早完成工作,收工心切,驾驶人员观察不仔细,操作不熟练情况下,导致事故发生,是主要原因。

这次事故与押运人员有直接关系,押运人员应对以下承担责任:

(1)押运人员到达客户现场没有下车查看装卸作业现场情况。

(2)押运人员没有按照要求督促驾驶人员按照操作规程驾驶,面对夜间路面没有路灯情况,也不协助驾驶人员完成倒车进入装卸作业区。

(3)没有按照要求提前下车与收货方办理交接手续。

案例二 四川省某运输企业危险货物运输专用车辆倾斜事故

2011 年 3 月,四川省某运输公司派一辆槽罐车运送燃油到一客户工厂厂区,驾驶人员是取得从业资格证 10 年的驾驶员,同车配有押运人员 1 名。该车当天上午达到客户现场,在进入工厂厂区路面时,右侧前轮压坏水沟盖板,右轮陷入地沟,导致专用槽罐车辆倾斜事故,如图 3-3-15 所示。

路面有较大区域地沟,地沟盖板不能承重,但是能看得清楚正常路面和地沟路面,驾驶人员有正常的混凝土路面不行驶,却选择异常路面行驶,是造成事故的直接原因;生产厂区在路面地沟位置没有设置标识是酿成事故的间接原因。

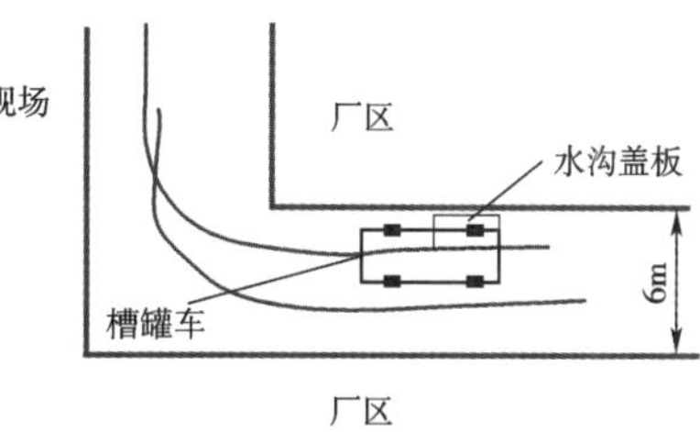

图 3-3-15 专用槽罐车倾斜事故

这次事故直接原因虽与押运人员没有关系,但是押运人员应对以下违规行为负责:

(1)押运人员没有按照操作规程要求督促驾驶人员规范驾驶。

(2)押运人员没有对驾驶人员的不安全行为足够重视并预先制止。

第四章 危险货物道路运输装卸管理人员

第一节 危险货物道路运输装卸概述及装卸管理人员基本要求

危险货物道路运输的装卸作业是危险货物道路运输整个过程重要的环节,对确保危险货物道路运输在途中安全也具有关键作用。作为危险货物道路运输装卸管理人员以及装卸操作者,需全面了解危险货物装卸的基本知识,系统掌握在装卸作业过程中,当发生各种意外情况时的紧急处理措施。

一、装卸的相关知识

1. 装卸

一般在同一地域范围内(如车站范围、工厂范围、仓库内部等),以改变"货物"的存放、支撑状态的活动称为装卸,而以改变"货物"空间位置的活动称为搬运,两者的全称为装卸搬运。有时或在特定场合,单称"装卸"或单称"搬运"也包含了"装卸搬运"的完整含义。在当今社会中,它和运输活动一样是整个物流活动的重要组成部分。

日常习惯中,铁路运输、公路运输常将装卸搬运这一整体活动称为"货物装卸";在生产领域中常将这一整体活动称为"物料搬运"。这里所说的危险货物装卸是指将危险货物装上汽车或卸下汽车的一系列活动过程。

在实际中,危险货物装卸与搬运是密不可分的,且两者是伴随在一起发生的。所以,在现代物流科学中并不特别强调两者间的差别,而是作为一种活动来对待。

2. 危险货物装卸地位

危险货物装卸活动的基本动作包括装车、卸车、堆垛、入库、出库以及连接上述各项动作的短程输送,是随运输和保管等活动而产生的必要活动。

危险货物装卸活动是实现高效运输、保障运输安全的重要环节,装卸质量与安全直接影响着整个运输生产的全过程。因此,非常重要,也是必不可少的关键环节。

在危险货物道路运输作业过程中,装卸活动是不断出现和反复进行的,它出现的频率高于其他各项物流活动,每次装卸活动都要花费很长时间,所以往往成为决定物流速度的关键。装卸活动所消耗的人力也很多,所以装卸费用在物流成本中所占的比重也较高。

二、装卸的特点

1. 危险货物装卸是危险货物道路运输附属性、伴生性的活动

装卸活动是危险货物运输活动开始及结束时必然发生的活动,是完成运输活动不可缺

少的组成部分,因而必须引起重视。一般所说的“道路运输”,实际就包含了相随的装卸搬运;仓库中泛指的保管活动,也含有装卸搬运活动。如铁路运输的始发和到达的装卸作业费占运费的20%左右,水路运输占40%左右,公路运输占10%左右。因此,为了降低物流费用,确保运输安全,装卸是非常重要的环节。

此外,进行危险货物装卸操作时往往需要接触货物。因此,这不但是造成货物破损、散失、损耗、混合等损失的主要环节,也易发生人身损害和财产损失等安全事故。

由此可见,装卸活动是影响物流效率、决定危险货物物流技术经济效益、保障危险货物道路运输安全的重要环节。

2. 危险货物装卸搬运是支持、保障性活动

危险货物装卸搬运会影响其他物流活动的质量和速度以及安全性。如装车不当会引起运输过程中的事故损失;卸放不当会引起货物下一步装运困难和安全隐患。许多危险货物物流活动只有在高效的装卸搬运支持下,才能实现高效率和高水平。

3. 危险货物装卸搬运是衔接性的活动

任何物流活动互相过渡时,都是以装卸搬运来衔接。因而,装卸搬运往往成为危险货物整个物流“瓶颈”,是危险货物物流各环节之间能否形成有机联系和紧密衔接的关键,而这又是一个系统的关键。建立一个有效的危险货物物流系统,关键看这一衔接是否有效。

4. 危险货物装卸搬运是承、托运双方的共同性活动

由于危险货物自身特性以及装卸的特殊技术要求,危险货物装卸必须有相应的专用设施、设备和能熟练应用该设施、设备以及全面掌握该货物特性的专业装卸技术人员。在大多数情况下,危险货物装卸由托运方完成;一般没有特殊要求的,也可由承运单位派出随车押运人员、装卸人员、装卸管理人员来负责完成。

三、装卸的分类

危险货物装卸的分类按不同的分类方法而不同,一般分类方法如下。

1. 按装卸作业性质分类

按装卸作业性质可分为人工装卸和机械装卸两大类。

现在,人工装卸在危险货物装卸作业中仍然占有很大比重。由于危险货物的危险特性类别多,货物化学特性千差万别,以及汽车装卸一般一次装卸批量较小,同时也因为汽车运输的灵活性和机动性,基本可以实现门到门的运输活动。因此,搬运活动一般都是邻近短距离,不需要长距离的货物搬运,可以直接利用人工或单纯利用机械即能达到装卸作业目的,实际作业中人工装卸比例较大。

同时,随着危险货物装卸对安全性、稳定性、专用性的要求逐渐加强,同时也由于科技、机械技术不断提高,机械装卸逐渐体现出了效率高、成本低以及货损货差少和安全性高的特点,机械装卸的比重呈现不断加大的趋势。

2. 按装卸机械及机械作业方式分类

按装卸机械及机械作业方式可分成:使用吊车的"吊上吊下"方式;使用叉车的"叉上叉下"方式;使用半挂车或叉车的"滚上滚下"、"移上移下"方式及散装散卸方式等。

(1)所谓"吊上吊下"方式,是采用各种起重机械从危险货物上部起吊,依靠起吊装置的垂直移动实现装卸,并在吊车运行的范围内或回转的范围内实现装卸或搬运。由于吊起及放下属于垂直运动,这种装卸方式属垂直装卸方式。

(2)所谓"叉上叉下"方式,是采用叉车从货物底部托起货物,并依靠叉车的运动进行货物位移,搬运完全靠叉车本身,货物可不经中途落地直接放置到车上或从车上卸下放到目的地。这种方式垂直运动不多而主要是水平运动,属水平装卸方式。

(3)所谓"滚上滚下"方式,主要是指港口装卸的一种水平装卸方式。滚上滚下方式需要有专门的船舶,对码头也有不同要求,这种专门的船舶称"滚装船"。汽车危险货物装卸一般不宜采用这种方式。

(4)所谓"移上移下"方式,是在两种运输工具之间(如火车和汽车)进行靠接,然后利用各种方法,不使货物垂直运动,而靠水平移动从一种运输工具上推移到另一种运输工具上。移上移下方式需要使两种运输工具水平靠接,因此,需对站台或车辆货台进行改变,并配合移动工具实现这种装卸。

(5)散装散卸方式是对散装物进行装卸。一般从装点直接到卸点,中间不再落地,这是集装卸与搬运于一体的装卸方式。大部分汽车危险货物装卸不得采用这种方式。

3. 按被装物的主要运动形式分类

按被装物的主要运动形式可分为垂直装卸、水平装卸和流动装卸 3 种方式。

4. 按装卸搬运对象分类

按装卸搬运对象可分成散装货物装卸、单件(货包)货物装卸和集装货物装卸等。

5. 按装卸搬运作业特点分类

按装卸搬运作业特点可分成连续装卸与间歇装卸两大类。

连续装卸主要是同种大批量散装或小件杂货通过连续输送机械,连续不断地进行作业,中间无停顿,货间无间隔。在装卸量较大、装卸对象固定、货物对象不易形成大包装的情况下,适宜采取这一方式。间歇装卸有较强的机动性,装卸地点可在较大范围内变动,主要适用于货流不固定的各种危险货物,尤其适用于包装件危险货物。

四、装卸管理人员基本要求

1. 文化程度

由于危险货物道路运输的特殊性,以及危险货物化学特性复杂和科学性,因此,要求从事危险货物道路运输的装卸管理人员,应具备基本的文化知识,要求装管理卸人员应具备初中毕业以上的学历。

2. 身体条件

由于危险货物道路运输的危害性,要求从事危险货物道路运输的装卸管理人员要身体健康,适宜操纵机械和从事危险货物装卸作业。

3. 思想素质

必须遵守国家各项法律、法规及国家标准、行业标准,热爱本职工作,政治思想素质好,责任心强,具有良好职业道德。

4. 资质要求

《危险化学品安全管理条例》第六条第五款规定:交通运输主管部门负责危险化学品道路运输、水路运输的许可以及运输工具的安全管理,对危险化学品水路运输安全实施监督,负责危险化学品道路运输企业、水路运输企业驾驶人员、船员、装卸管理人员、押运人员、申报人员、集装箱装箱现场检查员的资格认定。《中华人民共和国道路运输条例》第二十四条规定:申请从事危险货物运输经营的,应当有经所在地设区的市级人民政府交通运输主管部门考试合格,取得上岗资格证的驾驶人员、装卸管理人员、押运人员。《道路危险货物运输管理规定》第八条第三款规定:从事危险货物道路运输的驾驶人员、装卸管理人员、押运人员应当经所在地设区的市级人民政府交通运输主管部门考试合格,并取得相应的从业资格证。

因此,危险货物道路运输装卸管理人员必须进行专业知识的学习和培训,并经设区的市级交通运输主管部门考试合格,发放统一的《从业资格证》持证上岗。凡未取得相应从业资格上岗作业的,属于违法行为,按照《危险化学品安全管理条例》第八十六条规定,由交通运输主管部门责令改正,处5万元以上10万元以下的罚款;拒不改正的,责令停业停产整顿;构成犯罪的,依照刑法关于危险物品肇事罪或者其他罪的规定,依法追究刑事责任。

5. 专业技能

须有从事道路货物运输业经营管理工作3年以上的经历,或从事经济管理工作5年以上的经历,经过危险货物专业知识培训和装卸作业实际操作训练,掌握危险货物装卸技能及包装、容器的分类、标志、标识和使用特性,了解危险货物事故应急处理措施,并至少经过3个月以上的实习。

应掌握道路运输生产组织、运输车辆选配、运输生产劳动组织等相关运输企业管理知识。运输车辆选配对危险货物运输生产安全非常重要,因为不同危险货物对运输车辆及包装容器的要求不同,若选择的车辆不当,将会造成极大的安全隐患,甚至发生安全事故。如:运输爆炸品须选用厢式车,运输有机过氧化物须选用控温车型,装运不同的液体危险货物须选用不同材质的罐车等。

五、装卸管理人员岗位职责

(1)执行企业有关危险物运输装卸的各项规章制度、操作规程和应急预案。

(2)检查运输车辆的资质、设备状况和安全措施、装卸作业区安全、车辆(罐体)、安全设备、装卸机具技术性能、货物、人员、证件、手续及作业人员劳动防护用品穿戴是否符合要求。

(3)监视装卸过程和装卸作业应符合JT 618规定。

第二节　危险货物道路运输装卸条件

一、危险货物道路运输车辆的基本要求

(1)在进行装卸作业前,装卸管理人员可对拟装运危险货物的车辆进行例行检查,查看其车辆安全技术状况及相应的安全设施是否符合相关技术要求、是否齐全有效,如防火设施、防爆工属具、熄灭火星装置、防波板等。

(2)查看危险货物运输车辆有关运行证件是否齐全有效,如行驶证、道路运输证(加盖危险货物运输专用章)、危险货物准运证及驾驶人员的驾驶证和从业资格证等。

(3)危险货物运输车辆必须装有符合国家标准《道路运输危险货物车辆标志》规定的专用标志。

(4)运输车辆是否适合拟装运的危险货物,拟运车辆与所装运货物不匹配不得装运。

(5)随车用于遮盖、捆扎危险货物及防潮、防火、防毒面具、防护服等,以及工属具、应急处理器材和防护用品是否齐全有效。

(6)运输车辆车厢底板是否平坦完好,有无凹陷、过度弯曲或断裂等缺陷,罐体固定是否牢固、可靠。铁底板运输车辆是否采取衬垫防护措施,如铺垫木板、胶合板、橡胶板等。车厢或罐体内有无与所装危险货物品名不一致或与所装货物的性质相抵触的残留物。

(7)发现问题应立即进行相关处理,符合要求后方可进行装卸货物。

二、危险货物道路运输装卸机械设备的条件

1. 装卸机械设备应具备的基本条件

(1)装卸机械的选用必须是根据国家有关标准生产的正规合格产品,具有标准化、系列化、通用化的特点,符合所装卸放射性物质的安全要求。

(2)特种装卸机械的技术性能不得任意改变(如增加起重量、扩大跨度、延长悬臂、接长吊杆等)。

(3)装卸机械安全性能和技术指标要符合货场其他设备条件,符合对所装卸货物品种的装卸作业全过程工艺要求,有利于在货物进出货场的搬运、堆码、取放、套索方法等方面定出具体的作业步骤和要求。做到堆码稳固整齐,道路畅通;进货为装车创造条件,装车为卸车创造条件,卸车为搬出创造条件,提高作业效率,实现文明生产。

(4)装卸机械实行定期检查、维修,实行责任维护制度。装卸机械检修分为一级维护(定检)、二级维护(小修)、中修和大修。根据作业量大小进行必要的维护,至少每年一次大修,确保设备技术状态完好,以降低消耗、提高生产效率,保障装卸和运输安全。超过大、中修期失修的机械,应停止使用。各种装卸机械因操作、维护、管理不当造成损坏时,应追究有关人员的责任并严肃处理。

一级维护(定检)是对装卸机械进行擦洗润滑,对易磨损部分进行检查、调整;二级维护(小修)是维护性修理,是对装卸机械进行部分解体检查、清洗、换油、修复、更换超限的易损配件;中修是平衡性修理。装卸机械部分或全部解体,除完成二级维护的各项工作外,修复、更换磨损的主要零部件,保证使用到下一个修程;大修是恢复性修理。装卸机械全部解体、全面检查,恢复机械原有性能或改造性能,修复更换磨损超限零部件,按批准的技术文件进行技术改造。

(5)新投入使用的装卸机械,操作人员必须全面检查调整,确认技术状态良好,符合安全技术条件后方可使用。购买使用新型的机械,要组织操作和维修人员,熟悉设备构造及性能特点、安全注意事项、使用及维护调整中的各项技术数据;操作人员经训练合格后才能使用新型机械。对新购和大修后的机械,要根据有关说明,规定初期使用的走合时间,并规定走合期内启动操作、运行速度、功率限制、紧固调整及润滑清洗等注意事项。

(6)各种装卸机械禁止超负荷作业。

(7)装卸机具要配有防火器材,配置防静电、防雷等设施。装卸放射性物质时,遇有雷鸣、电闪或附近发生火警,应立即停止作业,并将放射性物质妥善处理。在雨雪天气禁止装卸遇水放出易燃气体的物质。

(8)多台机械在一起作业要保持安全间距,若在车站应规定出安全间距,防止碰撞。

2. 装卸机械设备应具有的特殊要求

(1)利用装卸机械设备装卸爆炸品、一级易燃液体、毒性物质和放射性物质时,装卸机械设备应按额定负荷降低25%使用。

(2)装卸易燃易爆危险货物时,电动装卸机械应设有防火星的封闭装置;燃油装卸机械应设置火星熄灭器。

(3)当电源电压低于额定电压7%时,应降低额定负荷30%作业;当电源电压波动超过±10%时应停止作业。

(4)不得以限位开关代替控制器停车,不得以紧急开关代替停止按钮使用。

(5)普通叉车不得进行易燃易爆物品的作业;叉车底盘、电阻器要定期擦洗保持清洁。

(6)油机具设备及输油系统周围要做到“三清”、“四无”、“五不漏”。“三清”指设备清洁、场地清洁、工具清洁;“四无”指无油垢、无明火、无易燃物、无杂草;“五不漏”指不漏油、不漏电、不漏火、不漏气、不漏水。

装油时,鹤管必须接触罐底以避免油料飞溅发生爆炸危险,也要避免管接头与车壁撞击产生火花。确保所装油品品种、体积与舱容相符,并留有安全膨胀容量。卸油作业前,接驳卸油管与油罐车卸油口,再装好卸油胶管,卸油时应严格控制流速,在油品没有淹没进油管口前,油的流速应控制在0.7~1m/s,防止产生静电。卸油中要做到不冒、不洒、不漏,各部接口牢固,卸油时不得离开现场,发现问题随时采取措施。装卸油品应接好接导静电线,并在所有工序完成后才能解除,以防止产生静电积聚。燃油设备及燃油系统除在检修之前要测定油气的燃爆浓度外,平时也应对可能积存油气的地方(如泵房、管道沟等)定期测定可燃气体的含量,避免其达到燃烧爆炸的危险浓度。燃油系统在运行中如有设备故障,应及时排除或报告有关方面进行检修,检修时使用的工具不能产生火花(如用铜制工具),现场要采取适当的安全技术措施。

第三节 危险货物道路运输装卸管理人员操作规范

一、装卸前

(1)在装卸作业区设置警告标志,无关人员不得进入。

(2)遇雷雨天气应确认避雷电、防湿潮措施有效。

(3)清理装卸作业区,确保不存在影响装卸作业安全的其他物品或环境条件。

(4)监督装卸作业人员、驾驶人员和押运人员穿戴安全防护用具(图3-4-1)。

图3-4-1 监督在场工作人员穿戴安全防护用具

(5)要求装卸作业人员检查装卸机具状况是否良好。

(6)会同押运人员和托运人核对运单信息,并检查货物包装是否符合有关规定。

(7)检查随车有关证件是否齐全有效,车辆标志、安全技术状况是否良好,发生故障应立即排除。

(8)要求驾驶人员按照安全规定驶入装卸作业区,将车辆停放在容易驶离作业现场的方位上,不准堵塞安全通道。

(9)要求驾驶人员停车后发动机熄火,并切断总电源(需从车辆上取得动力的除外)。

二、装卸过程中

(1)装卸全程现场指挥装卸作业人员按照《汽车运输、装卸危险货物作业规程》(JT 618)的规定进行装卸、堆放作业(图3-4-2)。

(2)根据货物和包装性质,要求装卸作业人员轻装轻卸,谨慎操作(图3-4-3)。

图 3-4-2　指挥装卸作业人员按规定操作

图 3-4-3　要求装卸作业人员谨慎操作

(3)监督装卸危险货物的托盘、手推车应尽量专用(图 3-4-4)。

(4)要求驾驶人员和押运人员在装卸中不得离开车辆,共同监装、监卸。

(5)装载中需要移动车辆时,督促驾驶人员应先关上车厢门或栏板,或监护车辆移动,保证安全。

(6)监督所装运危险货物质量在车辆核定载质量范围内,严禁超限超载(图 3-4-5)。

图 3-4-4　监督装卸工具车设备专用

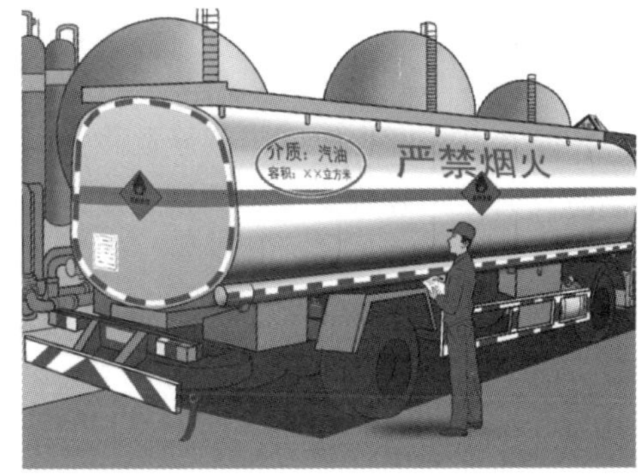

图 3-4-5　严禁超载

(7)装卸现场温度超过 35℃时,应停止装卸作业,或要求作业人员喷淋降温至 30℃以下。

(8)雷电交加时,应要求停止作业(图 3-4-6)。

图 3-4-6　严禁在雷电天气下作业

三、装卸后

(1)协助驾驶人员检查货物的堆码、遮盖、捆扎等安全措施是否存在影响车辆起动的不安全因素(图3-4-7)。

图3-4-7 检查货物堆码

(2)检查车辆罐体阀门是否关好。

(3)指挥驾驶人员将车辆安全驶离装卸作业区。

(4)彻底清扫装卸作业区,洗刷、除污被污染的车辆和工具。

(5)将撒漏物和污染物送到当地环保部门指定地点集中处理。

(6)禁止在装卸作业区内维修危险货物运输车辆。

(7)及时搜集客户对装卸质量的反馈信息,并及时反馈企业经营部门。

第四节 危险货物道路运输装卸安全要求及事故应急措施

一、爆炸品

1.装卸作业前的要求

(1)装卸管理人员应掌握所装卸爆炸品的理化性质及应急措施,经所在地市级交通主管部门考试合格,取得相应从业资格证,持证上岗,并对装卸作业现场安全操作负责。

(2)运输车辆应使用厢型货车、罐式车辆或集装箱运输车辆,必须符合《道路运输爆炸品和剧毒化学品车辆安全技术条件》;应配置符合《道路运输危险货物车辆标志》(GB 13392)要求的车辆标志;运输车辆的车厢内不得有酸、碱、氧化剂等残留物。且随车携带的防潮、防火、防爆等工属具应齐全有效。

(3)爆炸品装卸工具,必须事先检查各种机件是否完好,如有故障,不得使用。

(4)不具备有效的避雷电、防湿潮条件时,雷雨天气应停止对爆炸品的装卸作业。

(5)装卸作业前,车辆发动机应熄火,并切断总电源。不应将车辆停放在纵坡大于5%的路段,否则,应采取防止车辆溜坡的有效措施。

(6)装卸作业前应对照出库单,核对爆炸物品名称、规格、数量,并认真检查货物包装。爆炸品的安全标签、标识、标志等与运单不符或包装破损、包装不符合有关规定的应拒绝装车。

2. 装卸作业中的要求

(1)装卸现场严禁高温和接触明火;装卸搬运时,不准穿铁钉鞋,使用铁轮、铁铲头推车和叉车,应有防火花措施;严禁使用易产生火花机具设备。装卸人员作业时不得携带烟火和通信工具。

(2)装卸过程中,驾驶人员和押运人员不得远离车辆,押运员负责监装、监卸,办理货物交接签证手续时要点收、点交。无关人员严禁进入装卸作业区。

(3)车辆进入爆炸品装卸作业区,车辆排气管应安装排气火花熄灭器,按有关安全作业规定驶入装卸作业区,并将车辆停放在容易驶离作业现场的位置。装卸过程中需要移动车辆时,应有人监护,在保证安全的前提下才能移动车辆。起步要慢,停车要稳。

(4)装卸管理人员必须遵守保密规定,不得向无关人员泄露有关爆炸品储运情况。同时,必须遵守有关场、库的规章制度。

(5)装卸作业时,必须轻拿、轻放,稳妥作业,严防跌落、摔碰;禁止撞击、拖拉、翻滚、投掷、倒置。

(6)禁止将爆炸品与氧化剂、酸、碱、盐类物品以及易燃物质、金属粉末同车配装。起爆药与炸药严禁在同一装卸点装卸,严禁混装在同车车厢运输。任何情况下,爆炸物品不得与普通货物混装,同类爆炸物品配装必须符合配装组的组合要求。装卸同类爆破物品应逐车装卸,不得在同一装卸点同时对两车或两车以上进行装卸作业。必须按照“卸货优先、轻车让重车”的原则安排爆炸品的装卸工作。

(7)使用手推车等工具时,要检查机具是否完好,搬运中装箱不宜过多,速度不宜过快,装载质量不应超过300kg,搬运过程中应采取防滑、防摩擦和防止产生火花等安全措施。要注意将爆炸品包装箱捆牢,以预防在起步、停车、转弯时摔箱。

(8)装运火箭弹和旋上引信的炮弹,只能横装在货厢内与车辆行进方向垂直、严禁顺装、立装或侧装。这是因为车辆在行使过程中如果出现上下颠簸、突然启动或停车情况时,顺装、立装或侧装的炮弹,就会因受到巨大的惯性力作用,可能引起炮弹中的引信保险先期脱落,若再受振动即可能爆炸。

(9)如搬运时发现爆炸品的包装箱体破裂、松开或箱盖脱落,则不得装运,应小心卸下后单独放置以便及时更换包装。对于由于受压而略有变形的纸箱,可在装卸时摆放在箱堆的上部。装卸时如发现产品药剂撒出,应立即停止装卸作业,在安全员的指导下,将撒药的箱包移至安全地带,并对撒有药剂的地点进行处理和湿法清扫后,方能恢复作业。

(10)装卸作业应在白天进行,夜间作业应有足够的照明;作业现场温度超过35℃时,应停止装卸作业。如必须装卸的,应用冷水喷淋现场,使作业现场温度降到30℃以下,方可作业。天气恶劣时,如遇雷电雨、强风或冰雹时,应停止作业。

(11)如果装卸现场发生火灾时,应立即提醒装卸人员停止产品的装卸。并把车辆驶离装卸区,停车、熄火、关闭电源。

3. 事故应急措施

装卸爆炸品的过程中，如果发生事故，通常情况下，对爆炸品有效的灭火方法是用水冷却，而不能采取窒息法或隔离法。禁止使用砂土覆盖正在燃烧的爆炸物品，否则，会引起燃烧转化为爆炸。对毒性爆炸品，灭火人员必须戴防毒面具。

对爆炸物品的洒漏物，应及时用水湿润，撒上锯末或棉絮等松软物品，轻轻收集并保持相对湿度，报请公安、消防等部门，进行专业化处理。

二、气体

气体一般储存于耐压容器中，在受热、撞击或剧烈振动的条件下，容器的压力容易膨胀引起介质泄漏，甚至使容器破裂爆炸，从而导致燃烧、爆炸、中毒、窒息等事故。其主要危险特性是爆炸性、毒害性、燃烧性和窒息性。因此，装卸压缩气体和液化气体时必须采取有效措施，以确保安全。

1. 装卸作业前准备工作

(1)装载前应对货车车厢进行彻底清扫，车厢内不得有与所装货物性质相抵触的残留物，车厢内严禁乘人。

(2)夏季运输应检查并保证瓶体遮阳设施、瓶体冷水喷淋降温设施等安全有效；除另有限运的规定外，当运输过程中瓶内气体的温度可能高于40℃时，应对瓶体实施遮阳、冷水喷淋降温等措施。

(3)装卸前必须严格检查气瓶的钢印标记。每种气瓶都有严密的设计、选材、制造和检验规定。经检验合格的气瓶，要按规定项目和顺序在指定位置(肩部)打上相应的标记(包括生产厂标记和气瓶检验单位标记)。装卸人员对经手的每一只气瓶都必须认真查看钢印和标记的具体内容，对于报废的气瓶，过了检验期而未检验的气瓶或超过工作压力的在用气瓶都必须及时剔除，另做处理，否则不得进行装卸作业。

(4)应检查气瓶开关是否关紧，安全帽是否旋紧，气瓶是否漏气，必要时可用肥皂泡沫进行检查。

2. 装卸作业中安全要求

(1)装卸作业时应防止撞击、摔落，搬运时不可将瓶阀对准人身体，使用的装卸机具应装有防止产生火花的防护装置。

(2)装车时，应将气瓶平卧放置，阀门端均朝向同一方，堆放不宜过高，特殊形状的容器应竖立稳固放置。气瓶卸车后，应存放在低温、通风良好的场所，防止日晒，远离火源和热源。

(3)氧气瓶及其专用工具严禁与油类接触，汽车平台不得有残留的油脂，装卸人员也严禁穿戴沾有油脂或油污的工作服、手套、工作鞋等，以免引起燃烧和爆炸。

(4)液氯和液氨不能在同一车厢内配装，易燃气体与助燃气体应适当隔离，所有气体均不得和爆炸品、氧化性物质、易于自燃的物质、易燃物品配装；个别可以配装的，但必须做适当的隔离。乙炔还可与氢气、氯化氢、硫酸等多种物质发生化学反应,因此乙炔不可与其他化学性质相抵触的物品配装、混存。

(5)装卸气瓶时,不准脱手滚气瓶,不准脱手传接(图3-4-8);竖放气瓶要确认放稳后,手才可离开气瓶,防止气瓶倒下;气瓶应堆放整齐,装载平稳;装卸现场要保持平整、稳固,卸气瓶时瓶体尽量不要接触混凝土等硬质地面,必要时应设置厚橡胶垫等缓冲物。

(6)装车时要旋紧瓶帽,注意保护气瓶阀门,防止撞坏。车下人员须待车上人员将气瓶放妥后,才能继续往车上装气瓶。在同一车厢内不准有两人以上同时单独往车上装气瓶。除竖装的气瓶(如民用液化石油气瓶等)外,车上气瓶均应横向平放,装载平衡,妥善固定,防止滚动。阀门应朝向一方,最上层气瓶不得超过车厢的栏板高度。

图3-4-8 不准脱手传接气瓶

(7)卸车时,要在气瓶落地地点铺上铅垫或橡胶垫,必须逐个卸车,严禁溜放。

(8)装卸作业时,不要把阀门对准人身,注意防止气瓶安全帽脱落,气瓶应竖立转动,不准脱手滚气瓶或传接,气瓶竖放时必须稳妥。

(9)装运大型气瓶(盛装净质量在0.5t以上的)或成组集装气瓶时,气瓶与气瓶、集装架与集装架之间需要填牢木塞,集装架的瓶口应朝向行车的上方或左方,在车厢后栏板与气瓶空隙处必须有固定支撑物,并用紧绳器紧固,严防气瓶滚动,重瓶不准多层装载。

(10)装卸毒性气体时,根据货物特性,应预先采取相应的防毒措施。使用的装卸机械工具应装有防止产生火花的防护装置,不得使用电磁起重机搬运。库内搬运应备有橡胶车轮的专用小车,并将装瓶槽木架固定在小车上。

(11)多人合作装卸气瓶时,动作要协调、用力要得当,后方者要待前方者将气瓶在车上放置稳妥后,方可继续往车上装气瓶;操作时,相互之间要保持一定的安全距离,不准在近距离同时操作。装卸气瓶时要注意保护好气瓶安全阀,防止撞坏。

(12)装卸大型气瓶或气瓶集装箱,要使用起重机的机具吊装、吊卸,此时工作人员必须戴安全帽进行操作。瓶与瓶、夹与夹之间必须垫上木塞。液氯车还须用插桩或用紧绳器紧固,防止行驶途中松动脱落和相互撞击。

(13)由于各种空瓶都留有一定量的余气和余压,所以仍然具有一定的危险性。因此,在装卸、运输空瓶的过程中,也应该提高警惕并按相关规定进行操作,严加防护,保持阀门开关紧闭,切勿松动。

(14)装卸和使用气瓶还需要特别注意以下安全问题:

①充装气体的气瓶必须经过严格检验。作内部检验时,用12V安全行灯照明,如发现瓶壁有裂纹、鼓疱等明显变形时应报废;如有硬伤、局部片状腐蚀或密集斑点腐蚀时,应清除腐

蚀层,用壁厚测定仪测定剩余壁厚,如仍大于规定厚度,则可除锈、涂漆后继续使用,否则,应降级或报废。做外部检验时,重点检查漆色、字样与所装气体是否相符;安全附件是否完整和完好无损;钢印标志是否齐全和清晰;是否超过检验期限;有无外观缺陷;瓶内有无剩余气体及剩余气体的压力大小;若是氧气瓶还要检查瓶体或瓶阀上是否沾有油脂。上述情况只要有一项不符合要求,都要事先进行妥善处理,否则,严禁充装气体。

②充装完气体再检查瓶阀是否严密不漏气,否则,气体逸出会发生燃烧、爆炸、使人中毒或窒息等事故。

此外,还要做好以下安全工作:

①防爆炸。液氮气瓶的压力高达22MPa以上,液氧气瓶的压力约为15MPa,即使一般可燃、毒性气体气瓶的压力低些,也都在3.6MPa以上,一旦受到高热、强力振动和撞击等,就会发生爆炸。故要特别注意勿使这些气瓶靠近火源和长时间暴露于日光下,搬运时要轻搬轻放,保管时要经常检查阀门是否漏气。

气体燃烧爆炸的危险性除了决定于其自燃点和燃爆极限等因素外,还决定于气体分子的化学活泼性。例如,具有高度化学活泼性的氧气、氯气,在普通条件下即能与很多物质发生反应,引起燃烧和爆炸;液氧与有机物的混合物是很好的炸药;压缩氧与油脂接触能引起油脂自燃;氯气与乙炔或氢混合物在日光下就能爆炸。所以,保管气瓶必须懂得这些知识,对气瓶经常进行检查,定期对气瓶进行技术鉴定。

②防火灾。搬运氧气瓶时,工作服和装卸工具不得沾有油污;搬运和保管易燃气体气瓶时,严禁接触火种。放气瓶的地点失火时,应将气瓶尽快移出火场;若来不及搬移,可用大量水浇气瓶降温。瓶阀冻结时,严禁用火烤。

③防中毒。发现气瓶漏气时,应迅速打开门窗通风透气,并立即拧紧漏气的阀门或将其移至安全场所。若是有毒气瓶漏气,去拧紧阀门时要戴上防毒面具,并采取其他应急安全措施。

④使用气瓶时,不能将气体全部用光,须留一定压力的余气。启用气瓶时要小心,不要碰撞瓶嘴,瓶帽不要丢失,搬运时应戴好瓶帽。开关气瓶时,应站在气阀接管的侧面,并用专用扳手。开减压器时,应先开总气阀1~2次,以吹掉潮气、泥土,防止它们进入减压器内。不得用电磁起重机搬运气瓶;装在车上的气瓶要加以固定,一般应横向放置,头部朝向一方,并不得超过车厢高度。夏季车上要有遮阳措施。

气瓶应储存在专用库房内,并按所充装的气体种类和性质分类、分库存放。环境温度不宜超过35℃。气瓶附近禁止堆放任何可燃、易燃物。并要求气瓶仓库的最大允许存量不超过3000个,仓库内要用耐火墙分隔成若干小间,每间限存易燃气瓶500个,或氧气瓶1000个,或不燃气体瓶1000个;仓库内小间可开门洞,每间要有单独的出口。

⑤气瓶上应涂以规定的颜色标志,以便识别。几种常用气瓶的涂色规定见表3-4-1。

⑥气瓶的堆放安全要求:气瓶应直立放置,最好靠放在特设的框架中,周围以栏栅围护。气瓶外要套两个胶圈,以防倾倒时撞击气瓶。零星使用气瓶的地方若无木架时,亦可平放,

但瓶口应朝向安全的一方。多个气瓶重叠在一起堆放时，瓶口朝向一方，不可交错，并用三角木垫卡牢，防止滚动，气瓶堆放高度不得超过5层。盛装毒性气体的气瓶应单独存放，并在附近设置防毒用具及灭火器材。

气瓶涂漆颜色表　　表3-4-1

序号	气瓶名称	化学式	外表面颜色	字　样	字样颜色	色　环
1	氢	H_2	深绿	氢	红	$P=15$MPa 不加色环 $P=20$MPa 黄色环一道
2	氧	O_2	天蓝	氧	黑	$P=15$MPa 不加色环 $P=20$MPa 白色环一道
3	氨	NH_3	黄	液氨	黑	
4	氯	Cl_2	草绿	液氯	白	
5	氮	N_2	黑	氮	黄	$P=15$MPa 不加色环 $P=20$MPa 白色环一道
6	二氧化碳	CO_2	铝白	液化二氧化碳	黑	$P=15$MPa 不加色环 $P=20$MPa 黑色环一道
7	二氯二氟甲烷	CF_2Cl_2	铝白	液化氟氯烷-12	黑	
8	二氟氯甲烷	CHF_2Cl	铝白	液化氟氯烷-22	黑	
9	甲烷	CH_4	褐	甲烷	白	$P=15$MPa 不加色环 $P=20$MPa 黄色环一道
10	乙烷	C_2H_6	褐	液化乙烷	白	$P=15$MPa 不加色环 $P=20$MPa 黄色环一道
11	氩	Ar	灰	氩	绿	$P=15$MPa 不加色环 $P=20$MPa 白色环一道
12	氦	He	灰	氦	绿	
13	氖	Ne	灰	氖	绿	
14	氪	Kr	灰	氪	绿	
15	氙	Xe	灰	液氙	绿	

3.事故应急措施

1)灭火方法

装卸作业时，如果遇到火灾，应立即报告公安消防部门并组织扑救，同时应尽可能将未着火的气瓶移至安全地带。对着火气瓶可用雾状的水浇在气瓶上，使其冷却。在火势尚未扩大时，可用二氧化碳灭火器进行扑救。

2)漏气处理

如果发现气瓶漏气时，应立即报告公安、消防部门并组织扑救，迅速将漏气气瓶移至安全场所，并根据气体性质做好相应的人身防护，扑救者应站在上风处向气瓶倾泼冷水，使之降低温度，然后再将阀门旋紧。若再不可控制，可将气瓶浸入水中。

三、易燃液体

易燃液体在常温下易挥发,其蒸气与空气混合能形成爆炸性混合物,同时还具有高度流动性和扩散性。遇强酸、氧化剂接触反应强烈,能引起燃烧爆炸,并具有一定的麻醉性和毒性,长时间吸入可使人失去知觉。因此,装卸易燃液体必须符合下列要求。

1. 装卸作业前准备工作

(1)大多数易燃液体的蒸气具有一定的毒性,会从呼吸道侵入人体,造成危害。因此作业人员在作业前或作业中应加强安全措施、采取必要的通风措施。特别是在夏季及发生火警的情况下,空气中有毒蒸气浓度加大,更应注意防止中毒。作业人员应穿戴好必要的劳动防护用品,特别是罐车装运易燃液体的作业人员,无论是装罐或卸货,人必须站在上风处,尽量减少蒸气从呼吸道侵入的机会,或者采取相应的保护措施。

(2)易燃液体蒸气与空气的混合气体遇明火会发生爆炸。所以,在易燃液体的装卸及储运场所应严禁烟火,尤其是罐车装卸现场应划定警戒区,一般为半径30m内,不得有热源和明火场所。装卸时车辆应实施驻车制动,固定车轮,熄灭发动机,接好导除静电装置。夜间作业应使用防爆式照明设备。作业人员不得身带火种(如火柴、打火机等)和穿有铁钉的鞋。

(3)根据所装货物的包装情况(如化学剂小包装),随车携带好绳索、油布等工具,并检查消防设施是否良好,车厢必须保持清洁干燥。不得留有与易燃液体性质相抵触的残留物。

2. 装卸作业中安全要求

(1)装卸作业现场必须远离火种、热源。作业时货物不准撞击、摩擦、拖拉;装车堆码时,桶口,箱盖一律向上,不得倒置,箱装货物,堆码整齐,最高一层如超过栏板,必须向内错位骑缝堆装,罩好网罩,用绳捆扎牢固。

(2)钢桶盛装的易燃液体,不得从高处翻滚卸车,卸车时从车上溜放或滚动操作时,应采取防止火星的措施,周围需有人接应,严防钢桶撞击致损。

(3)钢制包装件多层装载时,层间必须采取合适衬垫,并应捆扎牢固。

(4)低沸点或易聚合等易燃液体受热后,常会发生容器膨胀或“鼓桶”现象,特别是夏季更应注意。如发现其包装容器内装物膨胀(鼓桶)现象时,不得继续装车。为此,作业人员在装车时应认真检查包装(包括封口)的完好情况,发现破损,应由发货单位调换包装或修理加固,符合安全运输要求后,方可装车。

(5)作业时必须严格遵守操作规程,轻装轻卸,防止货物撞击、重压、倒置,严禁摔掼;货物堆放时应使桶口、箱盖朝上,堆垛整齐、平稳,箱形货物堆垛时最上面一层必须骑缝(成梯形)放置,捆扎牢固。

(6)要特别注意防火、防热,严禁烟火接近。使用的工具、夹具不得沾有与所装货物相抵触的残留物。

(7)易燃液体与大多数危险货物性质相互抵触,或者是消防方法不同。因此,无论在配装或储存、保管中，都应采取有效的隔离或分库存放措施，装车也要严格按配装表的规定进行配载，驾驶人员、装卸人员不得任意拼载配装，尤其不能与氧化剂和强酸（如硝酸、硫酸等）物品同车装运。

（8）罐车运输液体危险货物的换装作业应符合表3-4-2所示要求。

罐车运输液体货物的换装规定表　　表3-4-2

油类物品	洗油	1	1														
	轻油	2	∧	2													
	重油	3			3												
	混合沥青	4	∧	∧		4											
	甲基萘油	5					5										
	三线脱脂油	6						6									
	蒽油	7	∧	∧		∧			7								
	汽油	8								8							
	柴油	9									9						
	中油	10	∧	∧		∧			∧			10					
	原油	11			∧								11				
	混合油	12			∧								∧	12			
	碳10油	13													13		
	煤焦油	14	∧	∧		∧						∧				14	
	焦化重油	15	∧	∧		∧			∧			∧				∧	15

注：①表内符号“∧”表示可以换装，表内无符号表示不可以换装。

②不需经过清洗处理的货物，其换装时必须待货物卸尽后进行。

（9）装卸作业，要注意不同材质罐车适用不同性质货物（常温下）的规定和要求。

（10）罐车装卸作业应当遵守下列安全技术操作规程：

①装卸危险货物，必须配备必要的应急处理器材，正确使用劳动防护用品。

②从事装卸的人员应按国家有关规定接受培训，持有交通运输主管部门颁发的从业资格证书，并对所装卸危险货物的性质、防护要求及应急措施等有一定的了解。

③罐车必须配带灭火器。进入装卸作业区的人员严禁携带火种，必须关闭随身携带的手机等电子设备，禁止穿着易产生静电或火花的工作服和工作鞋等。

④按指定地点停车，关闭发动机，实施驻车制动。接好静电连接线，管道和管接头连接必须牢靠不泄漏，垫木应有效放置。

⑤作业前核对货物品种及数量是否与提货单相符。

⑥上述事项检查完毕后，方可进行装卸操作，装卸过程中应注意控制物料流速，驾驶人员及押运人员应配合装卸操作人员密切注意罐内液位，确保安全。

⑦罐装、卸放作业完毕后，检查罐内情况，确保数量不缺失短少，按安全规定对装卸货管道进行处理，最后拆除静电连接线。

⑧检查车辆，关闭阀门、撤离垫木，确认车辆周围无障碍物后，指挥车辆启动驶离装卸货地点。

(11)燃油在装卸、运输、保管和使用方面应特别注意安全问题。大部分燃油属于易燃或可燃液体，本身具有燃烧性，而其蒸气与空气的混合物又可形成燃爆性气体，所以危险性较大。因此必须使装卸、运输、保管、发放和使用燃油的人员懂得有关安全知识。例如，易燃液体的流动性、挥发性和扩散性，使其危险性增大。此外，易燃液体的蒸气除了有如同易燃气体的危险性外，它的特殊性在于一般比空气重，易滞留于低洼处，且贴近地面易顺风流向远方。如果在低处有人用火，则很容易着火并把火种引向易燃液体，这是应当特别注意的。同时，易燃液体又比水轻且多不溶于水，它也会随水流动而扩大危险，并难以用水灭火。易燃液体一般电导率很小，易在流动中摩擦产生静电，静电的部分电荷会很快泄漏或逸散掉，但残存部分会形成电荷积累，其带电程度取决于该液体电阻率的大小，而易燃液体的固有电阻率 ρ 很高，一般都大于 1010Ω · m。这往往是导致燃烧爆炸事故的重要原因。根据经验，处理 $\rho < 106$Ω · m 的物质，可不考虑静电问题；若 $\rho < 109$Ω · m，产生静电积累的可能性存在，但积累不高，多数情况下可不采取防静电措施；若 $\rho > 1010$Ω · m 时，就有静电危害，必须采取防静电措施。许多易燃液体，特别是石油产品的 ρ 都大于 1011Ω · m，若防静电措施不正确或不到位，就会产生静电继而放电火花，导致其蒸气与空气混合物的燃烧爆炸。在燃油的计量、灌注、运输中这样的事故案例是不少的。所以必须认真采取限速、良好接地等防静电措施。

3. 道路运输燃油的安全要求

目前我国运输燃油一般采用道路汽车罐式运输，也有采用铁路油罐车运输的。但由于某些原因，铁路专用线不能引进厂矿内时，就需要汽车罐车转运。汽车罐车上部设有入孔，其直径不小于 500mm，入孔上有便于开关的盖板。罐体底部设有卸油管和阀门，管径一般为 80 ~ 100mm。车体设有导静电的橡胶拖地带。燃油一般自上部入口孔灌入，从底部卸油阀排出。卸油方式有泵卸、自流下卸和虹吸卸油等。

(1)在装卸油料时，要选择适当的鹤管和管接头，采取适当的装卸速度，以避免油与管道摩擦产生、聚积高电位静电，也要避免管接头与车壁撞击产生火花。

(2)保管车用汽油，应选择适当的油罐，其呼吸阀单位面积压力应达到设计工作能力。油罐不应漏气，其容量与装满系数要尽可能大，蒸发面积要尽可能小。这样可减少蒸发损失及与空气接触的程度，有利于安全。储存期间应尽可能降低温度，以保持在 15 ~ 20℃为宜。汽油在运输储存中不应混入水分，因为水的存在会降低汽油中抗氧化剂的浓度，增加酸度和对钢板的腐蚀。车用汽油保管还应注意避光，以延缓胶质的生成。桶装汽油保管中应防止受热，如果没有库房而露天存放时应搭建临时遮荫篷，夏天应洒水降温。汽油桶只能单层放置，不可堆放，也不应放在门口附近，以免发生事故时堵住出入口，不利于扑救。工业用汽油的存放不应与车用汽油混放在一起，因为车用汽油的不饱和程度比较大，混入石油溶剂后，会造成油料的芳香烃和碘值增加，使操作工人发生中毒危险。

(3)汽车加油时,必须遵循加油站的安全技术规定。使用洗涤用溶剂油的工作场所,空气中的汽油浓度不得超过 0.3mL/L。装卸作业时,在燃油设备及输油系统周围要做到"三清"、"四无"、"五不漏"。

(4)在灌油前、放油后,驾驶人员要检查罐车阀门和管盖是否关牢,查看接地线是否接牢,不得敞盖行驶,严禁罐车顶部载物。

(5)汽车罐车的灌装采用泵送和自流灌装。

(6)汽车罐车进站卸油时,其他车辆不准进入,停止所有加油作业,并要有专人监护,避免行人靠近。

(7)最好采用密闭卸油,用这种方法卸油是在地下油罐和汽车罐车之间增加一条油气管道,燃油从罐车流向地下油罐,而地下油罐内的油气沿着管道流向油罐车,进行油气置换。

(8)卸油前要检查油罐的存油量,以防止卸油时冒顶跑油。卸油时发动机应熄火,雷雨天停止卸油。卸油时夹好导静电线,再装好卸油胶管,当确认所卸油品与储油罐存储的油品各类相同时,方可慢慢开启阀门。

(9)卸油时严格控制流速,在油品没有淹没进油管口前,油的流速应控制在 0.7 ~ 1m/s 内,以防止产生静电。

①卸油过程要做到不冒、不洒、不漏,各部件接口牢固,卸油时驾驶人员、押运员不得离开现场,与加油站人员共同监视卸油情况,发现问题随时采取措施。

②在卸油时,油管应伸至离罐底不大于 300mm 处,以防止进油时喷溅产生静电。

③卸油要尽可能卸净,当加油站人员确认罐内已无储油时方可关闭放油阀门,收好放油胶管,盖严油罐盖。

④上下罐车要从扶栏处上下,不得从其他部位登上跳下,防止摔伤。

(10)测量油量要在卸完油 30min 以后进行,以防测油尺与油液面、油罐这之间静电放电。

4. 事故应急措施

1)灭火方法

大部分易燃液体的相对密度小于 1,且不溶于水,一旦发生火情,用水扑救时因水会沉在燃烧着的液体下面,并能形成喷溅、漂流而扩大火灾;另外,易燃液体所产生的热量较大,而其燃点又较低,很难使温度降到燃点以下,因此,扑救易燃液体火灾的最有效方法,是采用化学泡沫灭火剂以及干砂压盖。

2)洒漏处理

易燃液体一旦发生洒漏时,应及时以砂土覆盖或用松软材料吸附后,集中至空旷安全处处理,覆盖时特别要注意防止液体流入下水道、河道等地方,以防污染,更主要的是如果液体浮在下水道或河流道的水面上,其火灾隐情更重要;在销毁收集物时,应充分注意燃烧时所产生的毒性气体对人的危害,必要时应穿戴好防毒面具。

四、易燃固体、易于自燃的物质、遇水放出易燃气体的物质

由于本类货物在受热、摩擦、冲击或与氧化剂接触会发生剧烈化学反应，能引起燃烧，其粉尘更具有爆炸性。易燃固体燃点低于400℃，对受热、摩擦、撞击敏感，易被外部火源点燃，燃烧迅速（燃烧速度大于0.5cm/s），并可能散发出有毒烟雾或毒性气体；易于自燃的物质自燃点低（自燃点低于200℃），在空气中易于发生氧化反应，放出热量，自行燃烧；遇水放出易燃气体的物质遇水或受潮时，发生剧烈化学反应，放出大量易燃气体和热量，即能引起燃烧和爆炸。因此，装卸易燃固体、易于自燃的物质和遇水放出易燃气体的物质也有相应的安全要求。

1.装卸作业前准备工作

（1）认真清扫车厢平台，检查装卸器械和工属具等，其上不得沾有氧化剂和酸类等物质。

（2）作业现场要远离明火、高热，应备有相应的消防灭火设备，作业人员不得随身携带火种。

（3）检查货物的包装。包装破损、物品洒漏的不得装车，尤其要注意包装是否有渗漏现象。例如硝化棉要用水或酒精浸润，金属钠浸在煤油中，黄磷浸没在水中，以与空气隔绝，保证货物的稳定。如果包装渗漏，稳定剂流失或挥发，就会引起燃烧。

（4）不得穿着带有铁钉的鞋子进行作业。装卸有毒或有腐蚀性的易燃物品，作业人员应穿戴防护用品，防止货物接触皮肤造成中毒。

2.装卸作业中安全要求

（1）应远离火种、热源，防止阳光直射，包装容器应密封，搬运时应轻装轻卸，不得翻滚、摩擦、撞击、振动、摔碰、摔落。

（2）堆码要整齐、靠紧、平稳。桶口、箱口或有“向上”标志的一律应向上堆放，不得倒置。操作中严禁使用易产生火花的工具，装卸机械应配备火星熄灭器，禁止吸烟。

（3）注意防水、防潮，在无防护设备和未采取防护措施的情况下，不许在雨雪天进行装卸作业。高温季节对易燃、易于自燃的物质，应在早、晚或气温较低时进行。

（4）严禁氧化剂、强酸、强碱、爆炸性物品同车配装运输。

（5）装卸易燃固体时，不得与明火、水接触，不得与酸类和氧化剂配装。

（6）装卸易于自燃的物质时，应避免与空气、氧化剂、酸类等接触；对需用水（如黄磷）、煤油、石蜡（如金属钠、钾）、惰性气体（如三乙基铝等）或其他稳定剂进行防护的包装件，应防止容器受撞击、振动、摔碰、倒置等造成容器破损，避免易于自燃的物质与空气接触发生自燃。

（7）遇水放出易燃气体的物质，不得与酸类、氧化剂及含水的液体货物混装，不宜在潮湿的环境下装卸。

（8）对容易升华、挥发出易燃、有害或刺激性气体的货物，装卸时应注意现场通风良好、防止中毒；作业时应防止摩擦、撞击，以免引起燃烧和爆炸。

(9)装卸钢桶包装的碳化钙(电石)时,应确认包装内有无填充保护气体。如未填充保护气体,在装卸前应侧身轻轻地拧开桶上气口放气,防止爆炸、冲击伤人。电石桶不得倒置。

(10)硝基化合物(如发孔剂 H 等)对撞击敏感,遇高热、酸易分解、爆炸,搬运时应轻装轻卸;装运时不得与酸性腐蚀性物质及有毒或易燃脂类危险货物混装。

3. 易燃固体装卸安全要求

固体物质因其组成和性质不同,而具有各自不同的燃烧特点。各种金属粉,如镁粉、铝粉、锰粉的燃烧是发生在固体表面与空气接触的部分,不产生气体和火焰,而只发生灼热的光,其温度可达 1000℃以上。扑灭金属粉着火时不能用水,因为在高温下金属粉与水反应生产氢气,氢气又可与空气形成燃爆性混合物。此外,水柱喷溅使金属粉飞扬,能与空气混合而发生燃烧爆炸。

萘及其衍生物、三硫化磷、二氯苯、松香等低熔点固体受热易熔化,其燃烧特点类似于液体的燃烧,其燃烧过程是受热熔化→蒸发汽化→分解氧化→起火燃烧。其中萘及其衍生物受热后易于升华,即由固体直接变成气体,故更容易燃烧。它燃烧时光弱而烟多,其产物还有一定的毒性。

硝基化合物、硝化纤维素及其制品、重氮氢基球等易燃固体由于本身含有硝基($—NO_2$)、亚硝基(—NO)、硝酰基($—ONO_2$)、重氮基(—N = N)等不稳定的基团,受热易于分解,因而它们不仅易燃烧,而且在一定条件下还会爆炸,燃烧爆炸的产物中含有氧化氮和一氧化碳等毒性气体。

化学纤维、合成树脂、合成塑料等高分子化合物的燃烧过程比较复杂,有的易燃或缓燃,有的难燃或不燃,有的是熔融式燃烧,有的是分解式燃烧。在燃烧中会发生变形、软化和溅滴。而许多纤维和塑料的燃烧会发出较大的烟雾,并产生刺激性、毒害性或腐蚀性气体。

除上述燃烧特点外,不少易燃固体属于还原剂,能与强氧化剂接触发生燃烧和爆炸。如硫、磷与过氧化钠或氯酸钾相遇,则会立即燃烧爆炸。还有一些易燃固体,如萘及其衍生物等,与浓硝酸等强酸接触会发生剧烈反应,甚至引起燃烧或爆炸。对于这些情况,在物资的储运管理上都要非常注意。

易燃固体在装卸中一般还要注意:

(1)易燃固体在搬运装卸中要轻搬轻放,严禁滚动、摩擦、拖拉等危及安全的操作。库房内及其周围要严禁烟火。

(2)易燃固体发生火灾时,可用水、砂土、石棉毡、泡沫、二氧化碳、干粉等灭火剂灭火;但金属粉(如铝粉、镁粉)着火时只能用砂土、干粉灭火或用轻金属灭火剂 7150 灭火,不能用水。

4. 易于自燃的物质的装卸安全要求

装运易于自燃的物质须防止日光暴晒,不得与爆炸物品、氧化性物质、腐蚀性物质和易燃物质等配装混运。搬运装卸堆垛时要轻搬轻放,切不可重摔撞击。对桶装物品不应在地面上滚动，以免损坏包装或因摩擦而发热，引起自燃。

5. 遇水放出易燃气体的物质装卸安全要求

（1）遇水放出易燃气体的物质，不得与酸类、氧化剂及含水的液体货物混装，不宜在潮湿的环境下装卸。若不具备防雨雪的条件，不准进行装卸作业。

（2）装卸钢桶包装的碳化钙（电石）时，应确认包装内有无填充保护气体。如未填充保护气体，在装卸前应侧身轻轻地拧开桶气口放气，防止爆炸、冲击伤人。电石桶不得倒置。

6. 事故应急措施

1）灭火方法

火灾是对该类物品安全储运的主要威胁，火灾处理不当则会严重危害周围的环境，因此正确采取灭火方法至关重要。

由于该类物品性质各异，因此采取的灭火手段也应有所区别。

（1）易燃固体。根据易燃固体的不同性质，可用水、砂土、泡沫、二氧化碳、干粉等灭火剂灭火。但必须注意以下几点：

①粉状物品，例如闪光粉、铝粉等，不可用水灭火。因为闪光粉是镁粉和氯酸钾混合物，化学性质很活泼，能与水产生剧烈的反应，生成氢气能燃烧，被水冲散到空气中的闪光粉或铝粉末，在遇明火还有爆炸的危险。此类物品可用干燥的砂土、干粉等灭火剂进行扑救。

②遇水反应的易燃固体不得用水扑救，可用干燥的砂土、干粉等火剂进行扑救。

③有爆炸危险的易燃固体禁止用砂土压盖。

④遇水或酸产生剧毒气体的易燃固体，严禁用酸碱泡沫灭火剂。磷的化合物和硝基化合物（包括硝化棉、赛璐珞）、硫黄等物品，燃烧时产生有毒和刺激性气体，消防人员须注意戴好防毒口罩或防毒面具。

⑤火场中抢救出来的赤磷要谨慎处理。因在火场高温下，赤磷会转化为黄磷而自燃。同时在火场中抢救出来的赤磷，往往被水淋过，赤磷受潮后，也会缓慢氧化自燃。

（2）易于自燃的物质。易于自燃的物质发生火灾时，一般可用干粉、砂土（干燥时有爆炸危险的易于自燃的物质除外）和二氧化碳等灭火。与水能发生作用的物品严禁用水灭火，如三乙基铝、铝铁熔剂燃烧时温度极高，能使水分解产生氢气，此类物品可用砂土，干粉等灭火剂。

对黄磷火灾现象需谨慎处理，黄磷火灾被水扑灭后，火只是暂时熄灭了，而黄磷还残留着，一般不容易清理干净，待水分挥发完毕，黄磷可能又会自燃，造成火灾。所以对黄磷火灾残留现场应有专人密切观察，任其自燃，烧光为止。同时要注意，黄磷燃烧时会产生剧毒的五氧化二磷等气体，扑救时应注意穿戴防护服和防毒面具。

对不同的危险货物，在作业中应了解其不同的自燃点并注意采取相应的措施，见表3-4-3。

（3）遇水放出易燃气体的物质。本品发生火灾时，应迅速将邻近未燃物质从火场撤离或与燃烧物进行有效的隔离。本品在灭火时绝对不能用水，只能用干砂、干粉扑救。并注意以下6点：

①活泼金属及其他与水接触放出氢气的物质。

②遇水产生碳氢化合物(气体)的物质。

③过氧化物等易放出助燃气体的物质。

④酸类等遇水产生高温的物质。

⑤遇水产生有毒或腐蚀性气体的物质。

⑥密度小于水的物质。

几种自燃物的自燃点 表3-4-3

物质名称	自燃点(℃)	物质名称	自燃点(℃)	物质名称	自燃点(℃)
黄磷	34~35	乙醚	170	棉籽油	370
三硫化四磷	100	溶剂油	235	桐油	410
赛璐珞	150~180	煤油	240~290	芝麻油	410
赤磷	200~250	汽油	280	花生油	445
松香	240	石油沥青	270~300	菜籽油	446
锌粉	360	柴油	350~380	豆油	460
丙酮	570	重油	380~420	二硫化碳	102

遇水放出易燃或毒性气体的物质，还不得使用泡沫灭火剂。

与酸或氧化剂、氢化物等反应的物质，还禁止使用酸碱式泡沫灭火剂。

活泼金属还禁止使用二氧化碳灭火剂。因钾、钠等具有极强的还原性，甚至能夺取二氧化碳中的氧。可见，二氧化碳不但起不了灭火作用反而助长燃烧，因此应用苏打、食盐、氮或石墨来扑救。锂的火灾不能用食盐和氮，而只能用氧化锂和石墨扑救。

碳化物、磷化物遇水反应产生剧毒、腐蚀性气体的物质，灭火时，消防人员应穿戴防护用品和隔离式呼吸器。

2)洒漏处理

对该类物品洒漏量大的可以收集起来，另行包装，收集的残留物不能任意排放、抛弃，应作深埋处理。对与水反应的洒漏物处理时不能用水，但清扫后的现场可以用大量水冲洗。

五、氧化性物质和有机过氧化物

由于该类货物具有强烈的氧化性，在不同条件下，遇酸、碱，受热、受潮或接触有机物、还原剂即能分解放氧，发生氧化反应，引起燃烧。有的氧化剂还具有毒性或腐蚀性。有机过氧化物更具有易燃甚至爆炸的危险性，运输时须加入适量的抑制剂或稳定剂，有的在环境温度下会自行加速分解，因而必须控温运输。

1.装载作业前准备工作

应检查车厢(包括苫布等)，不得有任何酸类、煤炭、木屑、硫、磷等易燃物、可燃的残留物,以免引起化学反应而燃烧,甚至爆炸。

装运需控温的氧化剂,车辆的制冷系统必须良好,但不能使用液态空气和液态氧作制冷剂。

带好苫布、大绳等以及必需的防护用品和工具设备。

2. 装卸作业中安全要求

(1)轻装轻卸,禁止摩擦、振动、摔碰、拖拉、翻滚、冲击,杜绝野蛮装卸作业,防止包装及容器损坏。

(2)装卸时发生包装破损,不能自行将破损包装换好包装,不得洒漏物装入原包装内,必须另行处理。操作时,不得踩踏、碾压洒漏物,绝对禁止使用金属和可燃物(如纸、木等)处理洒漏物。

(3)发现包装损漏,必须调换或加固包装,才能装车,不能自行将破损包装换好包装,不得将洒漏物装入原包装内,必须另行处理。

(4)如货物外包装为金属容器,装车时应单层摆放,需多层装载时,应采用性质上与所运物质相容且不易燃材料的衬垫,使用非易燃的加固和防护材料。

(5)装卸作业时应避免包装件阳光直晒、淋雨、受潮。

(6)漂白粉及无机氧化剂中的亚硝酸盐、亚氯酸盐、次亚氯酸盐不得与其他氧化剂配装。

(7)装卸本类物品应远离火种、热源,夜间应使用防爆灯具。对光敏感的物品要有遮阳、避光设施。

(8)在作业中,不能穿有铁钉的鞋,不能使用易产生火花的工具。切忌撞击、振动、拖拉、倒置,必须轻装轻卸,捆扎牢固,每层之间衬垫妥帖,防止移动、摩擦,并严防受潮。

(9)过氧化物包件,露出车栏板的部分不得超过包件高度的1/3。

(10)堆放场地或仓库应清扫干净。并不得在容易产生可燃性粉尘(如煤场、锯木场等)的场所进行装卸作业。

(11)氧化剂对其他货物的敏感性强,因此绝大多数氧化剂与酸类等货物严禁同车装运,即使同属氧化剂,由于氧化性强弱不同,配装后极易引起燃烧、爆炸,也不宜同车装运。

3. 事故应急措施

1)灭火方法

万一发生火灾时,对有机过氧化物、金属过氧化物、有机过氧酸及其衍生物不能用水扑救,因为这些氧化剂和水作用可以生成氧气,能帮助燃烧、扩大火势,只能用砂土、干粉、二氧化碳灭火剂进行灭火。泡沫灭火机中的药剂是水溶液,故亦禁止使用。其余大部分氧化剂都可以用水扑救。粉状物品应用雾状水扑救。

在扑救时,要配备适当的防毒面具,以防中毒。在没有防毒面具的情况下,可将一般口罩用5%的小苏打水浸泡后使用,但其有效时间短,必须随时更换。

2)洒漏处理

在装卸过程中,由于包装不良或操作不当,有部分氧化剂洒漏,应轻轻扫起,另行包装。这些从地上扫起重新包装的氧化剂,因接触过空气,为防止发生变化,不得同车发运,须留在发货处适当地方,观察24h以后,才能重新入库堆存。

对洒漏的少量氧化剂或残留物应清扫干净,进行深埋处理。

六、毒性物质和感染性物质

由于本类货物少量误服、吸入或经皮肤黏膜接触进入肌体后,累积到一定的量,能与体液和组织发生生物化学作用或物理变化,扰乱和破坏肌体的正常生理功能,引起暂时性或持久性的病理状态,甚至危及生命。其中有机毒性物质具有可燃性,遇明火、高热或与氧化剂接触会燃烧、爆炸,同时放出毒性气体。

1.装卸作业前准备工作

1)毒性物质

除有特殊包装要求的剧毒化学品采用化工物品专业罐车运输外,毒性物质应采用厢式货车运输。

根据所装卸货物的毒性、状态及包装,应携带好相应的劳动防护用品(如工作服、手套、防毒口罩或面具)、防散失、防雨、捆扎等工属具。

对刚开启的仓库、集装箱、全闭式车厢要先通风,使可能积聚的毒性气体排除。进行装车作业前,应认真检查包件,发现包装破损、渗漏,不得装运。

2)感染性物质

作业人员应接受相关专业技术、安全防护以及应急处理等知识的培训。应穿戴专用安全防护服和用具。定期进行健康检查,必要时,对有关人员进行免疫接种,防止受到健康损害。

认真检查盛装感染性物质的每个包件外表的警示标识,核对医疗废物标签,标签内容包括:医疗废物产生单位、产生日期、类别及需要的特别说明等。标签、封口不符合要求时,拒绝运输。

道路运输医疗废物车辆应有明显的医疗废物标识,须达到防渗漏、防遗洒及其他环境保护和卫生要求。运送医疗废物的车辆不得运送其他物品。

2.装卸作业中安全要求

1)毒性物质

(1)作业人员应根据不同货物的危险特性,分别穿戴好相适应的防护服装、手套、防毒口罩、面具和护目镜等。严禁赤脚、穿背心短裤,皮肤破伤者不能装卸毒性物质。

(2)认真检查货物包装,尤其是包装外表,应无残留物,特别是剧毒,粉状的货物,包装外表更应加以注意。发现包装破损,渗漏,则拒绝装运。

(3)装卸作业前对刚开启的仓库、集装箱、封闭式车厢要先通风排气,驱除积聚的毒性气体,各种毒性物质低于最高容许浓度才能作业(图3-4-9)。

(4)装卸作业时,作业人员尽量站立在上风处,不能在低洼处久待,应做到轻拿轻放,尤其是对易碎包装件或纸质包装件不能摔掼,避免损坏包装使毒物洒漏造成危害。

(5)堆码时,要注意包装件上的图示标志(GB 191),不能倒置,堆码要靠紧堆齐,桶口、箱口向上,袋口朝里。小件易失落货物(尤其是剧毒品氰化物、砷化物、氰酸酯类),装车后必须用苫布严盖,并捆扎牢固。

(6)对刺激性较强的和散发异臭的毒性物质,装卸人员应采取轮班作业。在夏季高温期,尽量安排在早晚气温较低时作业,晚间作业应用防爆式或封闭式的安全照明。雪、冰封时作业,应有防滑措施。

(7)无机毒性物质不得与酸性腐蚀性物质配装,不得与易感染性物质配装。有机毒性物质不得与爆炸品、助燃气体、氧化剂、有机过氧化物等酸性腐蚀性物质配载。

(8)忌水的毒性物质(如磷化铝、磷化锌等),应防止受潮。

(9)毒性物质严禁与食用、药用及生活用品等同车拼装。装运后的车辆及工属具要严格清洗消毒,未经安全管理人员检验批准,不得装运食用、药用、生活等用品及活的动物。

(10)不能在货物上坐卧、休息(图3-4-10),不能用衣袖擦汗。如皮肤受到沾污,要立即用清水冲洗干净。

图3-4-9 对装运毒性物质的封闭式车厢应先通风排气

图3-4-10 装卸操作人员不能在货物上坐卧、休息

(11)要尽量减少与毒性物质的接触时间,现场监护人要加强对作业人员的关注,发现有头晕、恶心、呕吐、呼吸困难、惊厥、昏迷等现象,要立即移送到新鲜空气处,脱去污染的衣着,服用1%的硫代硫酸钠(大苏打)水溶液,及时送医院抢救。

(12)作业结束后要换下防护服,洗手洗脸后才能进食饮水吸烟。工前、工后都应禁止饮酒。防护用品每次使用后必须集中清洗,不能穿戴回家。

2)感染性物质

根据不同的医疗废物分类,作业人员在工作中应穿戴好相适应的防护服装、手套、防毒口罩、面具和护目镜等。

作业人员被医疗废物刺伤、擦伤等伤害时,应采取相应的处理措施,并及时报告相关部门。

3. 事故应急措施

1) 灭火方法

毒性物质因其品类繁多、性质各异,一旦发生火灾其灭火方法必须注意以下几点:

(1) 在无机毒性物质中的硒化合物、磷化锌、磷化铝、氟化氢钠、氯化硫、二氯化硫等,因为其氟、氯、硫、硒、磷等都是性质活泼的非金属,遇水后能和水中的氢生成有毒或有腐蚀性的气体。因此,这类物品起火后,不能用水扑救,而要用砂土或二氧化碳灭火机扑救。

(2) 毒性物质中的氰化物、氰化钠、氰化钾及其他氰化物等,遇酸性物质能生成剧毒气体氢化氰。这类物品发生火灾后,不得用酸碱灭火机扑救,可以用水及砂土扑救。

(3) 大部分毒性物质在着火、受热或与水、酸接触时,能产生有毒和刺激性气体及烟雾,灭火人员必须根据毒性物质的性质采取不同的消防方法,在扑救火灾时,尽可能站在上风方向,并戴好防毒面具等。

2) 洒漏处理

对毒性物质的洒漏物应视其具体情况做出处理:固体货物通常是扫集后装入其他空容器中交货主单位处理;液体货物应以砂土、锯末等松软材料浸润、吸附后扫集,盛入容器中交货主单位处理;对毒性物质的洒漏物不能任意乱丢或排放,以免扩大污染,甚至造成不可估量的危害。

七、腐蚀性物质

由于本类货物是能灼伤人体组织(皮肤接触在4h内可见坏死现象)并对金属等物品造成损坏的固体或液体。其散发的粉尘、烟雾、蒸气,能强烈刺激眼睛和呼吸道,吸入会中毒。其中,无机酸性腐蚀性物质大多数具有强氧化性,接触可燃物会引起燃烧。有机腐蚀性物质都易燃,接触明火、高温或氧化剂会引起燃烧甚至爆炸,同时散发出毒性气体,有机腐蚀性物质的蒸气能与空气形成爆炸性混合物。因此,装卸该类货物应具备下列安全要求。

1. 装卸前的准备

(1) 装货前,要打扫车厢。卸货、搬入仓库前,要打扫仓库。堆货地点不得残留氧化剂、易燃物品以及稻草、油脂、木屑等有机物。

(2) 装卸腐蚀性物质的工具,不得沾有氧化剂或易燃品。

(3) 装货前仔细检查包装和封口,看看包装是否完好,封口有无破漏,严禁破漏包装件上车,卸货时,对破漏包装应谨慎处理,以免发生危险。

(4) 任何易碎的内容器,如无外包装,严禁装车运输。

(5) 应佩戴口罩、工作服、手套。装卸强酸性腐蚀性物质应使用防酸橡胶或塑料围裙、手套、高筒靴、护目镜或面具等防护用品,严防腐蚀性物质接触皮肤。一般来说,防酸防护服用毛质的或丝质的纺织品,防碱防护服用棉质的纺织品。

2. 装卸操作中安全要求

(1)装卸作业前应穿戴耐腐蚀的防护用品,对易散发有毒蒸气或烟雾的,应备有防毒面具。并认真检查包装、封口是否完好,要严防渗漏,特别要防止外包装破烂脱底。

(2)装卸作业时,应轻装、轻卸,防止容器受损、撞击、跌落,禁止肩扛、背负、揽抱、钩拖腐蚀性物质。液体腐蚀性物质不得肩扛、背负;忌振动、摩擦的货物或易碎容器包装的货物,不得拖拉、翻滚、撞击,没有封盖的包装件不得堆码装运。防酸坛外包装要用绳索套底搬动,以防脱底致使酸坛摔落发生事故。

(3)具有氧化性的货物不得接触可燃物和还原剂。

(4)有机腐蚀性物质严禁接触明火、高温或氧化剂。

(5)酸性腐蚀性物质与碱性腐蚀性物质不得混装,无机酸性腐蚀性物质不得与有机酸性腐蚀性物质混装。

(6)装载必须按规定标记吨位装载,并留有相应的膨胀余位,严禁超载。

(7)堆装时应注意指示标记,桶口、瓶口、箱盖朝上,不能横放倒置,堆码要整齐、靠紧、牢固;没有封盖的外包装不得堆码。

(8)装卸现场应视货物特性,备有清水或苏打水(对酸性能起中和作用)或稀醋酸(对碱性能起中和作用),以应急救之需。

3. 腐蚀性物质的配装

(1)酸与碱会发生中和反应,不仅使货物失去原有特性,而且中和反应发生剧烈时还会引起爆炸。所以,同是腐蚀性物质,酸性腐蚀性物质和碱性腐蚀性物质不能配装。

(2)无机酸性腐蚀性物质往往有氧化性,有机酸性腐蚀性物质则可以燃烧。所以,同是酸性腐蚀性物质,无机酸性腐蚀性物质和有机酸性腐蚀性物质不能配装。同理,无机酸性腐蚀性物质不得与可燃品配装;有机腐蚀性物质不论是酸性的还是碱性的,都不得与氧化剂配装。

(3)硫酸虽然本身是一种强氧化剂,但它不得与氧化剂配装。

(4)腐蚀性物质不得与普通货物配装,以免对普通货物造成损害。

4. 事故应急措施

1)灭火方法

腐蚀性物质的灭火方法可概括为大量用水、谨慎用水。无机腐蚀性物质卷入火场,或有机腐蚀性物质直接燃烧时,除具有与水反应的物品外,一般可用大量的水扑救。即使有些腐蚀性物质会与水反应,但这些物品量较少,而大量的水迅速扑上足以抑制热反应时,也应用大量的水扑救。但用水时应谨慎,宜用雾状水,不可用高压水柱直接喷射物品,尤其是酸液。以防飞溅的水珠带上腐蚀性物质,灼伤灭火人员。同时,要控制水的流向,以免带腐蚀性的水流损伤环境。

不少物品燃烧时会产生有毒的气体和烟雾,用水扑救时产生的蒸汽也可能带有毒性和腐蚀性。因此,扑救人员应穿防腐服、戴防毒面具,并站在上风处。

与水会发生反应的物品量很大时，估计用大量的水尚不能抑制，应用干砂和干土覆盖。

2）洒漏处理

腐蚀性物质洒漏时，应用干砂、干土覆盖吸收，扫除干净后，再用水扫刷。腐蚀性物质大量溢出或干砂、干土不足以吸收时，可视货物的酸碱性，分别用稀碱或稀酸中和，中和时注意不要使反应太剧烈。用水扫刷洒漏现场时，不能直接喷射上去，而只能缓缓地浇洗，以防水珠飞溅伤人。

八、杂项危险物质和物品，包括危害环境物质

杂类物品的危险特性各异，具有磁性、麻醉、毒害或其他类似性质，其装卸安全要求和事故应急措施应参照产品安全技术说明书的相关要求。

九、散装危险货物和集装箱危险货物装卸安全

1. 散装危险货物装卸安全要求

（1）易散漏、飞扬的散装粉状危险货物，包装好后方可装运。

（2）散装煤焦沥青在高温季节应在早晚进行装卸作业。

（3）散装液体装卸作业时，灌入、卸料应采用封闭方式。

（4）散装液体装卸作业时要密切注视作业动态，防止介质泄漏、溢出。如果需要换罐时，应先开空罐，后关满罐。

（5）易燃液体装卸始末，管道内流速不超过1m/s，正常作业流速不宜超过3m/s。其他液体产品可采用经济流速。

（6）装卸作业结束，应将管线内剩余的介质清扫干净，易燃液体采用泵吸或氮气清扫管线。

（7）装卸散装液体危险货物时，装卸料管宜专管专用。如果需要一管多用，必须具备完善的清扫手段。

（8）散装液体的最大允灌度的计算可参见“罐式车辆管理的基本内容”。

2. 集装箱危险货物装卸安全要求

（1）在装箱作业前，应详细检查所装集装箱，确认集装箱技术状态良好，并清扫干净，去掉无关标志、标记、标牌。

（2）装箱前应检查集装箱内有无与待装危险货物性质相抵触的残留物。发现问题，应及时通知发货人进行处理。

（3）装箱前对待装的包装件应进行检查。破损、洒漏、水湿及沾污其他污染物的包装件不得装箱，对洒漏破损件及清扫的洒漏物交由发货人处理。

（4）不准将性质相抵触、灭火方法不同或易污染的危险货物装在同一集装箱内。如符合配装规定而与其他货物配装时，危险货物应装在箱门附近。包装件在集装箱内应有足够的

支撑和固定。

(5)装箱时要根据装箱要求装箱,防止集重和偏重,装车后货物重心距集装箱中心点不得超过集装箱长度及宽度的10%。

(6)装箱完毕,关闭、封锁箱门,并按要求粘贴好与箱内危险货物性质相一致的危险货物标志、标牌。处于熏蒸中的集装箱,必须标贴有熏蒸警告符号。当固体二氧化碳(干冰)用作冷却目的时,集装箱外部门端明显处应贴有指示标记或标志,并标明"内有危险的二氧化碳(干冰),进入之前务必彻底通风。"

(7)在箱内装有易产生毒害气体或易燃气体的集装箱,拆箱时应先打开箱门,进行足够的通风后方可作业。

(8)对卸空危险货物集装箱要进行安全处理,有污染的集装箱,要在指定地点按规定要求进行清扫或清洗。

(9)装过毒性物质、感染性物质、放射性物质的集装箱在清扫或清洗前,必须开箱通风。进行清扫或清洗的作业人员必须穿戴适用的保护用品。洗箱污水在未作处理之前,禁止排放。经处理过的污水,必须达到《污水综合排放标准》(GB 8978)的要求。

第五节　事故案例分析

案例一　液氨罐车装卸软管爆裂事故

一、事故概况及经过

据悉,某日A运输公司一辆液氨罐车到B化肥厂充装液氨,车主卢某是个体运输业主,挂靠在A公司,因罐车自带的液氨充装软管与该化肥厂液氨充装系统接口连接不匹配,就向一旁同在B化肥厂等待灌装液氨的江西省萍乡市某厂罐车驾驶员杨某借用充装软管。在充装过程中,装卸软管的液相管突然爆裂,大量液氨外泄,瞬间液氨汽化,白雾顿时向周围扩散。此时,正在一旁工作和等候充装的人员共有4人:A运输公司罐车驾驶人员和罐车车主卢某、B化肥厂液氨充装人员、某厂罐车驾驶人员杨某。事故发生后,其中3人迅速跑离现场,罐车车主因躲避不及,中毒倒地,后经送医院抢救无效身亡。

二、事故原因分析

(1)爆裂的液相软管断裂成3节,其外表有破损痕迹,内层网状钢丝锈蚀严重,橡胶具有老化特征。经专家认定软管存在质量问题,也是发生事故的直接因素。

(2)事故罐车车主卢某没有经过安全培训,罐车没有登记,"六证"不全,罐车为非法运输罐车,不具有运输液氨资质。

(3)充装现场不具备必要的充装条件,B化肥厂在汽车罐车充装站没有配备液氨充装软管，没有计量装置，没有装备气体浓度监测报警装置，没有安装气体泄漏自动切断连锁装置，安全措施不到位，充装人员在没有认真审查清楚罐车是否具有充装资质的情况下，就给罐车充装液氨，工作严重失职。

三、事故的教训及建议

(1)根据规定要求，从事危险货物运输从业人员一定要经过安全技术教育，熟悉其所运输介质的物理性质、化学性质和安全防护措施，了解装卸的有关要求，具备处理事故和异常情况的能力，坚持按规定持证上岗，在各项安全条件都具备的情况下，才能从事危险货物的运输和装卸作业。而事故罐车车主是非法经营，由于没有参加安全知识培训教育，对液氨的化学性质以及液氨对人体的危害性认识不足，事故发生后不能有效地采取相应措施保护自己。

(2)危险货物运输装卸管理人员应严格依据装卸作业要求，认真检查被装卸车辆“六证”，对“六证”不全的罐车坚决不允许充装。

(3)危险货物运输装卸管理人员要加强装卸设施设备的维护，严格使用经过检测合格的软管管体，在装卸过程前要检查设施设备，看到有合格检验标志才能作业使用。

案例二　烟花爆竹违规运输装卸事故

一、事故概况及经过

据悉，某日烟花生产企业主石某与当地货运信息部的郭某联系，让为其安排运输20t烟花爆竹至山西某烟花经销公司。郭某为其联系介绍了一台普货重型仓删式货车运输。该车车主与石某、郭某签订运输合同，约定运费1万元(货物装卸由运输方负责)。次日车主临时找来两个搬运工人并去烟花生产企业装运烟花爆竹，在装卸过程中为了加快装卸进度，野蛮多件一起装卸，货物堆码超过车辆栏杆高度并堆码不稳，导致货物翻倒发生燃烧爆炸，发生两名装卸工人一死一伤，驾驶员也不同程度被烧伤的违规运输装卸事故。

二、事故原因分析

(1)托运方违规委托不具有危险货物第1类爆炸品运输资质的车辆从事烟花爆竹运输。

(2)装卸人员不具备危险货物运输装卸从业资质。

(3)装卸人员违反危险货物运输装卸作业规定，野蛮、多件装卸，并超高堆码。

三、事故的教训及建议

(1)烟花爆竹装卸作业属于特种危险作业，从事装卸的工人必须经相关部门培训考核合格，取得特种作业人员上岗证才能从事烟花爆竹的装卸作业。未经安全技能培训或考核不合格者，冒险从事装卸特种作业，则可能因安全知识不足或不具备安全操作技能导致野蛮装卸，拖、拉、甩、碰撞、翻滚等不安全行为引起燃烧爆炸事故。

（2）烟花爆竹装卸作业即上下车时违反单件运送的规定，超量搬运烟花爆竹可能因超重或体力不支，导致人员摔倒，物件跌落甚至爆炸事故。在装卸烟花爆竹时，如果装卸高度超过车厢高度，也容易导致烟花爆竹物伯高处跌落爆炸事故。

（3）危险货物运输装卸管理人员应严格对照和检查货物和车辆情况，对于不符合要求的货物应坚决不允许装运。

第五章　危险货物道路运输事故应急救援

危险货物道路运输是一项专业性强且复杂的工作。由于危险货物所具有的易燃、易爆、腐蚀性、毒性等特性，一旦再发生运输事故，若没有得到及时并且正确的处置，不仅会造成人员伤亡、货物损失，甚至还会扩大到污染附近区域的水土资源和生态环境，造成不可挽回的巨大损失。

本章着重介绍常见火灾事故及其防范措施、常见医疗急救常识以及根据各类危险货物的特性阐明不同危险货物在发生泄漏、火灾等运输事故时的应急救援措施，以保护从业人员的安全。

第一节　常见火灾事故及其防范措施

危险货物容易发生燃烧、爆炸事故，且危险货物本身及其燃烧产物大多具有较强的毒害性和腐蚀性，极易造成人员中毒、灼伤等伤亡事故。从事危险货物运输作业的人员应熟悉危险货物发生火灾的原因，有针对性地采取相应的防范措施，把事故隐患阻断在源头，从而可以有效地降低燃烧、爆炸等事故的发生。

一、常见火灾事故类型

从危险货物道路运输发生的火灾事故来看，一般可将火灾事故分为以下6类。

1. 气体火灾

气体火灾是从管道或其他设备中泄漏出来的可燃气体（如煤气、天然气、液化石油气、乙炔气等），被火点燃而发生的火灾。在很多情况下，泄放出来的可燃气体与空气混合后形成燃爆性混合物，在一定浓度遇到点火源就发生燃烧爆炸，危害很大。

2. 油品火灾

原油、煤油、汽油、苯、酒精等易燃、可燃液体所发生的火灾都属于油品火灾。这种火灾大多是由于储罐或运输容器的泄漏引起的，或者是废弃的油品着火而致。

3. 可燃物火灾

如建筑物、家具、木材、纸张、纤维、纺织品、涂漆物件、固体燃料等固体可燃物的火灾都属于可燃物火灾。

4. 电气火灾

电缆线、电动机、变压器等电气设备使用的绝缘材料发生的火灾都属于电气火灾。

5. 金属火灾

镁、铝、铬等金属粉在空气中具有燃烧性质，遇到点火源可能发生火灾。

6. 其他火灾

如敞开的散装火药燃烧引起的火灾等。

二、着火源

一般情况下,危险货物的着火源可以分为以下5种。

1. 明火

火焰、火星、电弧和灼热的物体等敞开的明火有很高的温度和很大的热量,是引起火灾的最主要着火源。

2. 摩擦和冲击

危险货物在装卸或运输途中车辆的摩擦和冲击往往成为爆炸物品、氧化性物质、易燃气体、蒸气及粉尘着火爆炸根源之一。

3. 电气设备引起的着火或爆炸

电火花是引起易燃气体、蒸气和粉尘着火、爆炸的一个主要着火源。配电盘、开关、电灯等电气设备的接触不良以及导线短路时,均能产生电火花。此外,外露灼热的电炉丝和负荷过大的电气线路,也均能发热引起火灾。

4. 静电放电

静电电荷产生的火花,常为危险货物储运火灾爆炸的一个根源,产生静电荷的原因是电介质相互摩擦或电介质与金属摩擦而生成的。如:①传动带转动时;②粉尘、液体和气体电介质沿导管流动或以容器抽出或注入时;③喷出的可燃气体由于带有粉尘、雾滴或铁锈粉末,因与容器壁摩擦而带电,喷出的氢气已有多次着火、爆炸事故时;④固体电介质被粉碎或液体喷成雾状时;⑤两种材料紧压,其中之一为电介质时。

大部分易燃和可燃液体是电气绝缘性高的液体。严寒的冬季和炎热的夏天,天气干燥,最容易产生静电,静电电压达300V时,放电的火花可使汽油蒸气着火。如加油站使用聚氯乙烯管子,从汽油桶往地下储罐注入汽油时起火。油槽汽车的爆炸事故,多数也是由于产生静电放电时的火花所引起的。

5. 自燃发热

化学反应时放出的能量,也是引起物质着火、爆炸的原因之一。

三、火灾事故防止措施

对于防止火灾事故的发生和扩大的手段,有预防、限制、灭火和疏散等措施。

1. 预防措施

预防火灾发生的措施很简单,就是要把可燃物、氧或氧化性物质、点火源三者分隔开来,并恰当地管理好它们,使它们没有结合的机会,这样就不会引起发火和造成火灾。因此,对可燃和助燃的危险物质,以及发火的条件要具备足够的知识,把消防工作的重心放在以防为主上。

1)明火

①具有火灾和爆炸危险性的处所禁止吸烟和携入火柴、打火机等火种,不得使用明火(如蜡烛、火柴)作为照明。

②盛装易燃液体或气体的容器、管道等进行明火修理工作前(如气焊、电焊、喷灯、熔炉等),必须先经过有关部门批准,安全技术部门应该进行检查,严格执行动火制度。修理前,须打开一切洞孔,先用水蒸气、氮气或其他惰性气体吹洗,再用清水(或空气)冲洗。电焊作业中,"搭铁"不能与易燃液体或气体的容器、管道连接,应独立接地。由于金属导电,有可能在容器内的间隙或接头处形成电弧,造成爆炸。注意应将连接管道拆卸隔离或用金属盲板隔绝之,防止易燃液体、气体和蒸气进入检修的设备和管道内,以防在点火时发生爆炸或燃烧。

2)摩擦和冲击

轴承摩擦发热,铁器和零件撞击,钢铁工具、带铁钉的鞋与混凝土地坪摩擦、撞击,铁桶容器爆裂时,均能产生火花。气体压缩时亦释放出热能。

容易分解的易燃易爆物质,一经摩擦、冲击,即能发生爆炸。如雷汞、乙炔银、叠氮铅以及氯酸盐和赤磷等。

搬运储盛易燃气体和液体的金属容器时,禁止在地上抛掷或拖拉,并防止铁桶相互撞击,以免发生火花。研磨、粉碎特别容易分解、起火、爆炸的物质时,应灌充惰性气体,以减少设备内空气中的含氧量。储罐、管道和化工生产设备应保持密闭,严防跑、冒、滴、漏;对输送管道应尽量少用或不用凸缘接头;所有垫圈必须保证良好。

3)电气设备引起的火灾和爆炸

具有易燃易爆危险的厂房和仓库内的所有电气动力设备和照明装置,必须遵守电气安全规程,并应该符合防火、防爆的要求。

4)静电放电

防止易燃液体、气体和粉尘产生静电放电而起火的基本措施,是将设备、导管和容器安装可靠的接地设备以及增高厂房内或设备内空气的湿度,当相对湿度在75%以上时,即有可能防止静电的积聚。

液体在管道内流动的速度不应过大,一般不超过5m/s。灌注液体时,应防止产生液体飞溅和剧烈搅拌的现象。向储罐输送易燃液体的导管,应放在液面之下或将液体沿容器的内壁缓慢流下,以免产生静电。人员进入危险货物储存、装卸场地,不应穿化纤工作服。因为化学纤维工作服的摩擦,会使人体或工作服带电而产生火花。

5)自燃发热

(1)浸透干性植物油的纤维或金属锯屑能在空气中进行氧化反应,应按时清除。

(2)黄磷以及石油储罐清除后的活性硫化铁等能在空气中氧化而自燃。遇水燃烧物质(如钾、电石)与水作用能生成可燃气体而着火,储存此类物质应该避免与水接触,如钾、钠应浸在石油中储存。

(3)某些可燃物受氧化性物质或酸的剧烈氧化作用,能自行发热燃烧(如浓硝酸与乙醇、高锰酸钾与甘油等)。凡相互作用的物质,应该隔离储存。

2. 限制措施

一旦发生了火灾事故,应事先采取措施限制其蔓延扩大。主要措施有:使建筑物采用非燃烧体或难燃烧材料建造;设置防火墙、防火门、防油堤、防液堤、隔火水封井等;建筑物之间或易燃危险货物储存场所与建筑物之间留有适当的防火间距;将某些易燃液体储罐设置于地下或半地下库房内;在有火灾危险的工作场所不堆积大量可燃物,如原料、半成品和产品等,这些东西应储存在专用库房内,生产中需用多少就运来多少,生产出的产品要及时运走。

3. 灭火措施

在危险货物装卸、运输过程中,万一不慎货物起火,要尽快组织人员及时扑灭。灭火措施分初期灭火和正规灭火。初期灭火是在刚刚起火之时采取的应急措施,如使用手提式干粉灭火器、二氧化碳灭火器等扑灭初起的火焰,同时派人打电话报火警。如果初期灭火做得好,可以避免发生大火灾,减少许多经济损失。正规灭火是指企业消防队或城市消防队的灭火活动。正规灭火需要大量水源,故工厂建设中必须考虑建造专用消防水池和足够的消火栓等。在运输途中发生着火,驾驶人员和押运人员的迅速反应和及时扑救非常重要。不同的灭火器所喷出的灭火药剂性质不同,所产生的效果也不同,如图3-5-1所示。

4. 疏散措施

如果发生较大火灾,就要设法把人员从危险区撤到安全区(图3-5-2)。为此,平时就要充分估计到事故发生的可能性,事先指定安全疏散区。建筑设计上要有安全疏散门和通道,疏散楼梯必须设在火焰从窗户喷出而燃烧不到的地方等。

图3-5-1 采用不同的灭火器灭火

图3-5-2 发生火灾时应组织人员疏散

第二节 危险货物道路运输事故应急措施

危险货物运输中由于人为以及其他意想不到的原因,会发生泄漏、火灾、爆炸及中毒等事故,甚至是灾难性事故。不同的危险货物在不同的情况下会发生不同的事故,各事故的处理方法各异,若处置不当,极可能造成事故的进一步扩大,给人民的生命和财产造成不必要的损失。为此,若发生事故,押运人员作为事故当事人,身处事故现场,应在能力范围内,采取必要的应急处理措施,防止事态扩大,将损失降低到最低程度。

一、应急救援的优先原则

在处理重大事故应急救援时,任何人均必须遵守"员工及其他人员的生命、健康优先于设备及其他财产安全的原则"。

1. 抢救原则

(1)发生伤亡事故,抢救、急救工作要分秒必争,及时、果断、正确,不得耽误、拖延。

(2)救护人员进入可能存在缺氧危险的区域必须两人以上分组进行。

(3)救护人员必须在确保自身安全的前提下进行救护。

(4)救护人员必须听从指挥,了解泄漏物质及现场情况,防护器具佩戴齐全。

(5)迅速将伤员抬离现场,搬运方法要正确。

(6)搬运伤员时需遵守下列规定:

①根据伤员的伤情,选择合适的搬运方法和工具,注意保护受伤部位。

②呼吸已停止或呼吸微弱以及胸部、背部骨折的伤员,禁止背运,应使用担架或双人抬送。

③搬运时动作要轻,不可强拉,运送要迅速及时,争取时间。

④严重出血的伤员,应采取临时止血包扎措施。

⑤救护在高处作业的伤员,应采取防止坠落、摔伤措施。

(7)抢救触电人员必须在脱离电源后进行。

2. 撤离条件

在实际的救援工作中,要根据现场实时监测及异常情况,考虑抢险人员是否撤离。抢险人员的撤离条件可参考以下情况。

(1)发生以下情况,应急救援、抢险人员可以先撤离事故现场再报告:

①事故已经失控。

②个体防护装备已经损坏,危及自身生命安全。

③发生突然性的剧烈爆炸,危及自身生命安全。

(2)发生下列情况,指挥部必须下达让应急救援、抢险队员撤离的命令:

①事故已经失控。

②应急救援、抢险队员个体防护装备损坏,危及队员的生命安全时。

③发生突然性的剧烈爆炸,危及队员的生命安全时。

二、受伤人员现场救护、救治与医院救治

1. 救护人员防护

一般泄漏的防护要求:

(1)呼吸系统的防护:可能接触窒息性气体时,必须佩戴自给式空气呼吸器。

(2)眼睛防护:戴化学安全防护镜或防护面罩。

(3)防护服:穿工作服。

(4)手防护:戴橡胶手套。

(5)参加救护、救援人员必须按防护规定着装,并注意风向,在夜间或事故区域黑暗的情况下实施救援时,应配备有照明灯具。

(6)人员监护:参加救护、救援人员应以互助监护为主,按照必须在确保自身安全的前提下进行救护的原则进行处理。在救援中因为不可预见的因素而导致队员受伤的,其他救援人员发现时必须向指挥部报告,如需送医院治疗时,由指挥部安排相应的人员将受伤人员送至医院进行救治。

2. 受伤人员分类

按照企业危险化学品可能导致的伤害,受伤人员按以下分类:

(1)化学性烧伤。包括硫酸体表烧伤和氢氧化钾体表烧伤两种,其中也包括眼部的接触烧伤。主要伤害对象是岗位作业人员和应急救援人员。

(2)高温物理性烫伤或烧伤。包括直接接触高温物体表面的烧伤,高温的水、气烫伤,发生爆炸事故而导致的高温烫伤和高温热焰烧伤。主要伤害对象为岗位作业人员和应急救援人员。

(3)低温物体冻伤。包括直接接触低温物体表面及低温的液态气体产品导致的冻伤,主要伤害对象为岗位作业人员和应急救援人员。

(4)缺氧窒息。包括因为环境中氧气浓度过低而导致的窒息伤害。伤害对象主要有岗位作业人员和应急救援人员。

3. 患者现场救治方案

(1)化学性烧伤。立即脱去被污染衣着,迅速用流动的清水冲洗至少15min,稀释硫酸或氢氧化钾,迅速就医。

(2)高温物理性烫伤或烧伤。立即脱去烫伤或烧伤部位的衣着,找水源(如冲洗装置、生活用水龙头等)冲洗受伤部位。如伤者的衣着还在燃烧,在一时难以找到冲洗水源且不能及时脱衣服的情况下,可以就地打滚灭火,迅速就医。

(3)低温物体冻伤。立即脱去冻伤部位的衣着、装饰品,迅速用流动的清水冲洗至少15min,迅速就医。

(4)缺氧窒息。将窒息人员迅速脱离至空气新鲜处,并保持其呼吸道通畅。如呼吸困难,给输氧;如停止呼吸,立即进行人工呼吸,并迅速就医。

三、现场保护和洗消

当事故发生后,保安队迅速封闭现场各个道路口,发生爆炸类事故时,沿爆炸的残局半径封锁,其他类事故沿事故发生现场和污染区域封锁。企业迅速成立事故调查小组,对现场进行拍照等取证工作,开展事故调查、分析。在事故救援时,现场必须设置隔离标志并安排足够的人员值班以防止无关人员进入造成伤害。在事故救援结束还未完成清洗和调查前,不得撤销隔离标志及值班人员。

由于企业的危险化学品是压缩液化的工业气体和氢氧化钾、硫酸溶液,气体可以通过足够的通风使之挥发到大气中,同时这些气体不会对环境造成负面的影响,溶液对环境的影响也局限在厂区内,可用大量水冲洗稀释。溶液的稀释工作由生产工程部指定的义务人员参加。对于剩余在生产现场的产品,应组织人员将其转移到安全场所。

四、应急救援装备

危险货物道路运输企业应当配备应急救援装备。应急救援装备,要根据所运危险货物的性质和运输车辆的特性配备。以下介绍一些常用的应急救援装备。

1. 应急电源、照明

各生产班组均配置一只强光探射灯,作为现场紧急撤离时照明用,当发生事故时,单个生产系统必须完全断电或者突然断电时,所有岗位人员由当班班长负责使用应急照明灯有序撤离。在事故的抢险和伤员救护过程中,由安全质量部与生产工程部根据情况,在确认安全的情况下,对事故现场的各个部位选择性供电,保证应急和照明电源的使用。

2. 应急救援装备、物资、药品

(1)应急救援的主要装备及物资:自给式空气呼吸器,头盔式防飞溅面罩,灭火器,便携式氢、氧分析仪等。

(2)应急救援主要的急救药品、物品:止痛片,云南白药喷剂,碘伏,脱脂棉,纱布,绷带,创可贴,消毒酒精,担架等。

3. 检测仪器

1)氢气泄漏的检测

采用在线仪器及便携式仪器分析。

在线仪器分析:指可能存在氢气泄漏区域内安装的在线式可燃气体分析仪的分析。

便携式仪器分析:指企业分析人员采用便携式氢气分析仪在泄漏区域进行的空气中氢浓度的分析。

2)氧气泄漏的检测

采用便携式仪器分析。便携式仪器分析:指企业分析人员采用便携式氧气分析仪在泄漏区域进行的空气中氧浓度的分析。

3)氮、氩、氦以及二氧化碳泄漏的检测

采用便携式仪器分析。便携式仪器分析:指企业分析人员采用便携式氧气分析仪在泄漏区域进行的空气中氧浓度的分析。

五、外部救援

1. 单位互助

邻近的企业之间应保持良好的合作关系，相互依存，互利互惠。发生事故时，邻近企业能够给予事故企业在运输、人员、救治以及救援部分物资等方面的帮助。

2. 请求政府协调应急救援力量

当事故扩大化需要外部力量救援时，可由企业所在地政府部门发布支援命令，调动相关政府部门进行全力支持和救护，主要参与部门有：

(1)公安部门。协助企业进行警戒，封锁相关要道，防止无关人员进入事故现场和污染区。

(2)消防队。发生火灾事故时，进行灭火的救护。

(3)环保部门。提供事故时的实时监测和污染区的处理工作。

(4)电信部门。保障外部通信系统的正常运转，能够及时准确发布事故的消息和发布有关命令。

(5)医疗单位。提供伤员、中毒救护的治疗服务和现场救护所需要的药品和人员。

(6)其他部门。可以提供运输、救护物资的支持。

六、预案响应条件

1. 请求外部救援响应条件

(1)氢气火灾的响应。当氢气发生泄漏起火乃至于爆炸，企业无法控制时，必须向消防队请求支援灭火。

(2)容器的爆炸事故。当企业盛装各类气体的容器、管道发生爆炸，且现场情况复杂，无法进行有效控制时，必须向消防队及其他应急机构请求救援。

2. 企业级救援响应条件

(1)氢气发生泄漏且已起火时，火势在企业范围内能得以控制。

(2)氧气、惰性气体发生大量泄漏，现场已无法控制时。

(3)硫酸罐、制氢装置中氢氧化钾溶液发生严重泄漏而无法控制时。

3. 部门级救援响应条件

(1)生产工厂发生一般性的气体泄漏，可通过关闭阀门等措施处理时。

(2)制氢装置中氢氧化钾溶液发生少量泄漏。

七、事故应急救援终止

当事故得以控制，经应急救援指挥部组织人员对现场进行检查，检查项目包括未熄灭的火源、高温或低温物体、未扩散的产品、所有人员的下落已清楚、生产现场的剩余产品已被转移、地下设施(包括地下沟、渠内的氧含量检测)、由于事故导致存在安全隐患的各项设施

(如建筑物)等,确认事故复发的隐患、工厂存在的其他安全隐患及环境污染和危害已消除,并已经进行取证工作后,由总指挥下达解除应急救援的命令,安全质量部通知解除警报,保安队通知警戒人员撤离。

在涉及周边社区和单位的疏散时,由总指挥通知周边单位负责人员或者社区负责人解除警报,并及时通知上级相关部门。

第三节 各类危险货物道路运输事故应急措施

对于危险货物道路运输的从业人员来说,各类危险货物运输事故应急处理措施尤为重要,在不同情况下,可将许多已发事故消灭在初发状态。

一、爆炸品

1. 灭火方法

运输过程中发生火灾时,应尽可能将爆炸品转移到危害最小的区域或进行有效隔离。不能转移、隔离时,应组织人员疏散。以下是施救的建议程序。

(1)把车辆开离公路并远离住宅、树木和其他易燃物体,停车、熄火、关闭电源。同时,由押运人员拨打110报警电话,清楚地汇报事故发生的时间、地点及现场火势情况和救援所需要的特殊设备;同时向本企业或单位报告。

(2)在车辆四周建立警戒线,提醒过往的车辆和人员不要靠近。

(3)驾驶人员立刻穿戴好个人防护用品(轻型防护服、防毒面具等)。

(4)在确保自身安全的情况下,使用车载灭火器灭火,禁止用水来灭火。

(5)维持现场秩序,等候救援队伍到来;准备随车携带的产品资料供救火队伍行动参考。

(6)等救助队伍到达时,配合消防人员进行灭火。

(7)没有安全主管或消防人员的同意,不要移动车辆,直到火灾被完全扑灭。

2. 洒漏处理

(1)驾驶人员应尽可能把车开到安全区域停车、熄火、关闭电源。

(2)立刻穿戴好个人防护用品。

(3)在车辆前后100m处设置三角警告牌,阻止其他人员靠近。

(4)阻止泄漏物接触任何火源。

(5)阻止围观人员靠近泄漏物,告诉群众泄漏爆炸品的危险性。

(6)按照爆炸品泄漏处理方法,站在上风处对泄漏进行处理。

(7)无法处理泄漏物,因泄漏引起的危险性可能进一步增大时,应立即拨打110报警电话,清楚地汇报事故的时间、地点及现场情况和救援所需要的特殊设备;同时向本企业或单位报告。

(8)维持现场秩序,等候救援队伍到来。

(9)不要启动或移动车辆,直到所有的泄漏物被安全的处理好并恢复正常状态。

二、气体

1. 灭火方法

在装卸、运输中遇有火情,应立即报告公安消防部门并组织扑救。同时,应尽可能将未着火的气瓶迅速移至安全处。对已着火的气瓶应使用大量雾状水喷洒在气瓶上,使其降温冷却;火势尚未扩大时,可用二氧化碳、干粉、泡沫等灭火器进行扑救。扑救气体危险货物火灾时,扑救人员应先关闭管道或容器阀门,阻止继续外泄,防止扩大灾情。

2. 洒漏处理

在装卸、运输中发现气瓶漏气时,特别对于毒性气体,应立即报告公安、消防部门并组织扑救,迅速将漏气气瓶移至安全场所,并根据气体性质做好相应的人身防护。

扑救者应注意站在上风处向气瓶倾泼冷水,使之降低温度,然后再将阀门旋紧。大部分毒性气体能溶解于水,紧急情况时,可用浸过清水的毛巾捂住口鼻进行操作,若不能制止时,可将气瓶推入水中,并及时通知相关管理部门处理。

三、易燃液体

1. 灭火方法

大部分易燃液体的密度小于水,且不溶于水,一旦发生火灾,用水扑救时因水会沉在燃烧着的液体下面,并能形成喷溅、漂流等而扩大火灾;另外,易燃液体燃烧时所产生的热量较大,而其燃点又较低,很难使温度降低到其燃点以下。因此,消灭易燃液体火灾的最有效方法,是采用泡沫、二氧化碳、干粉、1211 灭火器等扑救。扑救液体危险货物火灾时,扑救人员应注意先关闭管道或容器阀门,阻止继续外溢,防止扩大灾情。

2. 洒漏处理

易燃液体一旦发生洒漏时,应及时以砂土覆盖或用松软材料吸附后,集中至空旷安全处处理,覆盖时特别要注意防止液体流入下水道、河道等地方,以防污染。更主要的是如果液体浮在下水道或河流道的水面上,其火灾隐情更重要。

在销毁收集物时,应充分注意燃烧时所产生的毒性气体对人的危害,必要时应穿戴好防毒面具。

四、易燃固体、易于自燃的物质、遇水放出易燃气体的物质

1. 灭火方法

由于本类物品性质各异,因此采取灭火的手段有所区别,分别介绍如下。

1)易燃固体

根据易燃固体的不同性质,可用水、砂土、泡沫、二氧化碳、干粉灭火剂来灭火,但必须注意以下事项:

(1)遇水反应的易燃固体不得用水扑救,可用干燥的砂土、干粉等灭火剂进行扑救。如闪光粉、铝粉等,不可用水灭火。因为闪光粉是镁粉和氯酸钾混合物,化学性质很活泼,能与水产生剧烈的反应,生成氢气能燃烧,被水冲散到空气中的闪光粉或铝粉末,在遇明火还有爆炸的危险。

(2)有爆炸危险的易燃固体禁用砂土压盖,如具有爆炸危险性的硝基化合物。

(3)遇水或酸产生剧毒气体的易燃固体,严禁用水、硝碱、泡沫灭火剂。如磷的化合物和硝基化合物(包括硝化棉、赛璐珞)、氮化合物、硫黄等,燃烧时产生有毒和刺激性气体,扑救时须注意带好防毒面具。

(4)火场中抢救出来的赤磷要谨慎处理。因为赤磷在高温下会转化为黄磷变成易于自燃的物质,同时在扑救时,赤磷被水淋过受潮后,也会缓慢引起自燃。

2)易于自燃的物质

(1)此类物质发生火灾时,一般可用干粉、砂土(干燥时有爆炸危险的易于自燃的物质除外)和二氧化碳等灭火。与水能发生作用的物品严禁用水灭火,如三乙基铝、铝铁熔剂燃烧时温度极高,能使水分解产生氢气,此类物品可用砂土、干粉等灭火剂。

(2)对黄磷火灾现场须谨慎处理,黄磷被水扑灭后只是暂时熄灭,残留黄磷待水分蒸发后又会自燃,所以现场应有专人密切观察。同时要注意,黄磷燃烧时会产生剧毒的五氧化二磷等气体,扑救时应穿戴防护服和防毒面具。

(3)对不同的危险货物,在作业中应了解其不同的自燃点并注意采取相应的措施。

3)遇水放出易燃气体的物质

本危险货物发生火灾时,应迅速将邻近未燃物质从火场撤离或与燃烧物进行有效的隔离。在灭火时绝对不能用水,只能用干砂、干粉扑救。并注意以下物品在灭火时绝不能用水扑救:

(1)活泼金属及其他与水接触放出氢气的物质。

(2)遇水产生碳氢化合物(气体)的物质。

(3)遇水产生过氧化物等易放出助燃气体的物质。

(4)酸类等遇水产生高温的物质。

(5)遇水产生有毒或腐蚀性气体的物质。

(6)密度小于水的物质。

遇水放出易燃或毒性气体的物质,不得使用泡沫灭火剂。如碳化钙(电石)等。

与酸或氧化性物质、氢化物等反应的物质,禁止使用酸碱式泡沫灭火剂。

活泼金属禁用二氧化碳灭火器进行扑救。因为钾、钠等具有极强的还原性,甚至能夺取二氧化碳中的氧,所以,二氧化碳不但起不了灭火作用,反而助长火势,所以应用苏打、食盐、氮或石墨粉来扑救。锂的火灾不能用食盐和氮扑救,而只能用石墨粉扑救。

碳化物、磷化物遇水反应能产生剧毒、腐蚀性气体,灭火扑救时应穿戴防护用品和隔离式呼吸器。

2. 洒漏处理

在装卸、运输过程中货物洒漏时，可以收集起来另行包装。收集的残留物不能任意排放、抛弃。对与水反应的洒漏物处理时不能用水，但清扫后的现场可以用大量水冲刷清洗。还应注意，对注有稳定剂的物品，残留物收集后重新包装，也应注入相应的稳定剂。

五、氧化性物质和有机过氧化物

1. 灭火方法

(1)对于该类物质万一发生火灾时，对有机过氧化物、金属过氧化物、有机过氧酸及其衍生物不能用水扑救，因为这些氧化性物质和水作用可以生成氧气，能帮助燃烧、扩大火势，只能用砂土、干粉、二氧化碳灭火剂进行灭火。泡沫灭火剂中的药剂是水溶液，故也禁止使用。

(2)其余大部分氧化性物质都可以用水扑救。粉状物品应用雾状水扑救。

(3)在扑救时，要配备适当的防毒面具，以防中毒。在没有防毒面具的情况下，可将一般口罩用5%的小苏打水浸泡后使用，但其有效时间短，必须随时更换。

2. 洒漏处理

(1)在装卸过程中，由于包装不良或操作不当，有部分氧化性物质洒漏，应轻轻扫起，另行包装。这些从地上扫起重新包装的氧化性物质，因接触过空气或混有可燃物等杂质，为防止发生变化，不得同车发运，须留在发货处的适当地方，观察24h以后，才能重新入库堆存。

(2)对洒漏的少量氧化性物质或残留物应清扫干净，进行深埋处理。

六、毒性物质和感染性物质

1. 灭火方法

毒性物质因其品类繁多、性质各异，一旦发生火灾其灭火方法必须注意以下几点：

(1)无机毒性物质中的硒化合物、磷化锌、磷化铝、氟化氢钠、氯化硫、二氯化硫等，因为其氟、氯、硫、硒、磷等都是性质活泼的非金属，遇水后能和水中的氢生成有毒或有腐蚀性的气体。因此，这类物品起火后，不能用水扑救，而要用砂土或二氧化碳灭火剂扑救。

(2)毒性物质中的氰化物遇酸性物质能生成剧毒气体氢化氰。这类物品发生火灾时，不得用酸碱灭火剂扑救，可用水及砂土扑救。

(3)大部分毒性物质在着火、受热或与水、酸接触时，能产生有毒和刺激性气体及烟雾，灭火人员必须根据毒性物质的性质采取不同的消防方法，在扑救火灾时，尽可能站在上风方向，并戴好防毒面具等。

2. 洒漏处理

对毒性物质的洒漏物应视其具体情进行处理：如固体货物，通常扫集后装入其他容器中交货主单位处理；液体货物应以砂土、锯末等松软物浸润，吸附后扫集，盛入容器中交付货主单位处理；对毒性物质的洒漏物不能任意乱丢或排放，以免扩大污染甚至造成不可估量的危害。

被毒性物质污染过的场地、车辆或防护用品，其洗刷消毒基本方法如下：

(1)氰化物污染物。对于氰化物，如氰化钠、氰化钾污染，可将硫酸钠水溶液撒在污染处，因硫酸钠与氰化物可以生成低毒的硫氰酸盐，从而消除氰化物的毒性，然后用热水冲洗，最后用冷水冲洗。也可用硫酸亚铁、高锰酸钾或次氯酸钠等来处理。

(2)有机磷农药污染物。有机磷农药如1605、苯硫磷、敌死通、1059等洒漏时，首先用生石灰将洒漏物吸干，然后用碱水浸湿污染处，再用热水洗刷，最后用冷水冲洗即可。但是，应注意敌百虫也是有机磷农药，不可用碱水洗刷。因为敌百虫在碱性溶液中分解很快，大部分变成毒性比它大数倍，且易挥发的敌敌畏，所以敌百虫洒漏后，只能用大量水洗刷。

(3)硫酸二甲酯污染物。硫酸二甲酯为酸性毒品，在冷水中缓慢分解，分解速度随温度上升而加快，洒漏后先将氨水洒在污染处起中和作用，也可用漂白粉加上5倍的水浸湿污染处；再用碱水浸湿；最后用热水和冷水各冲洗一次。

(4)芳香族氨基或硝基化合物污染物。对芳香族氨基或硝基化合物如苯胺、硝基苯等，可将稀盐酸溶液浸湿污染处，再用水冲洗。

(5)砷化物污染物。砷化物如砷、三氧化二砷等，因砷在空气中其表面很快被氧化成三氧化二砷而微溶于水，生成砷酸、亚砷酸。亚砷酸能溶于碱，生成亚砷酸盐，而亚砷酸盐溶于水，可用氢氧化铁解毒，最后用水冲洗。

(6)有机氯粉剂或乳剂农药污染物。有机氯农药在一般情况下不溶于水，而在碱溶液中极易分解放出氯化氢，生成三氧化苯。所以洒漏后，先将洒漏物收集起来，再用清水冲洗，最后用热水冲洗，无热水时可以撒上碱后用水冲洗。

七、腐蚀性物质

1. 灭火方法

腐蚀性物质的灭火方法可概括为大量用水和谨慎用水。

无机腐蚀性物质发生着火或有机腐蚀性物质直接燃烧时，除具有与水反应特性的物品外，一般可用大量的水扑救。即使有些腐蚀性物质会与水反应，但这些物品量较少，而大量的水迅速扑上足以抑制热反应，也应用大量的水扑救。但用水时应谨慎，宜用雾状水，不能用高压水柱直接喷射物品，尤其是酸液，以免飞溅的水珠带上腐蚀性物质灼伤灭火人员；同时，要控制水的流向，以免带腐蚀性的水流破坏环境。

不少腐蚀性物质燃烧时，会产生毒性气体和烟雾，用水扑救时，产生的蒸气也可能有毒性和腐蚀性。因此，扑救时应穿防护服，戴防毒面具，且人应站在上风处。

与水会发生剧烈反应的大量腐蚀性物质发生着火时，用大量的水若不能抑制，液体腐蚀性物质应用干砂或者干土覆盖或用干粉灭火机扑救。

2. 洒漏处理

(1)腐蚀性物质洒漏时，液体腐蚀性物质应用干砂、干土覆盖吸收，扫除干净后，再用水洗刷。腐蚀性物质大量溢出，或用干砂、干土不足以吸收时，可视货物的酸碱性质，分别用稀碱或稀酸中和。中和时,要防止发生剧烈反应。用水洗刷洒漏现场时,不能用水直接喷射,只能缓慢的浇洗或用雾状水喷淋,以防水珠飞溅伤人。

(2)溴污染。溴为棕红色发烟液体。沸点为55.8℃,遇水极易挥发,蒸气有毒。污染时,污染处撒上硫代硫酸钠溶液,使溴生成溴化钠,最后可用大量水冲洗。在污染处理作业时,要注意防火,因溴与有机物混合,可能引起燃烧。

八、杂项危险物质和物品,包括危害环境物质

本类货物的灭火方法和洒漏处理等要求,应按照不同货物的《安全标签》和《化学品安全技术说明书》的要求进行。

第四节　气体运输泄漏事故处置措施

一、泄漏处理应急救援的基本措施

泄漏通常是由于容器破裂、阀门失效、操作超压、设备锈蚀、管道连接松动等原因引起。泄漏量视其设备的漏点程度、工作压力等条件而不同。泄漏时又可因季节、风向等因素,波及范围也不一样。对于一般泄漏事故,可由安全报警系统、岗位操作人员巡检等方式及早发现,采取相应措施,予以处理。重大泄漏事故,可因重大设备、操作事故、产品储存罐的大量泄漏而发生,报警系统或操作人员虽能及时发现,但一时难以控制。发生重大泄漏后,可能造成人员伤亡或伤害,波及周边范围。当发生重大泄漏事故时,应采取以下措施:

(1)最早发现者应立即向其主管/经理报告,根据现场的实际情况向消防队报警和通知相应的管道客户单位,按照操作程序紧急停止生产运行,如可能应切断相关阀门以防止更多的泄漏和产生事故连锁扩大反应。

进入泄漏区域切断泄漏源时必须按照规定要求佩戴好相应的个人防护设施,如便携氢、氧分析仪及自给式空气呼吸器等。

(2)生产或配送部门的经理、主管接到报警后,应迅速通知企业安全质量经理,安全质量经理立即通知"安全生产委员会"的其他成员,由企业"安全生产委员会"下达按应急救援预案处置的指令,成立应急救援指挥部,通知指挥部成员迅速赶往事故现场,进行事故应急救援的处理工作。

(3)指挥部成员根据所负责职责迅速向主管上级公安、劳动、环保、安监等领导机关报告事故情况。

(4)生产或配送部门经理(如液体槽车有大量泄漏情况发生)迅速组织人员查明事故发生源点、泄漏部位和原因,凡能经切断物料或倒槽(转移)等处理措施而消除事故的,则以自救为主,如是氧泄漏应采取措施移走泄漏点附近的可燃物质,停止设备运行,防止更严重的事故发生,如燃烧、爆炸。如泄漏部位自己不能控制的,应向指挥部报告,包括最大泄漏量、

风向、覆盖区域内的设施情况。

(5)消防队到达事故现场后,消防人员应佩戴好空气面具,首先查明现场有无受伤人员,以最快速度将受伤者脱离现场,严重者尽快送医院抢救。同时消防队用水雾或增加通风等方式尽快降低泄漏处的产品浓度。

(6)指挥部成员到达事故现场后,根据事故状态及危害程度做出相应的应急决定。如必须等待完成泄漏,应立即根据最大泄漏量、风向进行危害程度评估,如事故危害扩大到周围单位时,应请求支援组织波及范围内的疏散和启动紧急撤离程序。

(7)重大泄漏发生后,生产部门主管、班长等生产现场负责人应在企业安全质量经理到来之前,指定人员担负治安和交通指挥,组织纠察,在事故现场周围设岗,划分禁区并加强警戒和巡逻检查。

(8)泄漏事故发生时必须防止泄漏物质进入地下管道,如下水道等,泄漏物质可能会通过这些途径进行扩散。在泄漏被制止后,这些管道都必须逐一检查氧气含量,正常后才可宣布结束。

(9)在事故得到控制和消除后,企业"安全生产委员会"组织事故调查小组,调查事故发生原因和研究制定防范措施。

二、气体燃烧、爆炸的处理

1. 应急救援措施

燃烧通常是由于泄漏导致局部氧气或氢气浓度过高,与氧气接触部件带油脂、氧气接触到易氧化物质发生化学反应或者氢气遇火源等原因引起。剧烈、较大的燃烧如果处理不及时、方法不正确、安全装置失效等通常会导致更严重的爆炸事故发生。对于早期或较小的燃烧可由岗位操作人员巡检等方式及早发现,采取相应措施,使用正确的消防器材予以处理。重大的燃烧事故,控制报警系统或操作人员虽能及时发现,但一时难以控制,发生重大燃烧、爆炸后,可能造成人员伤亡或伤害,波及周边范围。当发生重大燃烧、爆炸事故时,应采取以下应急救援措施:

(1)最早发现者应立即向其主管、经理、消防队报警和立即通知客户单位,并按照操作程序紧急停止空分、液化、制氢等装置的生产运行,如可能应切断相关阀门以关闭可燃物的供应,同时开启氮气等消防应急气体阀门以控制火势和事故扩大。

进入事故区域切断可燃气体源时必须按照规定要求佩戴好相应的个人防护设施,如便携氢、氧分析仪及自给式空气呼吸器等。

(2)生产部门的经理、主管接到报警后,应迅速通知企业安全质量经理,安全质量经理立即通知"安全生产委员会"的其他成员,由企业"安全生产委员会"下达按应急救援预案处置的指令,成立应急救援指挥部,通知指挥部成员迅速赶往事故现场,进行事故应急救援的处理工作。

(3)指挥部成员根据所负责职责迅速向主管上级公安、劳动、环保、安监等领导机关报告事故情况。

(4)生产部门现场负责人迅速组织人员转移事故周围的可燃物,设置隔离装置,停止事故区域内设备运行和切断其电源,派人员操作消防水栓,组织人员在消防队未赶到前进行灭火和控制工作,同时应采取措施防止更严重的事故发生,如爆炸。如事故已无法控制,应向指挥部报告,请求紧急撤离。

(5)消防队到达事故现场后,消防人员应佩戴好空气面具,首先查明现场有无受伤人员,以最快速度将受伤者救出现场,严重者尽快送医院抢救。同时开展灭火工作。

(6)指挥部成员到达事故现场后,根据事故状态及危害程度作出相应的应急决定。如事故危害扩大到周围单位时,应请求支援和协调波及范围内的人员疏散。

(7)在发生重大事故后生产部门现场负责人指定人员担负治安和交通指挥,组织纠察,在事故现场周围设岗,划分禁区并加强警戒和巡逻检查。

(8)在事故发生时必须同时防止产生的泄漏物质进入地下管道,如下水道等,泄漏物质可能会通过这些途径进行扩散。在事故被消除后,必须仔细检查事故现场,消除残余的火源、可燃物和未扩散的产品,对事故现场进行充分的通风,地下管道都必须逐一检查氢、氧气含量,以上一切正常后才可宣布结束。

在事故消除后,进入事故发生区域进行检查的人员必须按照规定要求佩戴好相应的个人防护设施,如便携氢、氧分析仪及自给式空气呼吸器等。

(9)在事故得到控制和消除后,企业“安全生产委员会”组织事故调查小组,调查事故发生原因和研究制定防范措施。

2. 人员疏散方案

在事故已无法控制的情况下,应急救援指挥部总指挥发布紧急撤离指令以最大限度地降低对事故现场人员和周边单位人员的伤害。在指挥部发出紧急撤离指令后,企业内所有人员包括外来救援人员都必须按照紧急撤离程序规定的路线撤离到指定地点集合。

紧急撤离时的注意事项:

(1)在听到紧急疏散通知后,要立即携带重要物品(如财务数据等),通过最近的安全出口疏散到集合点。

(2)如果烟雾很大,应设法用水浸透手帕等纺织品并用其捂住鼻,迅速离开烟雾区。

(3)疏散时要保持镇静,有秩序,切忌拥挤。

(4)疏散时要互相提醒,最后一人应关上门。

消禁后接收主管人员的指示,返回企业开始正常工作或者进行清扫现场。

3. 危险区的隔离

企业发生危险化学品事故时,按危险程度分为两个区域,分别为事故中心区和事故波及区。

(1)事故中心区:即距离事故现场 0 ~ 100m 区域。此区域空气中危险化学品浓度指标高,并伴有爆炸、火灾发生,建筑物设施和设备损坏,有造成人员缺氧窒息的危险。

(2)事故波及区:指距离事故现场 100 ~ 500m 区域。该区域空气中危险化学品浓度较高,造成作用时间长,有可能发生人员或物品的伤害和损坏,或者造成轻度的人员缺氧的危险。

4. 事故现场隔离区的划定、方法

为防止无关人员误入现场造成伤害,按危险区的设定,划定事故现场隔离区范围。

(1)事故中心区以距事故中心约 100m 道路口上设置红白色相间警戒色带标识,写上"事故处理,禁止通行"字样,在圆周上和各个路口设置一个警戒人员。若政府其他部门的人员参与警戒,必须着正规服装。

(2)事故波及区以距事故中心约 500m 道路口上设置红白相间警示色带标识,写上"危险化学品处理,禁止通行"字样,在路口设置带"警戒"标识字样袖套一人。

5. 事故现场周边区域的道路隔离或交通疏导办法

(1)事故中心区外的道路疏导由安全质量部负责,在警戒区的道路口上设置"事故处理,禁止通行"字样的标识,并指定人员负责指明道路绕行方向。

(2)事故波及区外道路由政府交通管理部门负责。禁止任何车辆和人员进入,并负责指明道路绕行方向。

本篇思考题

一、判断题(20题)

1. 爆炸品、遇水放出易燃气体的物质、固体剧毒物品、感染性物质、放射性物质和有机过氧化物应使用厢式货车运输。 ( )

2. 道路运输腐蚀性液体、剧毒液体、易燃液体应使用化工物品专用罐车。 ( )

3. 道路运输有机过氧化物、感染性物质可选用没有控温装置的厢式货车。 ( )

4. 危险货物道路运输车辆的排气管,必须符合国家标准《机动车排气火花熄灭器性能要求和试验方法》(GB 13365)的规定。 ( )

5. 运输车辆必须在驾驶室安装便于驾驶人员能随时操作切断电源的总开关。 ( )

6. 大部分易燃、易爆液体货物运输时会在罐内晃动,与罐体内壁接触面积增大,极易产生静电,应急时排除。因此,其运输车辆必须安装导静电橡胶拖地带。 ( )

7. 道路运输易燃易爆危险货物的车辆必须将导静电橡胶拖地带拖地,但空车时可以不接导静电橡胶拖地带。 ( )

8. 栏板车辆车厢底板必须平整完好,周围栏板必须牢固,周围没有栏板的车辆,可临时装运危险货物。 ( )

9. 装运大型运输容器、集装箱、集装罐柜等车辆,必须设置牢固、安全且有效的紧固装置。 ( )

10. 危险货物道路运输车辆可以随意改装,以便有利于运输。 ( )

11. 移动罐体(罐式集装箱除外)禁止从事危险货物运输。 ( )

12. 集装箱装运危险货物,应考虑危险货物化学性质的抵触性、敏感性。在同一箱体内可适当装入性质相抵触的危险货物。 ( )

13. 控温厢式货车,其车厢内应有制冷或加温装置以及保温措施,驾驶室应有温度监控系统。 ( )

14. 道路运输易升华或易挥发出易燃、有害及刺激性气体的危险货物时,应保持车厢封闭良好。 ( )

15. 在危险货物的储存、运输、装卸等操作过程中,毒性物质主要是通过呼吸道、皮肤和消化道进入人体内,因此在装运过程中应重点防止上述3项传播途径。 ( )

16. 任何一种危险化学品发生火灾时均可用水施救。 ( )

17. 危险货物道路运输途中,易燃液体发生燃烧,都应立即用大量水进行喷淋灭火。 ( )

18. 道路运输气体的罐车装卸作业时,应按指定位置停车,发动机正常工作,实施驻车制动。 ( )

19. 道路运输易燃液体的驾驶人员不得随身携带火种，可穿着一般工作服和工作鞋。（　）

20. 酒精能缓解毒性物质引起的人体病态症状，所以饮酒可作为抢救毒性物质中毒的措施。（　）

二、选择题(20 题)

1. 装运(　　)时，车辆的排气管必须安装阻火器和导静电拖地带。

A. 毒性物质

B. 易燃、易爆危险货物

C. 腐蚀性物质

2. 道路运输遇水放出易燃气体物质的车辆，必须具备有效的(　　)设备。

A. 防静电拖地带　　B. 防水　　C. 加热

3. 装卸爆炸品、有机过氧化物、剧毒品时，装卸机具应按小于额定负荷的(　　)使用。

A. 90%　　B. 100%　　C. 75%

4.《道路危险货物运输管理规定》要求，(　　)只能运输散装硫黄、萘饼、粗蒽、煤焦沥青等危险货物。

A. 货车列车　　B. 厢式货车　　C. 倾卸式货车

5. 装运大型气瓶的车辆必须配置活络插桩、三角垫木、(　　)等工具，以保证车辆装载平衡，防止气瓶在行驶中滚动，以保证运输安全。

A. 紧绳器　　B. 苫布　　C. 麻袋

6. 装运腐蚀性物质的车厢和装卸工具不得沾有(　　)。

A. 玻璃碴　　B. 砂土　　C. 氧化性物质

7. 道路运输遇水放出易燃气体的固体，应使用(　　)运输。

A. 栏板货车　　B. 厢式货车　　C. 罐式车辆

8. 运输氧气、液氯等氧化性较强的气体，应认真检查货厢是否清洁，必须保证货厢内没有(　　)。

A. 木板、橡胶板　　B. 钢索、铁架　　C. 油脂及含有油脂的残留物

9. 车辆进入危险货物装卸作业区，应按装卸作业的有关安全规定驶入危险货物装卸作业区，并将车辆停放在(　　)。

A. 低洼处　　B. 任意地方　　C. 容易驶离作业现场的方位上

10. 装载货物时，高出栏板的最上一层包装件，堆码时应从车厢两面向内错位骑缝堆码，超出车厢前挡板的部分不得大于包件高度的(　　)。

A. 1/2　　B. 1/3　　C. 1/4

11. 装运高出栏板的货物，装车后，必须用绳索捆扎牢固，易滑动的包装件，需用防散失的网罩覆盖并用绳索捆扎牢固或用苫布覆盖严密，需用两块苫布覆盖货物时，中间接缝处须

有大于(　　)的重叠覆盖,且车厢前半部分苫布需压在后半部分的苫布上。

A. 10cm　　B. 15cm　　C. 5cm

12. 危险货物道路运输车辆停靠货垛时,应听从作业区指挥人员的指挥,车辆与货垛之间要(　　)。

A. 留有人行通道　　B. 留有安全距离　　C. 紧靠

13. 装运液化石油气的罐车,当罐内液温达到(　　)时,还必须配有罐体遮阳或用冷水喷淋降温等设施,防止罐体暴晒。

A. 70℃　　B. 40℃　　C. 50℃

14. 压力容器罐车在运输途中,应密切注视容器的(　　)工作情况,发现异常,应立即停车,排除故障后,继续运行。

A. 压力表　　B. 转速表　　C. 车速表

15. 罐车装卸时,现场人员应站在(　　)处,密切注视进料情况,防止货物溢出。

A. 上风　　B. 下风　　C. 上风下风均可

16. 运输各种易燃气体(如液化石油气等)受压罐车,应检查管道接头、仪表、泄压阀等安全装置的情况良好,并接通(　　)装置。

A. 导除静电　　B. 电路　　C. 油路

17. 大多数的(　　)蒸气对人体健康具有危害性,驾驶人员在作业前或作业中,应加强集装箱、封闭式车厢的排气通风,以使易燃蒸气能有效地扩散。

A. 氧气　　B. 易燃固体　　C. 易燃液体

18. 当(　　)着火时,禁止使用砂土覆盖。

A. 散装爆炸品　　B. 汽油　　C. 硫酸

19. 当爆炸品发生大量洒漏时,应(　　)方式处理。

A. 用土覆盖就地掩埋

B. 用水湿润,撒以锯末或棉絮等松软物收集后,报请公安或消防人员处理

C. 收集起来,重新放入包装容器中

20. 正确处理易燃液体洒漏的方式是(　　)。

A. 用水冲刷至地沟、下水道或河流中

B. 用火点燃使之燃烧完

C. 用砂土覆盖或用松软材料吸附后集中

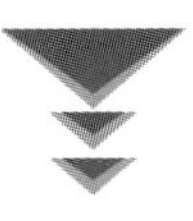

附　　录

附录一 危险货物道路运输车辆标志牌样式

危险货物道路运输车辆标志牌图形 附表1-1

编号	名 称	标志牌图形	对应的危险货物类项号
1	爆炸品	爆炸品 1 （底色：橙红色，图案：黑色）	1.1 1.2 1.3
2	爆炸品	1.4 爆炸品 1 （底色：橙红色，图案：黑色）	1.4
3	爆炸品	1.5 爆炸品 1 （底色：橙红色，图案：黑色）	1.5

续上表

编号	名　　称	标志牌图形	对应的危险货物类项号
4	易燃气体	易燃气体 2 （底色：红色，图案：黑色）	2.1
5	不燃气体	不燃气体 2 （底色：绿色，图案：黑色）	2.2
6	毒性气体	有毒气体 2 （底色：白色，图案：黑色）	2.3

续上表

编号	名　　称	标志牌图形	对应的危险货物类项号
7	易燃液体	易燃液体 3 （底色：红色，图案：黑色）	3
8	易燃固体	易燃固体 4 （底色：白色红条，图案：黑色）	4.1
9	自燃物品	自燃物品 4 （底色：上白下红色，图案：黑色）	4.2

续上表

编号	名　　称	标志牌图形	对应的危险货物类项号
10	遇湿易燃物品	遇湿易燃物品 4 （底色：蓝色，图案：黑色）	4.3
11	氧化剂	氧化剂 5.1 （底色：柠檬黄色，图案：黑色）	5.1
12	有机过氧化物	有机过氧化物 5.2 （底色：柠檬黄色，图案：黑色）	5.2

续上表

编号	名 称	标志牌图形	对应的危险货物类项号
13	剧毒品	剧毒品 6 （底色：白色，图案：黑色）	6.1
14	有毒品	有毒品 6 （底色：白色，图案：黑色）	6.1
15	有害品 （远离食品）	有害品 （远离食品） 6 （底色：白色，图案：黑色）	6.1

续上表

编号	名　　称	标志牌图形	对应的危险货物类项号
16	感染性物品	感染性物品 6 （底色：白色，图案：黑色）	6.2
17	腐蚀性物质	腐蚀品 8 （底色：上白下黑色，图案：上黑下白色）	8
18	杂类	杂类 9 （底色：白色，图案：黑色）	9

注：运输放射性危险货物车辆的标志牌图形应符合 GB 11806 的规定。

附录二 危险货物道路运输车辆标志牌悬挂位置

(1)低栏板车辆标志牌悬挂位置,推荐悬挂于栏板上,必要时重新布置放大号。如附图2-1所示。

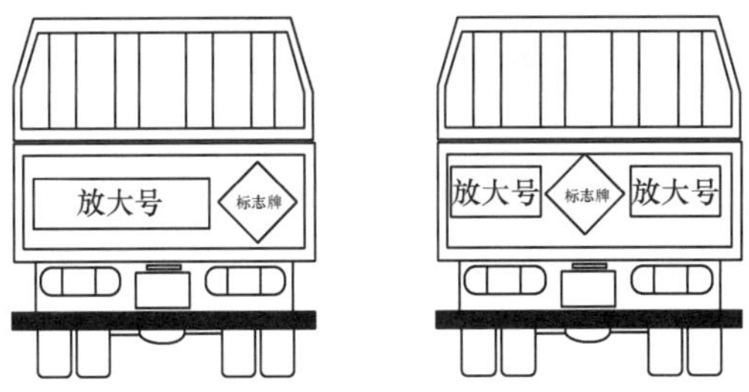

附图2-1 低栏板式车辆标志牌悬挂位置

(2)厢式车辆标志牌悬挂位置一般在车辆放大号的下方或上方,推荐首选下方;左右尽量居中。集装箱车、集装罐车、高栏板车类同。如附图2-2所示。

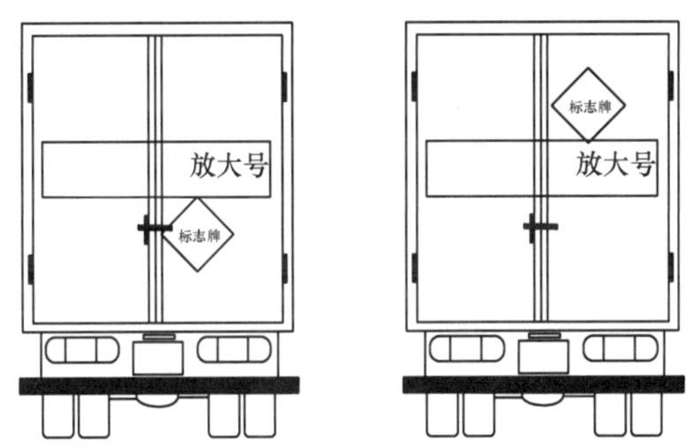

附图2-2 厢式车辆标志牌悬挂位置

(3)罐式车辆标志牌悬挂位置一般在车辆放大号下方或上方,推荐首选下方;左右尽量居中。如附图2-3所示。

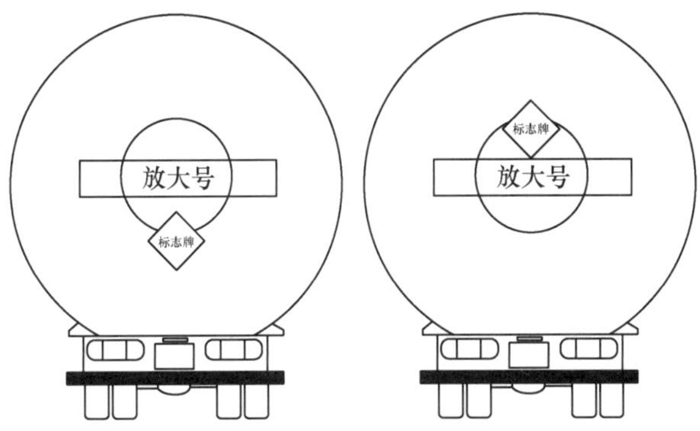

附图2-3 罐式车辆标志牌悬挂位置

(4)运输爆炸、剧毒危险货物的车辆,在车辆两侧面厢板各增加悬挂一块标志牌,悬挂位置一般居中。如附图 2-4 所示。

附图 2-4　标志牌侧面悬挂位置

附录三　危险货物道路运输从业人员从业资格考试模拟题及答案

驾驶人员试题

考　　号:________________ 姓　　名:________________
工 作 单 位:________________ 考试时间:____年___月___日
判断题得分:______ 选择题得分:______ 总 成 绩:________________

一、判断题(共 50 题)

1. 一般地,气体的相对密度是以空气为标准的。相对密度大于 1 的气体会沉在下部地表面。(　　)

2.《危险货物分类和品名编号》(GB 6944)中,按危险货物具有的危险性或最主要的危险性把危险货物分为 9 个类别。(　　)

3.《危险货物品名表》(GB 12268)中未列出的货物,均可按普通货物运输。(　　)

4. 氧化性物质本身不一定可燃,但可以放出氧而引起其他物质的燃烧。(　　)

5. 一种危险货物同时具有两种以上危险性质的,包装上可以只有表明该货物主要特性的主标志。(　　)

6. 若某危险货物除了具有主要危险性外,还具有次要危险性。其包装除了要粘贴货物的主要危险性标签外,还须加贴次要危险性标签。具体粘贴方式如下。(　　)

7. 具有氧化性的货物,可以使用有机材料作为衬垫。(　　)

8. 因铁制容器坚固,可有效保护货物不受损坏,故所有危险货物可用其包装。(　　)

9. 危险货物道路运输专用车辆应当根据所运危险货物的性质配备必需的应急处理器材和安全防护设施设备。(　　)

10. 危险货物道路运输企业不需要配备专职安全管理人员。(　　)

11. 道路运输液体危险货物时,无论使用何种材质的容器,确保其不破损即可。（　　）

12. 在特殊情况下,普通货物运输车辆可承运一次性或临时性的危险货物运输。（　　）

13. 机动车驾驶人员在实习期内不得驾驶载有爆炸物品、易燃易爆化学物品、剧毒或者放射性等危险物品的机动车。（　　）

14.《中华人民共和国安全生产法》规定机动车载运爆炸物品、易燃易爆化学物品以及剧毒、放射性等危险物品,应当经公安机关批准后,按指定的时间、路线、速度行驶,悬挂警示标志并采取必要的安全措施。（　　）

15. 危险货物可以与普通货物适当混装运输。（　　）

16. 只要技术等级为一级的营运车辆,就可进行危险货物道路运输。（　　）

17. 除符合国家有关标准的集装箱运输专用车辆外,运输剧毒化学品、爆炸品、强腐蚀性危险货物的非罐式专用车辆,核定载质量不得超过10t。（　　）

18. 危险货物道路运输驾驶人员一次连续驾驶超过6h,应休息20min以上。（　　）

19. 装有危险货物的专用容器可使用栏板货车运输。（　　）

20. 危险货物道路运输车辆的排气管,必须符合国家标准《机动车排气火花熄灭器性能要求和试验方法》的规定。（　　）

21. 道路运输爆炸品的车辆,出车前应检查车厢内是否有酸、碱、氧化剂等。（　　）

22. 危险货物道路运输车辆,应根据危险货物的性质,配备相应的消防器材。（　　）

23. 专用罐车按其罐体承受工作压力大小,分压力罐车和常压罐车。（　　）

24. 集装箱装运危险货物,应考虑危险货物化学性质的抵触性、敏感性。在同一箱体内可适当装入性质相抵触的危险货物。（　　）

25. 道路运输氧化性物质和有机过氧化物的车厢,不得有任何酸类及煤屑、木屑、硫黄、磷等可燃物的残留物,车厢必须干净。（　　）

26. 道路运输容易升华及挥发出易燃、有害或刺激性气体的危险货物时,应保持车厢封闭良好。（　　）

27. 道路运输易燃液体时,车厢内不得有氧化性物质、自燃物品、强碱等残留物。（　　）

28. 燃烧可能产生毒性物质的危险货物着火时,应佩戴防毒面具,站在上风口进行扑救。（　　）

29. 道路运输易燃气体途中,若发生燃烧,在灭火同时应迅速将未着火气瓶运至空旷安全处,并用大量水喷淋冷却气瓶,以防止灾害扩大。（　　）

30. 危险货物道路运输车辆夏季运输气瓶时,当气瓶内的温度可能高于40℃时,应对瓶体实施遮阳、冷水喷淋、降温等措施。（　　）

31. 道路运输易燃液体的驾驶人员不得随身携带火种,可穿着一般工作服。（　　）

32. 装运易燃液体的罐车行驶时,导除静电装置应接地良好。（　　）

33. 夏季高温季节装运易燃液体时,应按有关部门和当地规定的作业时间进行作业,确保安全。（　　）

34. 易燃液体着火的最有效扑灭方法是采用泡沫、二氧化碳、干粉灭火器。 ( )

35. 道路运输易燃液体一旦发生撒漏时，最有效的方法是用水稀释处理。 ( )

36. 易挥发出易燃、有害及刺激性气体的危险货物装卸作业现场，应保持良好通风，防止中毒和燃烧爆炸。 ( )

37. 在雨雪天道路运输遇水放出易燃气体的物质，车辆必须配备有效的防水设施，不具备条件的车辆不得运输。 ( )

38. 遇水反应的易燃固体着火时，不得用水，应采用干砂、干粉灭火器进行扑救。( )

39. 遇水放出易燃气体的危险货物着火时，应用干砂、干粉灭火器进行灭火。 ( )

40. 遇水反应产生易燃或有毒气体的危险货物着火时，可使用泡沫灭火器扑救。( )

41. 有机过氧化物、金属过氧化物着火时，可用水进行扑救。 ( )

42. 装卸氧化剂时，若发生撒漏，应轻轻扫起撒漏物，重新包装，可以同车发运。 ( )

43. 装运毒性物质时，必须携带劳动防护用品及防散失、防雨等工属具。 ( )

44. 大部分毒性物质着火时，能产生有毒和刺激性气体及烟雾。扑救时，应尽可能站在上风处，并戴好防毒面具。 ( )

45. 撒漏的液体毒性物质，应用砂土、锯末等松软物浸润、吸附收集后，盛入容器中，可将其交付运输管理部门处理。 ( )

46. 酒精能缓解毒性物质引起的人体病态症状，故饮酒可作为抢救毒性物质中毒的措施。 ( )

47. 道路运输腐蚀性物质前，应认真检查货物包装和容器封口情况，严禁运输无外包装的腐蚀性物质。 ( )

48. 装运有易碎容器包装的腐蚀性物质时，驾驶人员要平稳驾驶，密切注意路面情况，对条件差的路段应缓慢通过。 ( )

49. 液体腐蚀性物质撒漏时应用干砂土覆盖吸收，打扫干净后用水洗刷污染处。( )

50. 大多数有机物不溶于水，故用水来扑灭有机物燃烧的火焰通常无效，而应该用二氧化碳、泡沫或卤剂来扑救。 ( )

二、选择题(共50题)

1. “危险货物”的定义是指( )。

A. 具有爆炸、易燃、毒害、感染、腐蚀、放射性等危险特性，在运输、储存、生产、经营、使用和处置中，容易造成人身伤亡、财产损毁或环境污染而需要特别防护的物质和物品

B. 价值极其昂贵的货物

C. 包装精美需要特别防护的货物

2. 在《危险货物分类和品名编号》(GB 6944)中，第2类危险货物(气体)按化学性质分为3项，分别是( )。

A. 易燃气体、非易燃无毒气体和毒性气体

B. 氧气、氮气和氨气

C. 氧化性气体、非氧化性气体、惰性气体

3. 储、运气瓶应(　　),防止日晒,注意通风散热。

A. 防潮　　B. 远离火源　　C. 控制湿度

4. 氨能与氯气发生剧烈的反应,所以液氯和液氨不能在同一车厢配装,(　　)在同一库房内混储。

A. 可以　　B. 不能　　C. 一般情况下可以

5. 苯易溶于有机溶剂,不溶于水,故(　　)用水扑救苯引起的火灾。

A. 不能　　B. 能　　C. 完全可以

6. 易燃固体需明火点燃;易于自燃物质(　　)受热和明火,会自行燃烧;遇水放出易燃气体的物质遇水(包括受湿、酸类和氧化剂)会引起剧烈化学反应,放出可燃性气体和热量。

A. 需要　　B. 不需要　　C. 有时需要

7. 遇水放出易燃气体的物质在常温或高温下受潮或与水剧烈反应,且反应速度快;遇酸和氧化剂也能发生反应,而且比与水的反应更为剧烈,因此危险性也(　　)。

A. 更大　　B. 更小　　C. 更弱

8. 有机过氧化物(如过氧化甲乙酮)比无机氧化剂(如高锰酸钾)更(　　)分解。分解的产物几乎都是气体或易挥发的物质,再加上易燃性和自身氧化性,分解时易发生爆炸。

A. 容易　　B. 难　　C. 不容易

9. 腐蚀性物质本身的化学性质决定了自身各种不同的性质。腐蚀性物质(　　)混储配载。

A. 可以　　B. 可以大量地　　C. 不可以

10. 遇水反应的腐蚀性物质(如三氧化硫)都能与空气中的水汽发生剧烈反应,并同时放出大量热量。当满载这些物品的容器遇水后,则可能因漏进水滴而猛烈反应,使容器炸裂。某类危险货物除具有主要危险性外,还具有一些次要危险性。危险货物的次要危险性(　　)酿成大事故。

A. 也会　　B. 不会　　C. 绝对不会

11. 一般(　　)适用于装腐蚀性液体。

A. 胶合板桶　　B. 铝桶　　C. 铁桶

12. 按照《包装储运图示标志》(GB 191)规定,图示表示(　　)标志。

A. 禁止翻滚　　B. 向上　　C. 重心

13. 按照《包装储运图示标志》(GB 191)规定,图示表示(　　)标志。

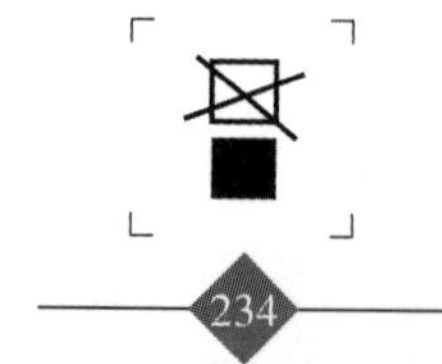

A. 禁止翻滚　　B. 禁止堆码　　C. 小心轻放

14. 危险化学品标志的使用原则是，当一种危险化学品具有一种以上的危险性时，应用主标志表示主要危险性类别，并用副标志来表示(　　)危险性类别。通常主副标志彼此紧靠。

A. 重要　　B. 全部　　C. 次要

15. 危险货物道路运输车辆标志灯应安装在(　　)位置。

A. 驾驶室顶部中间　　B. 驾驶室顶部左侧　　C. 驾驶室顶部右侧

16. 图示危险货物道路运输车辆标志牌，表示该车辆可以承运(　　)。

A. 爆炸品

B. 2.2 项非易燃无毒气体

C. 2.1 项易燃气体

17. 图示危险货物道路运输车辆标志牌，表示该车辆可以承运(　　)。

A. 5.1 项氧化性物质　　B. 4.1 项易燃固体　　C. 2.3 项毒性气体

18. 图示危险货物道路运输车辆标志牌，表示该车辆可以承运(　　)。

A. 放射性物质　　B. 易燃液体　　C. 腐蚀性物质

19. 在中华人民共和国境内，危险化学品生产、储存、使用、经营和(　　)的安全管理，适用《危险化学品安全管理条例》。

A. 购买　　B. 加工　　C. 运输

20.《危险化学品安全管理条例》规定，由(　　)负责危险化学品的公共安全管理，核发剧毒化学品购买许可证、剧毒化学品道路运输通行证，并负责危险化学品运输车辆的道路交通安全管理。

A. 公安机关　　B. 质检部门　　C. 交通部门

21. 危险化学品生产企业应当提供与其生产的危险化学品相符的(　　),并在危险化学品包装(包括外包装件)上粘贴或者拴挂与包装内危险化学品相符的化学品安全标签。

A. 产品使用说明书　　B. 专利说明书　　C. 安全技术说明书

22. 从事危险货物运输的驾驶人员、押运人员、装卸管理人员必须掌握危险货物运输的安全知识,并经县级以上(　　)考核合格,取得从业资格证,方可上岗作业。

A. 道路运输管理机构　　B. 质检部门　　C. 经贸部门

23. 危险化学品道路运输车辆限制通行区域,由县级人民政府(　　)划定,并设置明显的标志。

A. 交通部门　　B. 公安机关　　C. 安监部门

24. 危险货物道路运输过程中,不配备押运人员,由(　　)处 1 万元以上 5 万元以下的罚款。

A. 交通部门　　B. 质检部门　　C. 公安部门

25. 危险货物道路运输车辆不得进入禁止通行区域。确需进入禁止通行区域的,应当事先向当地(　　)报告,由其指定行车时间和路线。

A. 交通部门　　B. 公安部门　　C. 安监部门

26. 危险货物道路运输罐式车辆的罐体应经(　　)检测合格,并在罐体检验合格的有效期内承运危险货物。

A. 交通部门　　B. 安监部门　　C. 质检部门

27. 危险货物道路运输驾驶人员应掌握的业务知识有(　　)。

A. 危险货物生产方式　　B. 危险货物买卖　　C. 运输事故应急措施

28. 依据《道路危险货物运输管理规定》,危险货物道路运输不按照规定携带(　　)的,由县级以上道路运输管理机构责令改正,处警告或者 20 元以上 200 元以下的罚款。

A. 驾驶证　　B. 道路运输证　　C. 身份证

29.《汽车运输、装卸危险货物作业规程》(JT 618),规定了汽车运输、装卸危险货物的基本要求和(　　)要求。

A. 生产　　B. 安全作业　　C. 经营

30. 危险货物道路运输专用车辆的技术性能应符合国家标准(　　)的要求。

A.《道路车辆外廓尺寸、轴荷和质量限值》(GB 1589)

B.《营运车辆综合性能要求和检验方法》(GB 18565)

C.《道路运输车辆技术等级划分和评定要求》(JT/T 198)

31.《道路危险货物运输管理规定》要求运输剧毒化学品、爆炸品、强腐蚀性危险货物的非罐式专用车辆,核定载质量不得超过(　　),但符合国家有关标准的集装箱运输专用车辆除外。

A. 10t　　B. 20t　　C. 40t

32. 危险货物道路运输车辆应具有一些特殊的安全设备,如(　　)。

A. 导静电拖地带　　B. 千斤顶　　C. 安全带

33. 进入易燃危险货物装卸作业区的驾驶人员(　　)。

A. 禁止随身携带火种　　B. 必须佩戴安全帽　　C. 必须戴防护面罩

34. 道路运输腐蚀性物质时,首先应考虑的安全问题是(　　)。

A. 防止泄漏　　B. 防止燃烧　　C. 防止与空气接触

35. 气瓶应尽量采用直立运输,直立气瓶高出栏板部分不得大于气瓶高度的(　　)。

A. 1/2　　B. 1/3　　C. 1/4

36. 道路运输遇水放出易燃气体物质的车辆,必须具备有效的(　　)设备。

A. 防晒　　B. 防水　　C. 加热

37. 危险货物道路运输从业人员,在装卸、运输危险货物时(　　)。

A. 可以吸烟　　B. 严禁吸烟　　C. 吸不吸烟都行

38. 罐车装卸时,现场人员应站在(　　)处,密切注视进料情况,防止货物溢出。

A. 上风　　B. 下风　　C. 上风下风均可

39. 装运液化石油气的罐车,当罐车内温度达到(　　)时,应采取遮阳或罐外冷水降温措施。

A. 30℃　　B. 40℃　　C. 50℃

40. 各种易燃气体压力罐车装卸时,应检查管道接头、仪表、泄压阀等安全装置的情况良好,并接通(　　)装置。

A. 导除静电　　B. 电路　　C. 油路

41. 危险货物道路运输车辆行驶中,严禁(　　)。

A. 喝水　　B. 搭乘无关人员　　C. 相互交谈

42. 危险货物道路运输车辆通过铁路与公路交接的立交桥时,应注意(　　)。

A. 出口标志　　B. 指路标志　　C. 限高标志

43. 散装煤焦油沥青在高温季节应在(　　)时间段进行运输装卸作业。

A. 中午　　B. 早晚　　C. 吃饭

44. 在道路运输毒性物质过程中,应随车携带(　　)。

A. 苫布　　B. 麻袋　　C. 防毒面具

45. 道路运输易燃液体,车上人员不准(　　),车辆不得接近明火及高温场所。

A. 吸烟　　B. 进食　　C. 喝水

46. 高温天气运输液化气罐车途中因故障停车时,应注意(　　)。

A. 罐体遮阳,防止暴晒　　B. 就地修理　　C. 通知运管部门

47. 当(　　)着火时,禁止用水灭火。

A. 碳化钙(电石)　　B. 红磷　　C. 硫黄

48. 毒性物质氰化物发生火灾时，应用（　　）扑救。

A. 水　　B. 酸碱灭火剂　　C. 泡沫灭火剂

49. 当（　　）着火后，被水扑灭只是暂时熄灭，残留物待水分挥发后又会自燃。

A. 萘　　B. 铝粉　　C. 黄磷

50. 运输中发现有毒气体气瓶漏气时，根据（　　）做好相应的人身防护措施。

A. 气体性质　　B. 气体质量多少　　C. 车辆类型

参考答案

一、判断题

1. √ 2. √ 3. × 4. √ 5. × 6. √ 7. × 8. × 9. √ 10. ×
11. × 12. × 13. √ 14. √ 15. × 16. × 17. √ 18. × 19. √ 20. √
21. √ 22. √ 23. √ 24. × 25. √ 26. × 27. √ 28. √ 29. √ 30. √
31. × 32. √ 33. √ 34. √ 35. × 36. √ 37. √ 38. √ 39. √ 40. ×
41. × 42. × 43. √ 44. √ 45. × 46. × 47. √ 48. √ 49. √ 50. √

二、选择题

1. A 2. A 3. B 4. B 5. A 6. B 7. A 8. A 9. C 10. C
11. B 12. B 13. C 14. C 15. B 16. B 17. B 18. A 19. B 20. B
21. C 22. B 23. C 24. B 25. A 26. B 27. A 28. B 29. C 30. A
31. B 32. C 33. B 34. B 35. B 36. C 37. C 38. B 39. A 40. A
41. B 42. A 43. B 44. C 45. B 46. A 47. C 48. A 49. C 50. A

押运人员试题

考　　号：________________　姓　　名：________________
工作单位：________________　考试时间：____年____月____日
判断题得分：________　选择题得分：________　总 成 绩：________________

一、判断题(共50题)

1.《危险货物分类和品名编号》(GB 6944)中，按危险货物具有的危险性或最主要的危险性把危险货物分为9个类别。 (　　)

2. 毒性物质主要是通过呼吸道、皮肤和消化道进入人体内，因此在装运过程中应重点防止上述三项传播途径。 (　　)

3. 某类危险货物只具有本类危险货物的主要特性。例如，腐蚀性物质只具有腐蚀特性。 (　　)

4. 危险货物类别和项别的号码顺序并不是危险程度的顺序。 (　　)

5.《包装储运图示标志》(GB 191)中，图示标志名称为“此面禁用手推车”，表明搬运货物时此面禁放手推车。 (　　)

6. 包装危险货物的衬垫材料应具备缓冲、吸附和缓解作用。 (　　)

7. 若某危险货物除了具有主要危险性外，还具有次要危险性。其包装除了要粘贴货物的主要危险性标签外，还须加贴次要危险性标签。具体粘贴方式如下。 (　　)

8. 在危险货物道路运输启运前，发现包装破损撒漏的，不管是托运人造成的还是承运人造成的，托运人均应当负责改换或修理包装。 (　　)

9. 除符合国家有关标准的集装箱运输专用车辆外，运输剧毒化学品、爆炸品、强腐蚀性危险货物的非罐式专用车辆，核定载质量不得超过10t。 (　　)

10. 危险货物道路运输车辆应按照《道路运输危险货物车辆标志》(GB 13392)的要求，

使用危险品标志灯、标识和标牌。 ( )

11. 危险货物道路运输专用车辆应当根据所运危险货物的性质配备必需的应急处理器材和安全防护设施设备。 ( )

12.《危险化学品安全管理条例》只适合危险化学品的生产管理。 ( )

13. 从事剧毒化学品、爆炸品道路运输的从业人员,应当经考试合格,取得注明为“剧毒化学品运输”或“爆炸品运输”类别的从业资格证。 ( )

14. 危险货物应由具备危险货物道路运输资质的企业承运。 ( )

15. 危险货物道路运输车辆可以随意改装,以便有利于运输。 ( )

16. 危险货物道路运输途中,有人要求搭乘时,在驾驶室有空位的情况下,可予人以方便,捎带一程。 ( )

17. 押运人员完成运输任务回场后,要及时向管理人员报告运输作业过程中的有关客户、安全、质量方面的情况。 ( )

18. 道路运输容易升华及挥发出易燃、有害或刺激性气体的危险货物时,应保持车厢封闭良好。 ( )

19. 危险货物道路运输驾驶人员一次连续驾驶超过 6h,应休息 20min 以上。 ( )

20. 道路运输遇水或酸产生剧毒气体的易燃固体时,必须为驾驶人员和押运人员配备防毒面具。 ( )

21. 在雨雪天道路运输遇水放出易燃气体的物质,车辆必须配备有效的防水设施,不具备条件的车辆不得运输。 ( )

22. 任何一种危险化学品发生火灾时均可用水施救。 ( )

23. 危险货物道路运输的驾驶人员、装卸人员和押运人员,必须了解所运输的危险化学品的危险特性及其包装物、容器的使用要求和出现危险情况时的应急处置方法。 ( )

24. 为方便随时移车,装卸危险货物时车辆发动机必须始终保持运转状态。 ( )

25. 在危险货物道路运输过程中,短途运输可以不配备押运人员,由驾驶人员同时兼任押运人员。 ( )

26. 装运危险货物的集装箱专用车辆,必须配备有效的紧固装置,其紧固装置必须牢固安全、有效。 ( )

27. 大多数有机物不溶于水,故用水来扑灭有机物燃烧的火焰通常无效,而应该用二氧化碳、泡沫或卤剂来扑救。 ( )

28. 道路运输易燃易爆危险货物时,驾驶人员、押运人员不能在车辆附近使用明火。( )

29. 道路运输易燃液体的驾驶人员不得随身携带火种,可穿着一般工作服。 ( )

30. 使用封闭式货车运输易燃液体时,应将货箱的门和天窗关紧、封闭、并锁好,以防货物丢失。 ( )

31. 道路运输有机毒性危险货物应避开高温、明火场所。 ( )

32. 酒精能缓解毒性物质引起的人体病态症状,所以饮酒可作为抢救毒性物质中毒的

措施。 (　　)

33. 燃烧可能产生毒性物质的危险货物着火时,应佩戴防毒面具,在上风口扑救。(　　)

34. 对毒性物质的撒漏物不能任意处理,以免扩大污染或造成不可估量的危害。(　　)

35. 撒漏的液体毒性物质,应用砂土、锯末等松软物浸润、吸附收集后,盛入容器中,可将其交付交通运输管理部门处理。 (　　)

36. 在装卸毒性物质时,装卸人员不能在货物上坐卧、休息,不能用衣袖擦汗。 (　　)

37. 道路运输腐蚀性物质前,应认真检查货物包装和容器封口情况,严禁运输无外包装的腐蚀性物质。 (　　)

38. 道路运输腐蚀性物质途中,应每隔一定时间停车检查车上货物情况,发现包装破漏要及时处理,防止酿成重大事故。 (　　)

39. 液体腐蚀性物质撒漏时应用干砂土覆盖吸收,打扫干净后用水洗刷污染处。(　　)

40. 装运有易碎容器包装的腐蚀性物质时,驾驶人员要平稳驾驶,密切注意路面情况,对条件差的路段应缓慢通过。 (　　)

41. 道路运输大型气瓶行车途中,应尽量避免紧急制动,防止气瓶因惯性作用而造成事故。 (　　)

42. 道路运输大型气瓶时,车上必须配备防止气瓶滚动的紧固装置,如插桩、垫木、紧绳器等。 (　　)

43. 气瓶卸货时,不得溜放和摔掼。 (　　)

44. 道路运输易燃气体途中,若发生燃烧,在灭火同时应迅速将未着火气瓶运至空旷安全处,并用大量水喷淋冷却气瓶,以防止灾害扩大。 (　　)

45. 气瓶直立运输比水平运输更安全、更有效。道路运输气瓶时,应尽量采用直立运输。
(　　)

46. 道路运输气体的罐车装卸作业时,应按指定位置停车,发动机正常工作,实施驻车制动。 (　　)

47. 装卸液化石油气时,驾驶人员可以随意起动车辆。 (　　)

48. 卸完汽油的油罐车,可以动火修理。 (　　)

49. 新液化气体罐车或检修后首次充装的罐车,允许直接充装,但需特别谨慎。 (　　)

50. 道路运输易燃气体途中,若发生燃烧,应先灭火再将未着火气瓶运至空旷安全处。
(　　)

二、选择题(共50题)

1. 危险货物的分类、分项、品名和品名编号应当按照国家标准《危险货物分类和品名编号》(GB 6944)和(　　)执行。

A.《危险货物品名表》(GB 12268)

B.《道路危险货物运输管理规定》

C.《中华人民共和国安全生产法》

2.《危险货物品名表》(GB 12268)是危险货物运输作业的重要依据,具有确定危险货物的类别、项别和(　　)的作用。

A. 范围　　B. 责任　　C. 名称

3. 氯气泄漏在空气中会(　　),并沿地面扩散,使地面人员受害。

A. 沉在下部　　B. 浮在上方　　C. 沉在下部或浮在上方

4. 氢气不能与任何(　　)混储、混运,尤其是不能与氧气、氯气混储、混运。

A. 固体　　B. 氧化剂　　C. 液体

5. 易燃固体同时具备三个条件:燃点低;燃烧迅速;放出有毒烟雾或有毒气体。易燃固体燃点越低,其发生燃烧的可能性和危险性(　　)。

A. 恒定不变　　B. 越小　　C. 越大

6. 遇水放出易燃气体的物质在常温或高温下受潮或与水剧烈反应,且反应速度快;遇酸和氧化剂也能发生反应,而且比与水的反应更为剧烈,因此危险性也(　　)。

A. 更大　　B. 更小　　C. 更弱

7. 同属氧化性物质的物品,由于氧化性的强弱不同,相互混合后(　　)引起燃烧。

A. 不能　　B. 不一定　　C. 能

8. 酸与碱不可以混装,氧化剂与还原剂(　　)进行配载。

A. 可以　　B. 不可以　　C. 一般情况下可以

9. 遇水反应的腐蚀性物质(如三氧化硫)都能与空气中的水汽发生剧烈反应,并同时放出大量热量。当满载这些物品的容器遇水后,则可能因漏进水滴而猛烈反应,使容器炸裂。所以尽管没有给这些物品贴上"遇潮时危险"的副标志,其防水要求也应和遇水放出易燃气体的物质(4.3 项)(　　)。

A. 有区别　　B. 不同　　C. 相同

10. 国家标准(　　)中,有说明货物在装卸、保管、运输、开启时应注意的事项。

A.《危险货物包装标志》(GB 190)

B.《包装储运图示标志》(GB 191)

C.《危险货物运输包装通用技术条件》(GB 12463)

11. 按照《包装储运图示标志》(GB 191)规定,图示表示(　　)标志。

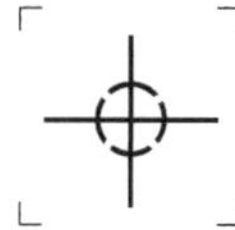

A. 禁止翻滚　　B. 向上　　C. 重心

12. 按照《包装储运图示标志》(GB 191)规定,图示表示(　　)标志。

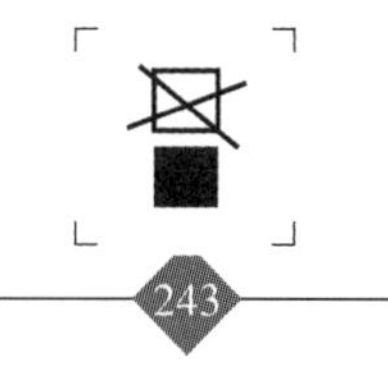

A. 禁止翻滚　　　　B. 禁止堆码　　　　C. 小心轻放

13. 危险化学品标志的使用原则是，当一种危险化学品具有一种以上的危险性时，应用主标志表示主要危险性类别，并用副标志来表示(　　)危险性类别。通常主副标志彼此紧靠。

A. 重要　　　　B. 全部　　　　C. 次要

14.《道路危险货物运输管理规定》要求运输剧毒化学品、爆炸品、强腐蚀性危险货物的非罐式专用车辆，核定载质量不得超过(　　)，但符合国家有关标准的集装箱运输专用车辆除外。

A. 10t　　　　B. 20 t　　　　C. 40 t

15. 危险货物道路运输车辆标志灯应安装在(　　)位置。

A. 驾驶室顶部中间　　　　B. 驾驶室顶部左侧　　　　C. 驾驶室顶部右侧

16. 图示危险货物道路运输车辆标志牌，表示该车辆可以承运(　　)。

A. 易燃液体　　　　B. 4.1 项易燃固体　　　　C. 4.2 项易于自燃物质

17. 图示危险货物道路运输车辆标志牌，表示该车辆可以承运(　　)。

A. 5.1 项氧化性物质

B. 6.1 项毒性物质

C. 6.2 项感染性物质

18. 图示危险货物道路运输车辆标志牌，表示该车辆可以承运(　　)。

A. 放射性物质　　　　B. 易燃液体　　　　C. 杂类

19. 在中华人民共和国境内，危险化学品生产、储存、使用、经营和(　　)的安全管理，适用《危险化学品安全管理条例》。

A. 购买　　B. 加工　　C. 运输

20.《危险化学品安全管理条例》规定,由(　　)负责核发危险化学品及其包装物、容器(不包括储存危险化学品的固定式大型储罐)生产企业的工业产品生产许可证,并依法对其产品质量实施监督,负责对进出口危险化学品及其包装实施检验。

A. 公安部门　　B. 质检部门　　C. 交通部门

21. 危险化学品生产企业应当提供与其生产的危险化学品相符的(　　),并在危险化学品包装(包括外包装件)上粘贴或者拴挂与包装内危险化学品相符的化学品安全标签。

A. 产品使用说明书　　B. 专利说明书　　C. 安全技术说明书

22.《危险化学品安全管理条例》规定,(　　)应当对危险化学品的包装物、容器的产品质量进行定期的或者不定期的检查。

A. 质检部门　　B. 交通部门　　C. 经贸部门

23. 国务院(　　)制定了剧毒化学品道路运输通行证的式样和具体申领办法。

A. 交通部门　　B. 安监部门　　C. 公安部门

24.《危险化学品安全管理条例》规定,未依法取得危险货物道路运输许可,从事危险化学品道路运输的企业,由(　　)依据职责对其进行处罚。

A. 公安部门　　B. 交通部门　　C. 质检部门

25. 运输剧毒化学品或者易制爆危险化学品途中,因住宿或者发生影响正常运输的情况,不向当地(　　)报告的,处 1 万元以上 5 万元以下的罚款。

A. 公安部门　　B. 质检部门　　C. 交通部门

26. 剧毒化学品、易制爆危险化学品在道路运输途中丢失、被盗、被抢或者出现流散、泄漏等情况的,驾驶人员、押运人员应当立即采取相应的警示措施和安全措施,并向当地(　　)报告。

A. 质检部门　　B. 交通部门　　C. 公安部门

27. 运输危险化学品,未根据危险化学品的危险特性采取相应的安全防护措施,或者未配备必要的防护用品和应急救援器材的,由(　　)处 5 万元以上 10 万元以下的罚款。

A. 安监部门　　B. 交通部门　　C. 工商部门

28. 危险货物道路运输从业人员安全培训内容有(　　)。

A. 危险货物的性质,危害特性

B. 销售知识

C. 生产知识

29. 依据《道路危险货物运输管理规定》,危险货物道路运输不按照规定携带(　　)的,由县级以上道路运输管理机构责令改正,处警告或者 20 元以上 200 元以下的罚款。

A. 驾驶证　　B. 道路运输证　　C. 身份证

30.《道路运输证》的经营范围栏内注明了允许运输危险货物的类别、项别。危险货物道路运输车辆(　　)按照《道路运输证》规定的经营范围进行运输。

A. 不一定　B. 必须　C. 可以不

31. 运输盛装碳化钙(电石)的钢桶中通常充入(　　)稳定剂,确保运输安全。

A. 水　B. 煤油　C. 氮气

32. 气瓶应尽量采用直立运输,直立气瓶高出栏板部分不得大于气瓶高度的(　　)。

A. 1/2　B. 1/3　C. 1/4

33. 进入易燃危险货物装卸作业区的驾驶人员(　　)。

A. 禁止随身携带火种　B. 必须佩戴安全帽　C. 必须戴防护面罩

34. 驾驶和押运易燃液体运输车辆的人员(　　)。

A. 必须具备 10 年以上的驾龄

B. 必须佩戴安全帽和防毒面罩

C. 禁止穿戴易产生静电的化纤类服装

35. 车辆在装运易燃易爆危险货物时,应使用(　　)防护衬垫。

A. 木板或橡胶板　B. 铁板　C. 铜板

36. 盛装过危险货物的空容器,未经清洗、消毒处理的,必须按(　　)条件办理托运。

A. 原装货物　B. 普通货物　C. 原装货物或普通货物

37. 装运大型气瓶的车辆必须配置活络插桩、三角垫木、(　　)等工具。

A. 紧绳器　B. 苫布　C. 麻袋

38. 危险货物道路运输车辆停靠货垛时,应听从作业区指挥人员的指挥,车辆与货垛之间要(　　)。

A. 留有人行通道　B. 留有安全距离　C. 紧靠

39. 驾驶人员、押运人员出车前应检查随车必备的(　　)是否齐全有效。

A. 消防用具　B. 洗漱用具　C. 保暖用品

40. 危险货物道路运输车辆行驶中,严禁(　　)。

A. 喝水　B. 搭乘无关人员　C. 相互交谈

41. 高温天气运输液化气罐车途中因故障停车时,应注意(　　)。

A. 罐体遮阳,防止暴晒　B. 就地修理　C. 通知运管部门

42. 堆码货物时,桶口、箱盖一般应朝上。允许横倒的桶口及袋装货物的袋口应朝(　　)。

A. 朝里　B. 朝外　C. 朝里朝外都行

43. 从业人员使用起重机,装卸大型气瓶或罐式集装箱时必须(　　)。

A. 穿好防护工作服　B. 戴好防毒面具　C. 戴好安全帽

44. 危险货物道路运输罐车卸货前,应确认所卸货物与储罐所标货物名称是否(　　)。

A. 相似　B. 相符　C. 不同

45. 集装箱装箱作业前应进行检查,确认集装箱技术状态良好并清扫干净,应(　　)。

A. 去除无关标志、标记和标识

B. 先装普货再装危货

C. 先装危货再装普货

46. 道路运输易燃物体作业现场必须严禁烟火，作业现场应划定警戒区，一般半径(　　)内不得有热源或明火。

A. 10m　　B. 15m　　C. 30m

47. 装卸爆炸品、有机过氧化物、剧毒品时，装卸机具应按额定负荷的(　　)使用。

A. 90%　　B. 100%　　C. 75%

48. 装卸易燃易爆危险货物的作业场所应有(　　)和避雷装置。

A. 加温　　B. 防静电　　C. 冷却

49. 正确处理易燃液体泄漏的方式是(　　)。

A. 用水冲刷至地沟、下水道或河流中

B. 用火点燃使之燃烧完

C. 用松软材料吸附后集中

50. 毒性物质氰化物发生火灾时，应用(　　)扑救。

A. 水　　B. 酸碱灭火剂　　C. 泡沫灭火剂

参考答案

一、判断题

1. √	2. √	3. ×	4. √	5. √	6. √	7. √	8. √	9. √	10. √
11. √	12. ×	13. √	14. √	15. ×	16. ×	17. √	18. ×	19. ×	20. √
21. √	22. ×	23. √	24. ×	25. ×	26. √	27. √	28. √	29. ×	30. ×
31. √	32. ×	33. √	34. √	35. ×	36. √	37. √	38. √	39. √	40. √
41. √	42. √	43. √	44. √	45. √	46. ×	47. ×	48. ×	49. ×	50. ×

二、选择题

1. A	2. C	3. A	4. B	5. C	6. A	7. C	8. B	9. C	10. B
11. C	12. B	13. C	14. A	15. A	16. A	17. B	18. C	19. C	20. B
21. C	22. A	23. C	24. B	25. A	26. C	27. B	28. A	29. B	30. B
31. C	32. C	33. A	34. A	35. A	36. A	37. A	38. B	39. A	40. B
41. A	42. A	43. C	44. B	45. A	46. C	47. C	48. B	49. C	50. A

装卸管理人员试题

考　　号:________________ 姓　　名:______________
工 作 单 位:________________ 考试时间:____年___月___日
判断题得分:______ 选择题得分:______ 总 成 绩:______________

一、判断题(共50题)

1.《危险货物分类和品名编号》(GB 6944)中,按危险货物具有的危险性或最主要的危险性把危险货物分为9个类别。 (　　)

2. 毒性物质主要是通过呼吸道、皮肤和消化道进入人体内,因此在装运过程中应重点防止上述三项传播途径。 (　　)

3. 某类危险货物只有本类危险货物的主要特性。如腐蚀性物质只有腐蚀特性。(　　)

4. 危险货物类别和项别的号码顺序并不是危险程度的顺序。 (　　)

5.《包装储运图示标志》(GB 191)中,图示标志名称为"此面禁用手推车",表明搬运货物时此面禁放手推车。 (　　)

6. 包装危险货物的衬垫材料应具备缓冲、吸附和缓解作用。 (　　)

7. 若某危险货物除了具有主要危险性外,还具有次要危险性。其包装除了要粘贴货物的主要危险性标签外,还须加贴次要危险性标签。具体粘贴方式如下。 (　　)

8. 在危险货物道路运输启运前,发现包装破损撒漏的,不管是托运人造成的还是承运人造成的,托运人均应当负责改换或修理包装。 (　　)

9. 除符合国家有关标准的集装箱运输专用车辆外,运输剧毒化学品、爆炸品、强腐蚀性危险货物的非罐式专用车辆,核定载质量不得超过10t。 (　　)

10. 危险货物道路运输车辆应按照《道路运输危险货物车辆标志》(GB 13392)的要求,使用危险品标志灯、标识和标牌。 (　　)

11. 危险货物道路运输专用车辆应当根据所运危险货物的性质配备必需的应急处理器材和安全防护设施设备。 (　　)

12.《危险化学品安全管理条例》只适合危险化学品的生产管理。 (　　)

13. 从事剧毒化学品、爆炸品道路运输的从业人员，应当经考试合格，取得注明为“剧毒化学品运输”或“爆炸品运输”类别的从业资格证。 (　　)

14. 危险货物应由具备危险货物道路运输资质的企业承运。 (　　)

15. 危险货物道路运输车辆可以随意改装，以便有利于运输。 (　　)

16. 危险货物道路运输途中，有人要求搭乘时，在驾驶室有空位的情况下，可予人以方便，捎带一程。 (　　)

17. 押运人员完成运输任务回场后，要及时向管理人员报告运输作业过程中的有关客户、安全、质量方面的情况。 (　　)

18. 道路运输容易升华及挥发出易燃、有害或刺激性气体的危险货物时，应保持车厢封闭良好。 (　　)

19. 危险货物道路运输驾驶人员一次连续驾驶超过6h，应休息20min以上。 (　　)

20. 道路运输遇水或酸产生剧毒气体的易燃固体时，必须为驾驶人员和押运人员配备防毒面具。 (　　)

21. 在雨雪天道路运输遇水放出易燃气体的物质，车辆必须配备有效的防水设施，不具备条件的车辆不得运输。 (　　)

22. 任何一种危险化学品发生火灾时均可用水施救。 (　　)

23. 危险货物道路运输驾驶人员、装卸人员和押运人员，必须了解所运输的危险化学品的危险特性及其包装物、容器的使用要求和出现危险情况时的应急处置方法。 (　　)

24. 为方便随时移车，装卸危险货物时车辆发动机必须始终保持运转状态。 (　　)

25. 在危险货物道路运输过程中，短途运输可以不配备押运人员，由驾驶人员同时兼任押运人员。 (　　)

26. 装运危险货物的集装箱专用车辆，必须配备有效的紧固装置，其紧固装置必须牢固安全、有效。 (　　)

27. 大多数有机物不溶于水，故用水来扑灭有机物燃烧的火焰通常无效，而应该用二氧化碳、泡沫或卤剂来扑救。 (　　)

28. 道路运输易燃易爆危险货物时，驾驶人员、押运人员不能在车辆附近使用明火。(　　)

29. 道路运输易燃液体的驾驶人员不得随身携带火种，可穿着一般工作服。 (　　)

30. 使用封闭式货车运输易燃液体时，应将货箱的门和天窗关紧、封闭、并锁好，以防货物丢失。 (　　)

31. 道路运输有机毒性危险货物应避开高温、明火场所。 (　　)

32. 酒精能缓解毒性物质引起的人体病态症状，所以饮酒可作为抢救毒性物质中毒的措施。 (　　)

33. 燃烧可能产生毒性物质的危险货物着火时，应佩戴防毒面具，在上风口扑救。（　　）

34. 对毒性物质的撒漏物不能任意处理，以免扩大污染或造成不可估量的危害。（　　）

35. 撒漏的液体毒性物质，应用砂土、锯末等松软物浸润、吸附收集后，盛入容器中，可将其交付运输管理部门处理。（　　）

36. 在装卸毒性物质时，装卸人员不能在货物上坐卧、休息，不能用衣袖擦汗。（　　）

37. 道路运输腐蚀性物质前，应认真检查货物包装和容器封口情况，严禁运输无外包装的腐蚀性物质。（　　）

38. 道路运输腐蚀性物质途中，应每隔一定时间停车检查车上货物情况，发现包装破漏要及时处理，防止酿成重大事故。（　　）

39. 液体腐蚀性物质撒漏时应用干砂土覆盖吸收，打扫干净后用水洗刷污染处。（　　）

40. 装运有易碎容器包装的腐蚀性物质时，驾驶人员要平稳驾驶，密切注意路面情况，对条件差的路段应缓慢通过。（　　）

41. 道路运输大型气瓶行车途中，应尽量避免紧急制动，防止气瓶因惯性作用而造成事故。（　　）

42. 道路运输大型气瓶时，车上必须配备防止气瓶滚动的紧固装置，如插桩、垫木、紧绳器等。（　　）

43. 气瓶卸货时，不得溜放，摔掼。（　　）

44. 道路运输易燃气体途中，若发生燃烧，在灭火同时应迅速将未着火气瓶运至空旷安全处，并用大量水喷淋冷却气瓶，以防止灾害扩大。（　　）

45. 气瓶直立运输比水平运输更安全、更有效。道路运输气瓶时，应尽量采用直立运输。（　　）

46. 道路运输气体的罐车装卸作业时，应按指定位置停车，发动机正常工作，实施驻车制动。（　　）

47. 装卸液化石油气时，驾驶人员可以随意起动车辆。（　　）

48. 卸完汽油的油罐车，可以动火修理。（　　）

49. 新液化气体罐车或检修后首次充装的罐车，允许直接充装，但需特别谨慎。（　　）

50. 道路运输易燃气体途中，若发生燃烧，应先灭火再将未着火气瓶运至空旷安全处。（　　）

二、选择题（共50题）

1. 危险货物的分类、分项、品名和品名编号应当按照国家标准《危险货物分类和品名编号》（GB 6944）和（　　）执行。

A.《危险货物品名表》（GB 12268）

B.《道路危险货物运输管理规定》

C.《中华人民共和国安全生产法》

2.《危险货物品名表》(GB 12268)是危险货物运输作业的重要依据,具有确定危险货物的类别、项别和(　　)的作用。

A. 范围　　B. 责任　　C. 名称

3. 氯气泄漏在空气中会(　　),并沿地面扩散,使地面人员受害。

A. 沉在下部　　B. 浮在上方　　C. 沉在下部或浮在上方

4. 氢气不能与任何(　　)混储、混运,尤其是不能与氧气、氯气混储、混运。

A. 固体　　B. 氧化剂　　C. 液体

5. 易燃液体的温度升高,挥发量增加,易燃易爆性(　　)。

A. 增大　　B. 减小　　C. 不变

6. 易燃固体需明火点燃;易于自燃物质(　　)受热和明火,会自行燃烧;遇水放出易燃气体的物质遇水(包括受湿、酸类和氧化剂)会引起剧烈化学反应,放出可燃性气体和热量。

A. 需要　　B. 不需要　　C. 有时需要

7. 黄磷(又称白磷)性质极活泼,暴露在空气中即被氧化,自燃点低,只需 1 ~2min 即自燃。所以,黄磷必须(　　),若包装破损出现渗漏,导致黄磷露出液面,就会自燃。

A. 浸没在水中　　B. 浸没在汽油中　　C. 浸没在丙酮中

8. 含氰基的化合物叫氰化物,大多数氰化物属(　　)物质。

A. 剧毒　　B. 无毒　　C. 有害

9. 毒性物质的颗粒(　　),或沸点越高,越易引起中毒。

A. 越小　　B. 越大　　C. 越软

10. 某类危险货物除具有主要危险性外,还具有一些次要危险性。危险货物的次要危险性(　　)酿成大事故。

A. 也会　　B. 不会　　C. 绝对不会

11. 一般(　　)适用于装腐蚀性液体。

A. 胶合板桶　　B. 铝桶　　C. 铁桶

12. 按照《包装储运图示标志》(GB 191)规定,图示表示(　　)标志。

A. 禁止翻滚　　B. 向上　　C. 小心轻放

13. 按照《包装储运图示标志》(GB 191)规定,图示表示(　　)标志。

A. 由此吊起　　B. 向上　　C. 小心轻放

14. 按照《包装储运图示标志》(GB 191),图示表示(　　)标志。

A. 禁止翻滚　　B. 向上　　C. 易碎物品

15. 危险化学品标志的使用原则是,当一种危险化学品具有一种以上的危险性时,应用主标志表示主要危险性类别,并用副标志来表示(　　)危险性类别。通常主副标志彼此紧靠。

A. 重要　　B. 全部　　C. 次要

16.《道路危险货物运输管理规定》要求运输剧毒化学品、爆炸品、强腐蚀性危险货物的非罐式专用车辆,核定载质量不得超过(　　),但符合国家有关标准的集装箱运输专用车辆除外。

A. 10t　　B. 20t　　C. 40t

17. 危险货物道路运输车辆标志灯应安装在(　　)位置。

A. 驾驶室顶部中间　　B. 驾驶室顶部左侧　　C. 驾驶室顶部右侧

18. 图示危险货物道路运输车辆标志牌,表示该车辆可以承运(　　)。

A. 易燃液体　　B. 4.1 项易燃固体　　C. 4.2 项易于自燃物质

19. 图示危险货物道路运输车辆标志牌,表示该车辆可以承运(　　)。

A. 5.1 项氧化性物质　　B. 6.1 项毒性物质　　C. 6.2 项感染性物质

20. 图示危险货物道路运输车辆标志牌,表示该车辆可以承运(　　)。

A. 放射性物质　　　　B. 易燃液体　　　　C. 杂类

21. 在中华人民共和国境内,危险化学品生产、储存、使用、经营和(　　)的安全管理,适用《危险化学品安全管理条例》。

A. 购买　　　　B. 加工　　　　C. 运输

22.《危险化学品安全管理条例》规定,由(　　)负责核发危险化学品及其包装物、容器(不包括储存危险化学品的固定式大型储罐)生产企业的工业产品生产许可证,并依法对其产品质量实施监督,负责对进出口危险化学品及其包装实施检验。

A. 公安部门　　　　B. 质检部门　　　　C. 交通部门

23. 危险化学品生产企业应当提供与其生产的危险化学品相符的(　　),并在危险化学品包装(包括外包装件)上粘贴或者拴挂与包装内危险化学品相符的化学品安全标签。

A. 产品使用说明书　　　　B. 专利说明书　　　　C. 安全技术说明书

24. 危险货物运输的驾驶人员、押运人员、装卸管理人员必须掌握危险货物运输的安全知识,并经县级以上(　　)考核合格,取得从业资格证,方可上岗作业。

A. 道路运输管理机构　　　　B. 质检部门　　　　C. 经贸部门

25. 从事危险货物道路运输的驾驶人员、押运人员、装卸管理人员未经考核合格,取得(　　)的,由交通运输部门处 5 万元以上 10 万元以下的罚款。

A. 生产许可证　　　　B. 营业执照　　　　C. 从业资格证

26. 运输危险化学品,未根据危险化学品的危险特性采取相应的安全防护措施,或者未配备必要的防护用品和应急救援器材的,由(　　)处 5 万元以上 10 万元以下的罚款。

A. 安监部门　　　　B. 交通部门　　　　C. 工商部门

27. 危险货物道路运输从业人员安全培训内容有(　　)。

A. 危险货物的性质,危害特性

B. 销售知识

C. 生产知识

28. 依据《道路危险货物运输管理规定》,危险货物道路运输不按照规定携带(　　)的,由县级以上道路运输管理机构责令改正,处警告或者 20 元以上 200 元以下的罚款。

A. 驾驶证　　　　B. 道路运输证　　　　C. 身份证

29.《道路运输证》的经营范围栏内注明了允许运输危险货物的类别、项别。危险货物道路运输车辆(　　)按照《道路运输证》规定的经营范围进行运输。

A. 不一定　　　　B. 必须　　　　C. 可以不

30. 运输盛装碳化钙(电石)的钢桶中通常充入(　　)稳定剂,确保运输安全。

A. 水　　　　B. 煤油　　　　C. 氮气

31. 危险货物道路运输车辆应具有一些特殊的安全设备,如(　　)。

A. 导静电拖地带　　　　B. 千斤顶　　　　C. 安全带

32. 装卸易燃液体运输车辆的人员(　　)。

A. 必须具备10年以上的驾龄

B. 必须佩戴安全帽和防毒面罩

C. 禁止穿戴易产生静电的化纤类服装

33. 用于装卸危险货物的机械及工属具的技术状况应当符合行业标准(　　)规定的技术要求。

A.《汽车运输危险货物规则》(JT 617)

B.《营运车辆综合性能要求和检验方法》(GB 18565)

C.《道路运输车辆技术等级划分和评定要求》(JT/T 198)

34. 危险货物的装卸作业,应当在(　　)的现场指挥下进行。

A. 押运人员　　B. 驾驶人员　　C. 装卸管理人员

35. 从业人员进入危险货物作业现场,开启仓库、集装箱和封闭式车厢时要先(　　),以保障作业安全。

A. 搬运　　B. 装卸　　C. 通风排气

36. 危险货物道路运输车辆应按装卸作业的有关安全规定驶入装卸作业区,并将车辆停放在(　　),不准堵塞安全通道。

A. 低洼处

B. 任意地方

C. 容易驶离作业现场的方位上

37. 罐车装卸时,现场人员应站在(　　)处,密切注视进料情况,防止货物溢出。

A. 上风　　B. 下风　　C. 上风下风均可

38. 各种易燃气体压力罐车装卸时,应检查管道接头、仪表、泄压阀等安全装置的情况良好,并接通(　　)装置。

A. 导除静电　　B. 电路　　C. 油路

39. 装卸剧毒危险货物时,从业人员中途不得(　　)。

A. 进食　　B. 休息　　C. 听音乐

40. 装卸管理人员进出油库要穿着(　　),并遵守油库的有关规定,不带火种进库,接受检查。

A. 一般工作服和防静电工作鞋

B. 一般工作服和工作鞋

C. 防静电工作服和工作鞋

41. 装卸氧气瓶时,(　　)使用电磁起重机搬运。库内搬运氧气瓶应采用带有橡胶车轮的专用小车,并应将装瓶用的不产生静电的槽、架固定在小车上。

A. 不可以　　B. 可以　　C. 一般情况下可以

42. 装运(　　)时,应先了解包装桶内有无充填保护气体。

A. 碳化钙(电石)　　B. 汽油　　C. 乙醇

43. 装卸危险货物过程中,需要移动车辆,应先(　　),在保证安全的情况下,才能移动。

A. 进食　　B. 休息　　C. 关上车厢门或栏板

44. 装运腐蚀性物质的车厢和装卸工具不得沾有(　　)。

A. 玻璃碴　　B. 砂土　　C. 氧化性物质

45. 遇热、遇潮容易引起燃烧、爆炸或产生有毒气体的危险货物,在装运时应采用(　　)措施。

A. 隔热、防潮　　B. 密封　　C. 防尘

46. 装运高出栏板的货物,装车后,必须用绳索捆扎牢固,易滑动的包装件,需用两块毡布覆盖货物时,前毡布应压在后毡布上,且中间接缝处须有大于(　　)的重叠覆盖。

A. 10cm　　B. 15cm　　C. 5cm

47. 危险货物装卸完毕后,作业现场应(　　)。

A. 保持原样　　B. 清扫干净　　C. 加大照明

48. 装卸人员在装卸危险货物时,发现有包装破损的危险货物,应(　　)。

A. 继续装运　　B. 拒绝装运　　C. 商量装运

49. 金属钠遇水时发生剧烈反应并释放大量氢气而造成火灾,此类火灾只能用(　　)灭火。

A. 二氧化碳灭火剂　　B. 水　　C. 砂土

50. 氧化性物质撒漏后,应使用(　　)工具来收集处理。

A. 惰性材质　　B. 金属　　C. 纸质

参考答案

一、判断题

1. √ 2. √ 3. × 4. √ 5. √ 6. √ 7. √ 8. √ 9. √ 10. √
11. √ 12. × 13. √ 14. √ 15. × 16. × 17. √ 18. × 19. × 20. √
21. √ 22. × 23. √ 24. × 25. × 26. √ 27. √ 28. √ 29. × 30. ×
31. √ 32. × 33. √ 34. √ 35. × 36. √ 37. √ 38. √ 39. √ 40. √
41. √ 42. √ 43. √ 44. √ 45. √ 46. × 47. × 48. × 49. × 50. ×

二、选择题

1. A 2. C 3. A 4. B 5. A 6. B 7. A 8. A 9. A 10. A
11. B 12. A 13. A 14. C 15. C 16. A 17. A 18. A 19. B 20. C
21. C 22. B 23. C 24. A 25. C 26. B 27. A 28. B 29. B 30. C
31. A 32. C 33. A 34. C 35. C 36. C 37. C 38. A 39. A 40. C
41. A 42. A 43. C 44. C 45. A 46. B 47. B 48. B 49. C 50. A